Excel 在数据分析中的应用

陈 斌 主 编

吕洪柱 张银霞 张桂香 迟立颖 张光妲 副主编

清华大学出版社

北 京

内 容 简 介

在当今数字化时代,人们在日常生活和工作中要面对大量的数据,如何有效地利用这些数据改善我们的生活、改进我们的工作成为了人们关心的问题,数据挖掘技术的发展为我们打开了一扇窗,提供了各种实用工具实现数据的分析与处理。但这些工具往往专业性强,对使用者要求高,很难普及,而 Excel 是大众普遍使用的电子表格制作软件,它不仅能够保存数据,在数据处理中也有着良好的表现,特别是它提供的函数、图表、数据透视表、数据分析工具、规划求解工具等,不仅能够解决在数据分析处理中的各种复杂问题,对解决日常生活和工作中的数据分析处理问题也有很大帮助。

本书以数据分析处理过程为主线,以统计学为基础,通过 Excel 的各种功能实现对各种数据的处理,主要内容包括数据分析与处理概述、数据收集与预处理、Excel 函数在数据分析中的应用、数据管理、数据图表化展现、抽样与参数估计、方差分析、时间序列分析、相关分析、常用统计分布图形分析、回归图形分析、Excel 在数据挖掘中的应用。

本书内容丰富,结构清晰,采用从原理到实践的方式介绍,并给出了大量的案例。同时本书附赠 PPT 教学课件、案例源文件和结果文件,以便于教学。

本书适用于高等院校数据分析相关的计算机基础教学,读者对象为开设有数据分析课程的相关专业的大学生、研究生,以及企事业单位的数据分析人员。

图书在版编目(CIP)数据

Excel 在数据分析中的应用 / 陈斌主编. —北京:清华大学出版社,2021.2 (2025.1重印)
ISBN 978-7-302-57522-1

Ⅰ.①E… Ⅱ.①陈… Ⅲ.①表处理软件 Ⅳ.①TP391.13

中国版本图书馆 CIP 数据核字(2021)第 021005 号

责任编辑:刘金喜
封面设计:高娟妮
版式设计:思创景点
责任校对:成凤进
责任印制:刘海龙

出版发行:清华大学出版社
    网 址:https://www.tup.com.cn,https://www.wqxuetang.com
    地 址:北京清华大学学研大厦 A 座   邮 编:100084
    社 总 机:010-83470000   邮 购:010-62786544
    投稿与读者服务:010-62776969,c-service@tup.tsinghua.edu.cn
    质 量 反 馈:010-62772015,zhiliang@tup.tsinghua.edu.cn
印 装 者:三河市铭诚印务有限公司
经 销:全国新华书店
开 本:185mm×260mm   印 张:18.75   字 数:503 千字
版 次:2021 年 2 月第 1 版   印 次:2025 年 1 月第 6 次印刷
定 价:79.00 元

产品编号:087952-03

前　言

随着大数据技术的发展，人们对身边大量数据的价值越来越重视，数据的价值不仅仅是专业人士思考的问题，普通人对其也很重视。人们对数据进行分析与处理的思想意识在增强，一些数据分析处理软件受到青睐，但专业的分析软件专业性强且分析结果理解困难，对使用者要求高，而常用的 Excel 电子表格制作软件，不仅操作简单，易学易用，而且数据整齐、美观，还能像数据库操作一样对表格中的数据进行各种复杂的计算与处理分析。Excel 提供的大量函数可以对数据进行拆分、合并、分类、汇总等操作，实现对数据的预处理；其提供的图表、数据透视表、数据透视图等使数据图表化更简单；其提供的数据分析工具、规划求解工具等对采用统计学方法解决问题提供了强有力的支撑，可以更加轻松地处理数据和统计分析。

本书以数据分析处理过程为主线，在简单介绍统计学知识的基础上结合具体实例讲解了应用 Excel 实现数据分析处理的过程。本书共分为 12 章，按照由浅入深、循序渐进的思路进行安排。

第 1 章——数据分析与处理概述，包括数据分析处理概念、处理过程及大数据的应用；

第 2 章——数据收集与预处理，介绍了数据的分类、收集方法、清理、集成及转换；

第 3 章——Excel 函数在数据分析中的应用，介绍了数据分析中的常用函数及实际的应用案例；

第 4 章——数据管理，介绍了数据排序、筛选、分类汇总及合并计算等数据管理操作；

第 5 章——数据图表化展现，介绍了数据图表、数据透视表及数据透视图等图表化工具；

第 6 章——抽样与参数估计，介绍了如何利用 Excel 实现抽样推断，包括抽样方法、参数估计、假设检验和非参数检验；

第 7 章——方差分析，介绍了单因素方差分析和双因素方差分析；

第 8 章——时间序列分析，包括统计对比分析、移动平均分析、指数平滑分析、趋势外推分析及季节调整分析；

第 9 章——相关分析，包括简单相关分析、多元相关分析及等级相关分析；

第 10 章——常用统计分布图形分析，介绍了概率函数、正态分布、泊松分布、指数分布、卡方分布等图形分析；

第 11 章——回归图形分析，介绍了一元线性回归及多元线性回归及非线性回归等图形分析；

第 12 章——Excel 在数据挖掘中的应用，包括聚类分析和判别分析。

本书内容丰富、实例典型，采用由浅入深、理论与实际操作相结合的讲述方法，在内容编写上注重实用性和可操作性，通过大量实例让读者直观、快速地通过 Excel 的功能和操作方法实现对数据的分析与处理，而且本书还配有一定数量的练习题供读者对所学知识加以巩固。本书针对性和实用性较强，适用于数据分析与处理的初学者，可作为高等院校数据分析相关课程的教材，同时，本书还可作为企事业单位工作人员学习数据分析的参考用书。

本书由陈斌主编，迟立颖编写第 1 章、第 4 章，张桂香编写第 2 章、第 8 章，张光妲编写第 3 章，张银霞编写第 5 章、第 7 章，李敬有编写第 6 章，陈斌编写第 9 章，吕洪柱编写第 10 章、第 11 章第 1、2 节和第 12 章，王桂英编写第 11 章第 3 节，吕洪柱和张银霞审阅了全书，并提出了宝贵意见。

本书在编写过程中，获得了同行及专家的支持，同时吸收了前人的研究成果，在此一并表示感谢。本书编者力图在书中对 Excel 在数据分析中的应用方法进行完美呈现，但由于水平有限，本书难免有不足之处，欢迎广大读者批评指正。

本书 PPT 课件和案例源文件可通过扫描下方二维码获取。

服务邮箱：476371891@qq.com

教学资源下载

编　者

2020 年 6 月

目　录

第 1 章

数据分析与处理概述

随着人工智能、数据挖掘、大数据等概念不断为人们所熟悉，不同行业领域的人们开始考虑一个共同的问题：如何在自己已有的繁杂的数据中快速找到有价值的信息？数据分析与处理技术可以有效地实现这个目标。

本章将介绍数据、数据分析与处理的概念，并结合实例展示数据分析与处理的基本过程，以及大数据的相关概念、技术及应用。

1.1 数据分析与处理简介

在介绍数据分析与处理相关知识之前，我们先来看一个案例：

全球知名家用电器和电子产品零售商百思买销售的产品近 4 万种，产品价格也随各地区消费水平和市场条件而不同。由于产品种类繁多，且促销活动致使产品价格变化频繁，一年中价格变化可达 4 次，结果导致每年的调价次数高达 16 万次，这让公司高管觉得非常难以管理。鉴于此，公司组成了一个定价团队，希望通过分析消费者的详细购买记录，提高定价的准确度和响应速度。

定价团队的分析围绕着三个关键维度展开：

(1) 数量。定价团队收集了上千万消费者的购买记录，从客户的购买习惯、常用产品等多个维度进行分析，了解客户对每种产品定价的最高接受能力，从而给出产品的合理定价。

(2) 多样性。定价团队除了分析购买记录这些数据外，他们也利用社交媒体发布产品促销信息，由于消费者需要在产品专页上点赞或留言以获得优惠券，团队可借此来分析消费者对于此次促销的满意度，并微调促销策略。

(3) 速度。为了实现价值最大化，团队对所获得的数据进行了实时处理，他们能够根据一个消费者既往的产品购买记录，为当时身处卖场该产品销售区的此消费者推送优惠信息、赠送优惠券，为客户带来惊喜。

通过上述活动，定价团队提高了定价的准确度和响应速度，为零售商新增利润数千万美元。

上面是一个非常典型的大数据分析的案例，通过数据分析有效地帮助零售商提高了商品销售额并带来非常可观的利润。那么到底什么是数据分析呢？

数据分析是指用适当的统计分析方法对收集来的大量数据进行分析，对它们加以汇总、理解并消化，以求最大限度地利用数据所包含的信息，发挥数据的作用。数据分析是为了提取有用信息和形成结论而对数据加以详细研究和概括总结的过程。

数据分析的数学基础在 20 世纪早期就已确立,但直到计算机的出现才得以实际应用,并使得数据分析得以推广。数据分析是数学与计算机科学相结合的产物。

数据分析的目的是把隐藏在一大批看来杂乱无章的数据中的有用信息提炼出来,从而找出所研究对象的内在规律。在实际应用中,数据分析可帮助人们做出判断,以便采取适当行动。数据分析是有组织、有目地地收集数据、分析数据,使之成为有用信息的过程。这一过程是质量管理体系的支持过程。例如在某产品的整个生命周期,包括从市场调研到售后服务和最终处置的各个过程都需要适当运用数据分析过程,以提升有效性;再如设计人员在开始一个新产品设计之前,要通过广泛的设计调查,分析所得数据以判定设计方向,因此数据分析在工业设计中具有极其重要的地位。如今数据分析技术不断发展,以使企业在管理方面做到科学务实、脚踏实地,帮助企业做出正确合理的决策。

1.2　数据分析处理概念

在对数据分析与处理有一个大致的了解之后,本节对数据分析处理概念加以介绍。

1.2.1　什么是数据

数据(Data),在拉丁文中是"已知"的意思,代表对某件事物的描述,一般指描述事物的符号记录,如图形、声音、文字、数值等,是构成信息和知识的原始材料。比如,数据 1.73 代表的信息可以是一个人的身高为 1.73m;更进一步,1.73 所表达的信息是大学男生的平均身高为 1.73m。

数据的表现形式还不能完全表达其内容,需要经过解释。数据和关于数据的解释是不可分的。例如,60 是一个数据,可以是某个人的体重为 60 公斤,也可以是一个同学某门功课的成绩为 60 分,还可以是课堂学生人数为 60 人。数据的解释是指对数据含义的说明,数据的含义称为数据的语义,数据与其语义是密不可分的。

在计算机科学中,数据是指用于输入电子计算机并被计算机程序进行处理,具有一定意义的数字、字母、符号和模拟量等的通称。计算机存储和处理的对象十分广泛,表示这些对象的数据也随之变得越来越复杂。

1.2.2　什么是数据的分析与处理

数据的分析与处理,包括数据处理和数据分析两个部分。数据分析的基本目的是从大量的、杂乱无章的、难以理解的数据中抽取并推导出对某些特定的人们来说有价值、有意义的数据。数据处理是对数据的采集、存储、检索、加工、变换和传输。数据分析与处理是系统工程和自动控制的基本环节,它贯穿于社会生产和社会生活的各个领域。数据分析与处理技术的发展及其应用,极大地影响着人类社会发展的进程。

计算机数据处理主要包括 8 个方面:

(1) 数据采集,采集所需的信息。

(2) 数据转换,把信息转换成机器能够接收的形式。

(3) 数据分组,指定编码,按有关信息进行有效的分组。

(4) 数据组织，整理数据或用某些方法安排数据，以便进行处理。

(5) 数据计算，进行各种算术和逻辑运算，以便得到进一步的信息。

(6) 数据存储，将原始数据或计算的结果保存起来，供以后使用。

(7) 数据检索，按用户的要求找出有用的信息。

(8) 数据排序，把数据按一定要求排成次序。

数据的复杂性使得难以用传统的方法对其进行描述与度量，需要将高维图像等多媒体数据降维后度量与处理，利用上下文关联进行语义分析，从大量动态及可能模棱两可的数据中提取信息，导出可理解的内容，并用到统计和分析、机器学习、数据挖掘等技术。要注重分析数据的相关关系，而不是因果关系。

数据分析与处理的结果应是可视化的，使结果更直观以便于洞察。目前，尽管计算机智能化有了很大进步，但还只能针对小规模、有结构或类结构的数据进行分析，谈不上深层次的数据挖掘，现有的数据挖掘算法在不同行业中难以通用。

1.3　数据分析与处理过程

进行数据分析的主要目的是让数据说话，作为行动的向导，以提供决策的依据。那么，如何进行有效的数据分析，它的分析处理过程又是怎样的呢？

1.3.1　数据分析处理过程

在进行数据分析时，运用统计方法应遵循的原则为：坚持用数据说话的基本观点；有目的地收集数据；掌握数据的来源；认真整理数据。

1. 数据分析流程

数据统计分析的流程要经过五大步骤，如图 1.1 所示。

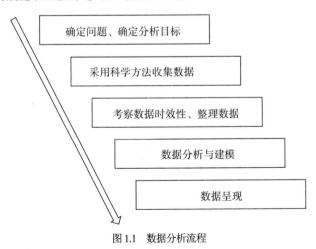

图 1.1　数据分析流程

第一步，确定问题、确定分析目标。比较典型的场景是针对企业的数据进行分析，比如公司通常会有销售数据、用户数据、运营数据、产品生产数据等，我们需要从这些数据里获得哪些有用的信息，以对策略的制定进行指导呢？又比如需要做的是一份市场调研或者行业分析，那么我们需要获得关于这个行业的哪些信息呢？

第二步，采用科学方法收集数据。数据可以通过网络爬虫、结构化数据、本地数据、物联网设备、人工录入等方式采集。在确定了分析目标后，要根据客户的需求，构建数据源并采集数据。

第三步，考察数据时效性、整理数据。现实世界中数据总体上是不完整、不一致的脏数据，无法直接进行数据分析，或分析结果不尽如人意，把这些影响分析的脏数据处理好，才能获得更加精确的分析结果。数据预处理有多种方法：数据清理、数据集成、数据变换、数据归约等。

第四步，数据分析与建模。数据分析是指用适当的统计分析方法对收集来的大量数据进行分析，对数据加以详细研究和概括总结，提取有用信息，形成结论的过程。这一过程也是质量管理体系的支持过程。在实际中，数据分析可帮助人们做出判断，以便采取适当的行动。数据模型是对信息系统中客观事物及其联系的数据描述，它是复杂的数据关系之间的一个整体逻辑结构图。数据模型不但提供了整个组织赖以收集数据的基础，它还与组织中的其他模型一起，精确恰当地记录业务需求，并支持信息系统不断发展和完善，以满足不断变化的业务需求。

第五步，数据呈现。出具分析报告，提出解决意见或建议。分析结果最直接的形式是统计量的描述和统计量的展示。数据分析报告不仅是分析结果的直接呈现，还是对相关情况的一个全面的认识。

2. 数据的可视化

数据可视化起源于 19 世纪 60 年代出现的计算机图形学，人们使用计算机创建图形图表，将提取出来的数据可视化，将数据的各种属性和变量呈现出来。随着计算机硬件的发展，人们创建了更复杂、规模更大的数字模型，发展了数据采集设备和数据保存设备，同样也需要更高级的计算机图形学技术及方法来创建这些规模庞大的数据集。随着数据可视化平台的拓展，应用领域的增加，表现形式的不断变化，增加了诸如实时动态效果、用户交互使用等，数据可视化像所有新兴概念一样，边界不断扩大。

数据可视化是关于数据视觉表现形式的科学技术研究。其中，这种数据的视觉表现形式被定义为一种以某种概要形式抽提出来的信息，包括相应信息单位的各种属性和变量。如图 1.2 所示(本图来源于互联网)为北京市某季度房屋成交热度图，图中色盘区域表示该区域成交量较高。

图 1.2　北京市某季度房屋成交热度图

数据可视化旨在借助图形化手段，清晰有效地传达与沟通信息。但是，这并不意味着数据可视化就一定因为要实现其功能用途而令人感到枯燥乏味，或者是为了看上去绚丽多彩而显得极端复杂。为了有效地传达思想观念，美学形式与功能需要齐头并进，通过直观地传达关键的方面与特征，从而实现对于相对稀疏而又复杂的数据集的深入洞察。然而，设计人员往往并不能很好地把握设计与功能之间的平衡，从而得到了华而不实的数据可视化形式，无法达到其主要目的，也就无法传达与沟通信息。

我们熟悉的饼图、直方图、散点图、柱状图等是最原始的统计图表，它们是数据可视化的最基础和最常见应用。作为一种统计学工具，它们可用于创建一条快速认识数据集的捷径，并成为一种令人信服的沟通手段。

数据可视化技术包含以下几个基本概念：

(1) 数据空间，指由 n 维属性和 m 个元素组成的数据集所构成的多维信息空间；

(2) 数据开发，指利用一定的算法和工具对数据进行定量的推演和计算；

(3) 数据分析，指对多维数据进行切片、块、旋转等动作，剖析数据，从而能多角度多侧面地观察数据；

(4) 数据可视化，指将大型数据集中的数据以图形图像的形式表示，并利用数据分析和开发工具发现其中未知信息的处理过程。

针对数据可视化，人们已经提出了许多方法，这些方法根据其可视化的原理不同可以划分为基于几何的技术、面向像素技术、基于图标的技术、基于层次的技术、基于图像的技术和分布式技术等。

3. 某化妆品公司销售和宣传数据分析

下面举一个简单的例子来说明数据分析与处理的过程。

1) 背景材料

某化妆品公司的客户群体是青年女性消费者，她们基本上是唯一的客户群。该公司正在尝试增加用于扩展社会网络的广告费，但迄今为止，这个新做法是否成功尚未可知。我们看出产品在青年女性消费者中的销售潜力巨大，从分析师的角度给出分析，得出提高销量的方法。

2) 数据整理

以下是收集整理到某年 1 月份到 6 月份的销售报表，见表 1.1。

表 1.1　某化妆品公司产品销售数据汇总表

某化妆品公司产品销售数据汇总					
月份	目标销售额	总销售额	广告费	社会网络费	总销量	单价
1 月	$5,290,000	$5,280,000.00	$1,056,600	$0	2,640,000	$2.00
2 月	$5,600,000	$5,499,000.00	$950,500	$105,600	2,749,500	$2.00
3 月	$5,729,000	$5,469,000.00	$739,200	$316,900	2,734,500	$2.00
4 月	$5,968,000	$5,480,380.90	$528,000	$528,000	2,884,411	$1.90
5 月	$6,217,000	$5,532,999.50	$316,800	$739,200	2,912,105	$1.90
6 月	$6,480,000	$5,554,000.20	$316,800	$739,200	2,923,158	$1.90

3) 数据图表分析

从表 1.1 的数据很难看出问题所在，因此需要对此表做一个图表分析，如图 1.3 所示。

4) 主观分析结果呈现

根据数据图表分析可以得出以下结论：

(1) 6月份的销量相对1月份的销量略有上升，但是成绩平平。

(2) 销量从3月份开始与目标相去甚远。

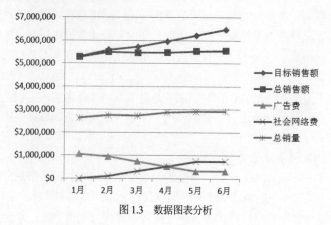

图1.3　数据图表分析

(3) 4月份之后降价，销量依然无明显提高，降价无助于销量达标。

(4) 销量下降可能与广告费用调整有关。

(5) 降价看来无益于销量达标。

 建议：

根据以上分析结论，给化妆品公司的建议是：将宣传费用比例调整至1月份的水平，以观后效。

1.3.2　数据分析处理案例

【案例1.1】利用Excel录入各种类型的数据，并对数据进行有效性设置。

1. 案例的数据描述

现有学生信息，包含学号、姓名、出生日期、班级、三门课成绩、总分等信息，见表1.2，试对表中的数据进行数据的有效性检查：学号为10位长度的文本，出生日期为1980/1/1至2000/1/1之间，各科成绩值在0到100之间。

表1.2　学生信息表

学号	姓名	出生日期	班级	计算机	英语	高数	总分
2014191045	王慧	1996/6/22	应化143	100	100	71	271
2014191007	郭沛宁	1996/7/3	材料148	89	81	67	237
2014191012	洪安帅	1996/7/23	工管141	84	80	73	237
2014191068	张艳欣	1996/8/11	材料148	97	81	62	240
2014191010	何婉红	1991/5/5	化本141	82	71	85	238
2014191072	张雨知	1996/1/1	化本141	95	76	98	269
2014191037	桑西会	1994/8/25	通信141	64	89	98	251
2014191074	郑佳佳	1996/9/22	化本141	89	89	76	254
2014191060	杨静	1994/2/18	轻化142	63	62	66	191
2014191038	沈梦佳	1996/5/27	工造141	67	91	95	253

(续表)

学号	姓名	出生日期	班级	计算机	英语	高数	总分
2014191051	吴慧会	1995/12/17	材料1410	66	98	81	245
2014191006	郭春花	1996/12/15	戏剧141	76	80	90	246
2014191067	张雅卓	1996/4/14	机械144	74	61	82	217
2014191023	刘欢欢	1995/11/23	园林141	79	61	100	240
2014191044	汪子盈	1996/8/30	机械144	67	64	68	199
2014191013	霍娟	1995/10/24	化本142	75	75	88	238

2. 案例的操作步骤

(1) 新建一个 Excel 工作簿,命名为"学生信息数据有效性处理",并在工作表 sheet1 中输入相应的文字和数据,如图 1.4 所示。

图 1.4　学生信息表

(2) 选定单元格区域"A2:A17",选择"数据"选项卡,单击"数据工具"组中的"数据有效性"选项下的"数据有效性"按钮,在"数据有效性"对话框中的"设置"选项卡中进行有效性的设置:

"允许"为"文本长度";"数据"为"等于";"长度"为"10",如图 1.5 所示。设置完成单击"确定"按钮。

(3) 选定单元格区域"C2:C17",选择"数据"选项卡,单击"数据工具"组中的"数据有效性"选项下的"数据有效性"按钮,在"数据有效性"对话框中的"设置"选项卡中进行有效性的设置:"允许"为"日期";"数据"为"介于";"开始日期"为"1980/1/1";"结束日期"为"2000/1/1",如图 1.6 所示。设置完成单击"确定"按钮。

图 1.5　学号数据有效性设置

(4) 选定单元格区域"E2:G17",选择"数据"选项卡,单击"数据工具"组中的"数据有效性"选项下的"数据有效性"按钮,在"数据有效性"对话框中的"设置"选项卡中进行有效性的设置:"允许"为"整数";"数据"为"介于";"最小值"为"0";"最大值"为"100",如图 1.7 所示。设置完成单击"确定"按钮。

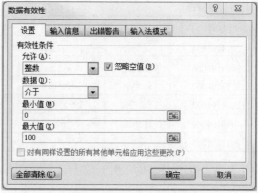

图 1.6　出生日期有效性设置　　　　　　　图 1.7　各科成绩有效性设置

3. 案例的结果分析

本案例依次设置了文本的长度、日期的起止及整数的有效范围。数据的有效性设置可以对数据自动进行检测，提高数据输入或检查时的正确率。

【案例 1.2】对数据进行分列操作。

1. 案例的数据描述

现有三组数据，见表 1.3～表 1.5。试对第一组数据进行固定宽度分列操作；对第二组数据进行分隔符号分列操作；对第三组数据借助分列操作，完成日期型数据的转换，例如，将日期格式"1996.1.1"转换为 1996/1/1 或 1996-1-1。

表 1.3　固定宽度分列原数据

人名	年假	薪水
甲	12	50,000
乙	20	50,000
丙	10	40,000

表 1.4　分隔符号分列原数据

北京市海淀区中关村东路 1 号院
哈尔滨市呼兰区公证处
齐齐哈尔市龙沙区光复街 5 号
北京市海淀区中关村东路 2 号院
哈尔滨市呼兰区公证处
齐齐哈尔市龙沙区光复街 6 号
北京市海淀区中关村东路 3 号院
哈尔滨市呼兰区公证处
齐齐哈尔市龙沙区光复街 7 号
北京市海淀区中关村东路 4 号院

表 1.5　分列完成数据转换

日期格式
2007.1.10
2007.1.11
2007.1.12
2007.1.13
2007.1.14
2007.1.15
2007.1.16
2007.1.17
2007.1.18
2007.1.19
2007.1.20
2007.1.21
2007.1.22
2007.1.23
2007.1.24
2007.1.25
2007.1.26

2. 案例的操作步骤

1) 对数据进行固定宽度分列操作。

操作步骤：

(1) 新建一个 Excel 工作簿，命名为"固定宽度分列"，并在表格中输入相应的文字和数据，如图 1.8 所示。

图 1.8　输入原始数据

(2) 选定单元格区域"A1:A4"，选择"数据"选项卡，单击"数据工具"组中的"分列"按钮，打开"文本分列向导"，原始数据类型处选择最合适的文件类型：这里选择"固定宽度—每列字段加空格对齐"选项，单击"下一步"按钮，如图 1.9 所示。

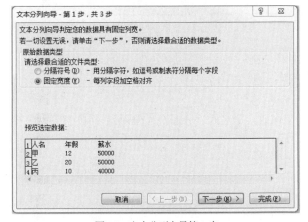

图 1.9　文本分列向导第 1 步

(3) 在"文本分列向导-第 2 步"对话框中，"数据预览"处可使用鼠标对分列线(纵向箭头)的宽度(即分列字段宽度)进行拖动，设置分列宽度。要清除分列线，可双击分列线。要建立分列线，可在要建立分列处单击鼠标。单击"下一步"按钮，如图 1.10 所示。

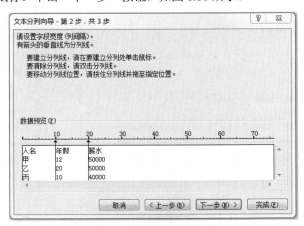

图 1.10　文本分列向导第 2 步

(4) 在"文本分列向导-第 3 步"对话框中，选择"人名"列，选择"列数据格式"为"文本"；选择"年假"列，选择"列数据格式"为"文本"；选择"薪水"列，选择"列数据格式"为"常规"，选择"高级"按钮，可进一步设置数据的数字格式，单击"确定"；设置"目标区域"为$A$1；单击"完成"按钮，如图 1.11 所示。

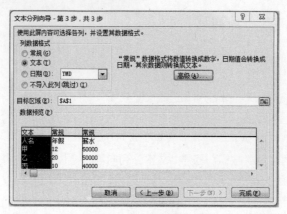

图 1.11 文本分列向导第 3 步

分列后的结果如图 1.12 所示。

2) 对数据进行分隔符号分列操作。

操作步骤:

(1) 新建一个 Excel 工作簿,命名为"分隔符号分列",并在表格中输入相应的文字和数据,如图 1.13 所示。

图 1.12 分列结果

图 1.13 数据分隔符号分列原始数据

(2) 选定单元格区域"A1:A10",选择"数据"选项卡,选择"数据工具"组中的"分列"按钮,打开"文本分列向导-第 1 步",选择最合适的文件类型:分隔符号;单击"下一步"按钮,如图 1.14 所示。

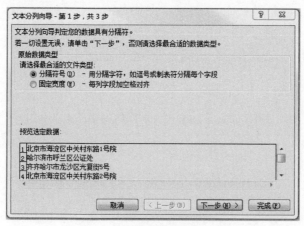

图 1.14 分隔符号分列向导第 1 步

(3) 打开"文本分列向导-第 2 步",选择"分隔符号"为"其他",填写"市"字,以"市"字进行分列;单击"下一步",如图 1.15 所示。

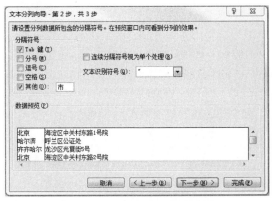

图 1.15　分隔符号分列向导第 2 步

(4) 打开"文本分列向导-第 3 步",选择第 1 列数据,选择"列数据格式"为"文本","目标区域"为$A$1;单击"完成",如图 1.16 所示。

图 1.16　分隔符号分列向导第 3 步

分列结果如图 1.17 所示。

(5) 如果想进一步将 B 列中的"区"分列出来,则选定单元格区域"B1:B10",重复以上三个步骤,在第 2 步选择"其他"分隔符号时,填写"区"字即可完成分列。分列后可在数据最上面加入一行,写入各列字段名称。最终分列结果如图 1.18 所示。

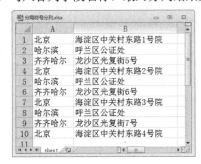

图 1.17　按"市"分列结果

图 1.18　按"市"、"区"分列结果

3) 借助分列操作，完成日期型数据的转换。

操作步骤：

(1) 新建一个 Excel 工作簿，命名为"分列转换数据"，并在表格中输入相应的文字和数据，如图 1.19 所示。

(2) 选定单元格区域"A2:A18"，选择"数据"选项卡，选择"数据工具"组中的"分列"按钮，打开"文本分列向导-第 1 步"，由于要进行数据类型转换，因此直接单击"下一步"至"文本分列向导-第 3 步"，列数据格式设置为"日期—YMD"类型，目标区域选择$A$2，单击"完成"，结束类型转换，如图 1.20 所示。如果想转换的日期格式为"1996-1-1"形式，则需在系统中设置"区域和语言"中的日期和时间的默认格式为"yyyy-m-d"，再使用分列方式进行类型转换。

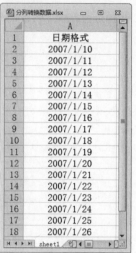

图 1.19 日期原始数据   图 1.20 日期类型数据分列转换结果

3. 案例的结果分析

本案例实现了按分隔符号分列、按固定宽度分列和利用分列操作完成数据转换。分隔符号分列适用于数据源带有某些特定的符号，如逗号、冒号、空格等，汉字也可以作为分隔符来使用。以固定宽度分列主要适用于数据源比较整齐划一，排列比较有规律的数据分列情况。

【案例 1.3】 根据公司提供的销售数据，进行数据分析，为公司提出改进销售的方案。

1. 案例的数据描述

根据某化妆品公司提供的近 6 个月的"产品销售情况"表(见表 1.6)、"宣传投入"表(见表 1.7)、"目标销售额"表(见表 1.8)，进行数据分析之后为公司提出改进销售的方案。

表 1.6 产品销售情况表

某化妆品公司产品销售情况				
月份	销售地区	单价(盎司)	销售数量	销售额
1 月	销售一区	$2.0	904,000	$1,808,000.0
1 月	销售二区	$2.0	744,000	$1,488,000.0
1 月	销售三区	$2.0	992,000	$1,984,000.0
2 月	销售一区	$2.0	945,500	$1,891,000.0

(续表)

月份	销售地区	单价(盎司)	销售数量	销售额
				某化妆品公司产品销售情况
2 月	销售二区	$2.0	760,000	$1,520,000.0
2 月	销售三区	$2.0	1,044,000	$2,088,000.0
3 月	销售一区	$2.0	953,000	$1,906,000.0
3 月	销售二区	$2.0	752,500	$1,505,000.0
3 月	销售三区	$2.0	1,029,000	$2,058,000.0
4 月	销售一区	$1.9	986,300	$1,873,970.0
4 月	销售二区	$1.9	768,000	$1,459,200.0
4 月	销售三区	$1.9	1,130,111	$2,147,210.9
5 月	销售一区	$1.9	965,100	$1,833,690.0
5 月	销售二区	$1.9	745,005	$1,415,509.5
5 月	销售三区	$1.9	1,202,000	$2,283,800.0
6 月	销售一区	$1.9	961,080	$1,826,052.0
6 月	销售二区	$1.9	750,078	$1,425,148.2
6 月	销售三区	$1.9	1,212,000	$2,302,800.0

表 1.7 宣传投入表

月份	广告费	社会网络费
	某化妆品公司产品宣传投入	
1 月	$1,056,600	$0
2 月	$950,500	$105,600
3 月	$739,200	$316,900
4 月	$528,000	$528,000
5 月	$316,800	$739,200
6 月	$316,800	$739,200

表 1.8 目标销售额表

月份	目标销售额
	某化妆品公司产品目标销售额
1 月	$5,290,000
2 月	$5,600,000
3 月	$5,729,000
4 月	$5,968,000
5 月	$6,217,000
6 月	$6,480,000

2. 案例的操作步骤

(1) 新建一个 Excel 工作簿，命名为"某化妆品销售分析"，并依次建立"产品销售情况"工作表、"宣传投入"工作表和"目标销售额"工作表，并在表格中输入相应的文字和数据，如图 1.21、图 1.22 和图 1.23 所示。

图1.21 某化妆品公司产品销售情况

图1.22 某化妆品公司产品宣传投入

(2) 按月份汇总销售额，将各月份的目标销售额、总销售额、广告费和社会网络费投入、总销量、单价等合并到一个表格中。插入一张新的工作表(按 shift+F11)，命名为"销售数据汇总"，选定"目标销售额"表单元格区域"A2:B8"并复制到"销售数据汇总"表的"A2:B8"区域。

(3) 在"产品销售情况"表中增加一列"总销量"，并在"F3"、"F6"、"F9"、"F12"、"F15"和"F18"单元格内利用求和函数sum()分别计算1月份至6月份3个销售区的产品总销量，如图1.24所示。将总销量列数据复制到"销售数据汇总"表的"F2:F8"区域。

图1.23 某化妆品公司产品目标销售额

(4) 在"产品销售情况"表中增加一列"总销售额"，并在"G3"、"G6"、"G9"、"G12"、"G15"和"G18"单元格内，利用求和函数sum()分别计算1月份至6月份三个销售区的产品总销售额，如图1.24所示。将总销售额列数据复制到"销售数据汇总"表的"C2:C8"区域。

图1.24 三区总销量及销售额

(5) 将"宣传投入"表中的"B2:C8"区域数据复制到"销售数据汇总"表的"D2:E8"区域。

(6) 在"销售数据汇总"表的"G2:G8"区域增加一列"单价"，将"产品销售情况"表中每月单价(盎司)复制到“G3”至“G8”单元格中，如图 1.25 所示。

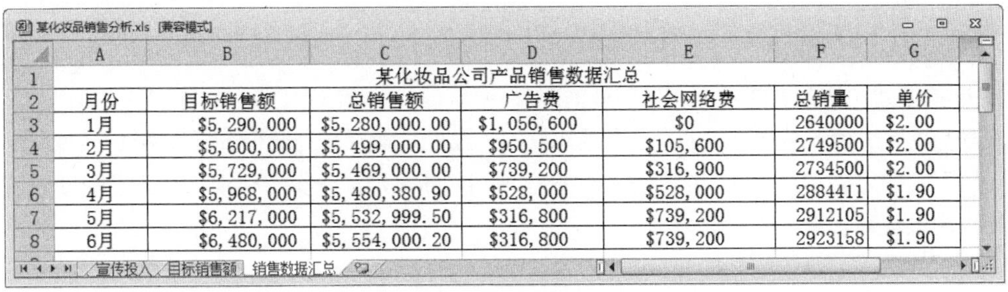

	A	B	C	D	E	F	G
1	某化妆品公司产品销售数据汇总						
2	月份	目标销售额	总销售额	广告费	社会网络费	总销量	单价
3	1月	$5,290,000	$5,280,000.00	$1,056,600	$0	2640000	$2.00
4	2月	$5,600,000	$5,499,000.00	$950,500	$105,600	2749500	$2.00
5	3月	$5,729,000	$5,469,000.00	$739,200	$316,900	2734500	$2.00
6	4月	$5,968,000	$5,480,380.90	$528,000	$528,000	2884411	$1.90
7	5月	$6,217,000	$5,532,999.50	$316,800	$739,200	2912105	$1.90
8	6月	$6,480,000	$5,554,000.20	$316,800	$739,200	2923158	$1.90

图 1.25　销售数据汇总

(7) 绘制目标销售额、总销售额、广告费、社会网络费、总销量折线图。选择“销售数据汇总”表“A2:F8”单元格区域，选择“插入”选项卡的“图表”组，选择“折线图”下的“带数据标记的折线图”，生成的图表如图 1.3 所示。

3. 案例的结果分析

根据折线图分析其中存在的关系如下：

(1) 2 月份的销量相对 1 月份的销量略有上升，但是成绩平平。

(2) 销量从 3 月份开始与目标相去甚远。

(3) 广告费用和社交网络费总量持平，但是广告费逐渐减少，社交网络费逐渐增加。

(4) 4 月份后价格下降，但是总销售额没有明显变动。

根据以上分析得出结论：可能是广告费用和社交网络费的调整影响到销量，因此将宣传费用比例调整至 1 月份的水平，以观后效。

1.3.3　数据分析师

数据分析师是数据师的一种，指的是不同行业中，专门从事行业数据收集、整理、分析，并依据数据做出行业研究、评估和预测的专业人员。

1. 数据分析师的作用

这是一个用数据说话的时代，也是一个依靠数据竞争的时代。世界 500 强企业中，有 90%以上的企业都建立了数据分析部门。IBM、微软、Google 等知名公司都积极投资数据业务，建立数据部门，培养数据分析团队。各国政府和越来越多的企业意识到数据和信息已经成为企业的智力资产和资源，数据的分析和处理能力正在成为被日益倚重的技术手段。

互联网本身具有数字化和互动性的特征，这种属性特征给数据收集、整理、研究带来了革命性的突破。以往“原子世界”中数据分析师要花较高的成本(资金、资源和时间)获取支撑研究、分析的数据，数据的丰富性、全面性、连续性和及时性都比互联网时代差很多。

与传统的数据分析师相比，互联网时代的数据分析师面临的不是数据匮乏，而是数据过剩。因此，互联网时代的数据分析师必须学会借助技术手段进行高效的数据处理。更为重要的是，互联网时代的数据分析师要不断在数据研究的方法论方面进行创新和突破。

2. 企业数据分析师

一个企业的数据分析师不仅仅是一个数据的分析者，还应是帮助决策者做出正确决定的人。那么，一个好的企业数据分析师应该能帮助企业解决哪些问题？

(1) 轻视数据

让决策者接纳、理解数据分析的结果并不是一件简单的事情。数据分析师(无论是金融工程师还是数据专家)要避免决策者对数据产生轻视的现象。

在现实中，决策者必须寻求的是"多重变量的一致性直觉判断与数据分析"。换句话说，我们应该以一种互补的方式，综合利用数据分析和直觉观察判断来形成一个整体观点，而不是过于依赖数据或仅仅通过观察。

(2) 决策偏差

无论是数据分析师还是决策者，都需要掌握直觉观察和数据分析的平衡，数据分析师必须意识到，任何观点，哪怕是来自所有人的认同和铁一般的事实，都可能带有潜在的偏差。

另一个需要注意的问题是情感偏见。例如，当一个决策者暴露在公众视野中，长期被"粉丝"、客户和社交媒体包围，面对舆论监督和媒体审查等，这些外部的噪音必然对决策产生某种影响，这时就产生了情感偏见，这正是决策者需要规避的。

(3) 精准沟通

另一个重要的主题是沟通方式的重要性。决策者正在试图寻求更明确的方法来接受数据分析师的想法。他们希望数据分析师能用简单易懂的语言和他们对话，这样他们就能很容易地理解数据的含义。

(4) 数据转化

很多人指出，决策者们并"不熟悉"数据分析之类的科学方法。所以必须改变对话策略，必须能同时与数据分析师和决策者双方进行对话，即有效的数据转化，这将促进两种不同思维之间的相互理解。

3. 企业数据分析师应具备的技能

数据分析师应该拥有如下技能：

(1) 较高的业务水平和地位，能够和决策者进行平等沟通；

(2) 充分的数据分析知识或愿意学习这类知识，并能够与数据工程师进行有效沟通；

(3) 能从容地向高管、同事和下属传递和表达想法；

(4) 具有很强的学习能力；

(5) 能够理解并转化同事们的问题和解决办法；

(6) 对质量标准的高要求和对细节的关注；

(7) 具有独立的组织能力，能够凝聚高管和工程师们。

数据分析师可以通过举例子进行类比，让决策者产生共鸣，或者向决策者表达问题，而不是结论。特别是对那些持怀疑态度的决策者，要注意不要一开始就表现得过分自信。数据分析师们可以通过数据分析提出问题，让决策者自己去想答案，而不是直接告诉他们。通过数据分析师对数据的成功转化，可以弥补决策者和数据工程师之间的沟通障碍，进而解决数据和现实之间的差异。

1.4 数据分析模型

进行数据分析，肯定要用到数据分析模型，在进行数据分析之前，需先搭建数据分析模型，根据模型中的内容，具体细分到不同的数据指标进行细化分析，最终得到想要的分析结果或结论。

数据模型就是对现实世界抽象化的数据展示，数据模型在满足抽象的同时，越简单越好。统计数据视角的实体模型通常指的是统计分析或大数据挖掘、深度学习、人工智能技术等种类的实体模型，这些模型是从科学研究视角界定的。

1. 异常数据检测

现实世界的数据一般是不完整的、有噪声的、不一致的和冗余的。预处理是对数据进行预先处理以提高数据质量。数据集中的异常数据通常被称为异常点、异常值或孤立点等。典型的特征是这些数据的特征或规则与大多数数据不一致，表现出"异常"的特征。检测这些数据的方法称为异常检测。

噪声数据是指一个测量变量中的随机错误或偏离期望的孤立点值，产生噪声的原因很多，人为的、设备的和技术的等，如数据输入时的人为错误或计算机错误，网络传输中的错误，数据收集设备的故障等。比如在输入工资值时，输入了-6368.00，这明显是一个错误的数据。

不完整数据是指实际应用系统中，由于系统设计得不合理或者使用过程中的某些因素，导致某些属性值可能会缺失或者值不确定。

不一致数据是由于原始数据来源于多个不同的应用系统或数据库，信息庞杂，采集和加工的方法有别，数据描述的格式也各不相同，缺乏统一的分类标准和信息的编码方案，因此难以实现信息的集成共享，很难直接用于数据挖掘。例如，"年龄：30"也可能表示为"生日：1990 年 10 月 1 日"；不同的惯用语"齐齐哈尔大学"、"齐大"，都代表"齐齐哈尔大学"；不同的计量单位"50KG"、"50公斤"、"110 磅"都代表体重。对于这种不一致的数据需要预先处理，制定统一的标准和编码方案。

同一事物在数据库中存在两条或多条完全相同的记录，或者相同的信息冗余地存在于多个数据源中，称为重复数据。原始数据中通常记录着事物的较为全面的属性，而在数据分析中，这些属性并不是都有用，只需要一部分属性即可得到有用的信息，而且无用属性的增加还会导致无效归纳，把分析结果引向错误的结论。

2. 降维

对大量的数据和大规模的数据进行数据挖掘时，往往会面临"维度灾害"。数据集的维度在无限地增加，但由于计算机的处理能力有限，此外数据集的多个维度之间可能存在共同的线性关系，这会造成学习模型的可扩展性不足，乃至许多时候优化算法的结果无效。因此，人们必须减少层面总数并减少层面间的共线性危害。

数据降维也称为数据归约或数据约减。它的目的就是为了减少数据计算和建模中涉及的维数。有两种数据降维思想：一种是基于特征选择的降维，另一种是基于维度变换的降维。

3. 回归分析

在现实生活中，常常需要定量分析并确定两个或两个以上变量间的依存关系，这种分析方法称为回归分析(regression analysis)，该分析方法在统计学中运用十分广泛。回归分析按照涉及的自变量的多少，可分为一元回归分析和多元回归分析；按照自变量和因变量之间的关系类型，可分为线性回归分析和非线性回归分析。如果在回归分析中，只包括一个自变量和一个因变量，且两者的关系可用一条直线近似表示，这种回归分析就称为一元线性回归分析。如果回归分析中包括两个或两个以上的自变量，且因变量和自变量之间是线性关系，则称为多元线性回归分析。

在现实生活中，非线性关系是大量存在的，这时，非线性回归函数比线性回归函数更能够准确地描述客观现象之间的回归关系。比如，农作物产量与施肥量之间，随着施肥量的增加，粮食亩产量呈增加趋势，当施肥量达到一定的饱和点后，粮食亩产量不仅不会增加，反而会下降。再如，商品的销售量与广告费支出，在商品价格保持不变的情况下，随着广告费支出的增加，商品销售量会呈线性增加，但是当市场对该商品的需求趋于饱和时，再增加广告费支出，对商品销售量就不会产生显著影响，商品销售量会相对趋于稳定。因此，如果要分析施肥量对粮食亩产量的影响，或分析广告支出费用对商品销售量的影响，都应考虑采用非线性回归模型。

非线性回归分析，必须解决两个主要问题：一是如何确定非线性回归函数的具体形式；二是如何估计函数中的参数。非线性回归关系模型包括多项式模型、对数模型、幂函数模型和指数模型，对它们作回归分析主要有两种方法：一是通过绘制散点图添加趋势线法拟合出相应的回归方程；二是先将非线性关系线性化，然后利用回归分析工具做线性回归分析。

在回归分析中，不仅需要确定变量间的相互依存关系，即确定回归函数，还需要检验估计的参数以及对方程拟合效果进行评价等。因此，回归分析是一个系统的分析过程。

4. 聚类

我们常说"物以类聚，人以群分"，这是聚类分析的基本思想。聚类分析法是大数据挖掘算法的基础，聚类分析法是将很多具备"类似"特点的统计数据划分为一致类型的分析方式。大量数据集中必须有相似的数据点。基于这一假设，可以区分数据，并且可以找到每个数据集(分类)的特征。

下面介绍几种常见的聚类算法：

(1) K-Means 均值聚类，非常知名的聚类算法。K-Means 算法的优势在于它的速度非常快，因为我们所做的只是计算点和簇中心之间的距离——这已经是非常少的计算了，因此它具有线性的复杂度 O(n)。

(2) Mean-Shift 是一种基于滑动窗口的聚类算法。也可以说它是一种基于质心的算法，即它通过计算滑动窗口中的均值来更新中心点的候选窗口，以此达到找到每个簇中心点的目的。然后在剩下的处理阶段中，对这些候选窗口进行滤波，以消除近似或重复的窗口，找到最终的中心点及其对应的簇。

(3) 基于密度的噪声应用空间聚类(DBSCAN)。与其他聚类算法相比，DBSCAN 具有很多优点。首先，它根本不需要确定簇的数量。不同于 Mean-shift 算法，当数据点不同时，会将它们单纯地引入簇中，DBSCAN 能将异常值识别为噪声。另外，它能够很好地找到任意大小和任意形状的簇。DBSCAN 算法的主要缺点是，当数据簇密度不均匀时，它的效果不如其他算法好。这是因为当密度变化时，用于识别邻近点的距离阈值 ε 和 minpoints 的设置将随着簇而变化。在处理高维数据时也会出现这种缺点，因为难以估计距离阈值 ε。

(4) 使用高斯混合模型(GMM)的期望最大化(EM)聚类。相较于 K-means 算法，高斯混合模型(GMM)能处理更多的情况。对于 GMM，我们假设数据点是高斯分布的；这是一个限制较少的假设，而不是用均值来表示它们是圆形的。这样，我们有两个参数来描述簇的形状：即均值和标准差。以二维为例，这意味着这些簇可以是任何类型的椭圆形(因为 GMM 在 x 和 y 方向上都有标准偏差)。因此，每个高斯分布都被单个簇指定。

5. 统计指数

统计指数是用来综合反映所研究的社会经济现象复杂总体数量时间变动和空间对比状况的一种相对数。所谓复杂总体，是指不同度量单位或性质各异的若干事物组成的、数量不能直接加总或不可以直接加总的总体。因此，在实际应用中，统计指数不仅解决了复杂总体数据太大的问题，更重要的是，对于不能直接加总或不能直接对比的复杂总体，编制统计指数能够反映和研究它们的变动方向和变动程度，以总结所有成员的综合变化。

指数的编制有着特定的方法体系，因为指数要反映的是多个部分的变动问题，这里主要涉及横向如何加总和纵向如何对比的问题。在统计中，按照指数的编制方式主要分为"先综合、后对比"的综合统计指数和"先对比、后综合"的平均统计指数。

6. 抽样与参数估计

在实际工作中，常常需要对某一总体样本的特性进行分析，从成本和可行性的角度考虑，一般并不对总体的所有样本进行逐一检测，而是通过一定的方法抽取其中的一部分，通过抽出的部分来推断总体样本的特征。比如，要检验某种工业产品的质量，我们只需从中抽取一小部分产品进行检验，并用计算出来的合格率来估计全部产品的合格率，或是根据合格率的变化来判断生产线是否出现了异常。这便是统计工作中常用的抽样推断方法。

统计抽样推断是统计学研究的重要内容，是按照随机性原则，从研究对象中抽取一部分进行观察，并根据所得到的观察数据，对研究对象的数量特征做出具有一定可靠程度的估计和推断，以达到认识总体的一种统计方法。它包括两大核心内容：参数估计和假设检验。两者都是根据样本资料，运用科学的统计理论和方法，对总体特征做出判断，其中参数估计是对所要研究的总体参数进行合乎数理逻辑的推断，而假设检验是对先前提出的某个陈述进行检验，以判断真伪。

7. 方差分析

在统计学中，当需要对两个以上总体均值进行检验时，即需要检验两个以上的总体是否具有相同的均值时，需要使用方差分析。方差分析又称变异数分析或 F 检验，是研究一个或多个可分组自变量与一个连续因变量之间的统计关系，并测定自变量对因变量的影响和作用的一种统计分析方法。简单而言，方差分析就是利用实验数据，分析各个因素对某事物、某指标的影响是否显著的一种统计分析方法。方差分析的目的是通过数据分析找出对该事物有显著影响的因素，各因素之间的交互作用，以及显著影响因素的最佳水平等。

在方差分析中通常要有以下两个假定：①各个观察值是独立的，即各组观察数据是从相互独立的总体中抽取的；②每个总体都应服从正态分布且方差相等，即各组观测数据是从具有相同方差的正态分布总体中抽取的简单随机样本。

按照总体均值仅受一个因素影响还是两个因素影响，方差分析可分为单因素方差分析和双因素方差分析。

8. 相关分析

自然界和人类社会中的许多事物或现象，彼此之间都是相互联系、相互依赖和相互制约的。例如，国内生产总值与财政收入之间、家庭消费支出与收入之间、人的身高与体重之间、农作物产量与施肥量之间、商品销售量与广告投入费用之间等，无不存在着一定的联系。现象之间的这种联系最终都要通过相互之间的数量对应关系反映出来，因此现象之间的联系必然表现为变量之间的依存关系。变量之间的依存关系有两种不同的类型：一种是函数关系，一种是相关关系。前者是指变量之间存在的严格确定的依存关系，后者是指变量之间存在的不确定的依存关系。

具体来说，相关分析用于研究现象之间是否存在某种依存关系，并对具体有依存关系的现象探讨其相关方向以及相关程度，是研究随机变量之间的相关关系的一种统计方法。从不同的角度，相关关系可以分为多种类型。根据研究变量的多少，可分为简单相关和多元相关，简单相关是指两个变量之间的相关关系，多元相关是指 3 个或 3 个以上变量之间的相关关系；根据变量关系的形态，可分为线性相关和非线性相关，可以通过散点图呈直线或曲线加以判断；根据变量值变动方向的趋势，可分为正相关和负相关，如果变量同增同减，则称它们为正相关，反之称为负相关；根据相关程度的不同，又可分为完全相关、不完全相关和非相关。

9. 时间序列

客观事物永远处于不断的发展变化之中，我们要认识事物的本质及其变化的规律，展望其发展前景，不仅应该在客观事物的相互联系和相互制约中进行研究，还要在它们的发展变化中进行研究。这一任务正是通过编制时间序列，进行时间序列分析来实现的。

时间序列是一种用于研究数据随时间变化的算法，是一种常用的回归预测方法。原则是事物的连续性。所谓连续性，是指客观事物的发展具有规律性的连续性，事物的发展是按照其内在规律进行的。在一定的条件下，只要规则作用的条件不发生质的变化，事物的基本发展趋势就会持续到未来。时间序列分析的形式有对比分析、移动平均分析、指数平滑分析、趋势外推分析和季节调整分析。

1.5 大数据的分析处理

大数据(Big data)是指无法在一定时间范围内用常规软件工具进行捕捉、管理和处理的数据集合，是需要使用新处理模式才能具有更强的决策力、洞察发现力和流程优化能力的海量、高增长率和多样化的信息资产。

维克托·迈尔-舍恩伯格及肯尼斯·库克耶编写的《大数据时代》中指出，大数据处理指不使用随机分析法(抽样调查)这样的捷径，而是对所有数据进行分析处理。

1.5.1 大数据时代——你的一天

先来看看未来大数据时代你的一天是如何度过的。

(1) 7:00，你被手机闹钟叫醒。昨晚你带着一款小型可穿戴设备睡觉，这个设备连接着你手机里的一款大数据的 APP，打开它就可以看到你昨晚睡觉时的翻身次数、心跳和血压状况。根据测量结果，它建议你今天出门之前多喝点橙汁类的饮品来补充维生素。

(2) 7:15，在你刷牙洗脸时，自动通知早餐机，自动热好早餐。

(3) 7:30，在你吃早餐时，自动开始播报订阅的隔夜新闻，提醒今日日程安排。音响的屏幕显示当日的天气预报：有雨，不适合洗车，空气污染程度低，适合开窗透气。

(4) 7:55，先打开手机，控制车辆开启空调，调节好温度，然后设定目标路线，车内大数据系统会自动进行今天的交通预测。软件会自动根据大数据计算最佳的出行路线地图。

(5) 8:00，直接下楼，汽车已经根据指示自动驾驶，提前到达小区门口等待。出发上班，进入自动驾驶模式，车辆开始播放音乐，座椅自动躺平，开始简单的肩颈按摩。

(6) 8:25，到达单位。视频监视系统自动识别人物特征，车辆直接进入公司大门口，下车后，车辆进行自动泊车模式，自行到车库寻找车位。

(7) 8:30，大数据会将公司遗留的工作内容和今天的工作安排发到你的手机。办公桌上已经无电脑，直接使用手机将资料投影到办公桌前的一块玻璃上，并在投影中可以使用虚拟触摸操作，办公数据直接通过互联网存储到网络共享空间。

(8) 办公时候，大数据系统自动发出信息，某某商城打折，价格极其优惠，建议购买，于是手机下单，30 分钟后，无人机携带你购买的商品送达。

(9) 12:00，大数据会自动根据你之前的用餐记录，推荐到一个餐馆用餐，并已经推荐好菜单。同时告诉你餐馆附近有多少车位，算出你可能会遇到的拥堵时间，到了是否还有车位等可能性。

(10) 18:00，你回到了家，你的可穿戴设备告诉你，今天你在室内和室外的时间分别是多少，你一天内走了多少步，吸入了多少雾霾。

从早晨 7 点被闹钟叫醒起床到晚上 18 点下班回家，整整一天的活动都是在大数据的各种 App 的控制和记录中完成的。大数据时代方便了人们的生活，也同时将人们的点点滴滴都记录下来，成为海量数据中的一部分。大数据离不开云处理，云处理为大数据提供了弹性可拓展的基础设备，是产生大数据的平台之一。自 2013 年开始，大数据技术已开始和云计算技术紧密结合，预计未来两者关系将更为密切。

除此之外，物联网、移动互联网等新兴计算形态，也将一齐助力大数据革命，让大数据营销发挥出更大的影响力。随着大数据的快速发展，就像计算机和互联网一样，大数据很有可能是新一轮的技术革命。随之兴起的数据挖掘、机器学习和人工智能等相关技术，可能会改变数据世界里的很多算法和基础理论，实现科学技术上的突破。

1.5.2　大数据概念

大数据是一个体量特别大、数据类别特别多的数据集，无法在一定时间内用传统数据库软件工具对其内容进行抓取、管理和处理的数据集合。

麦肯锡全球研究所给出的大数据的定义是：一种规模大到在获取、存储、管理、分析方面大大超出了传统数据库软件工具能力范围的数据集合，具有海量的数据规模、快速的数据流转、多样的数据类型和价值密度低四大特征。

大数据技术的战略意义不在于掌握庞大的数据信息，而在于对这些含有意义的数据进行专业化处理。换言之，如果把大数据比作一种产业，那么这种产业实现盈利的关键，在于提高对数据的"加工能力"，通过"加工"实现数据的"增值"。

适用于大数据的技术，包括大规模并行处理(MPP)数据库、数据挖掘、分布式文件系统、分布式数据库、云计算平台、互联网和可扩展的存储系统。

1. 数据的存储设备

在计算机发明之前，人类的数据大多以纸张和书籍的形式存储，全世界有很多的图书馆存储了海量的人类文明资料。随着电子设备的出现，人类的数据存储方式也发生了改变，从个人的硬盘到网络服务器，再到云，由纸张上的文字符号转变为了 0、1 存储的数字符号。这些改变，使得数据的意义发生了天翻地覆的变化，数据实时在线，24 小时可得，复制、传播、整合更加方便，保存成本、分享成本越来越低。

从技术上看，大数据与云计算的关系就像一枚硬币的正反面一样密不可分。大数据必然无法用单台的计算机进行处理，必须采用分布式架构(它的特色在于对海量数据进行分布式数据挖掘)，但它必须依托云计算的分布式处理、分布式数据库和云存储、虚拟化技术。

随着云时代的来临，大数据也吸引了越来越多的关注。分析师团队认为，大数据通常用来形容一个公司创造的大量非结构化数据和半结构化数据，这些数据在下载到关系型数据库用于分析时会花费过多时间和金钱。大数据分析常和云计算联系到一起，因为实时的大型数据集分析需要像 Map Reduce 一样的框架来向数十、数百甚至数千台电脑分配工作。

2. 数据的存储容量

存储容量是指存储器可以容纳的二进制信息量，用存储器中存储地址寄存器(MAR)的编址数与存储字位数的乘积表示。所有信息都是以"位"(bit)为单位传递的，一个位就代表一个 0 或 1。每 8 个位(bit)组成一个字节(Byte)。字节是什么概念呢？一个英文字母就占用一个字节，也就是 8 位二进制，一个汉字占用两个字节。一般位简写为小写字母"b"，字节简写为大写字母"B"。

存储容量的计算如下：

1Byte(字节)=8bit(位)

1KB(千字节)=1024B=2^{10}B

1MB(兆字节)=1024KB=2^{20}B

随着存储信息量的增大，有更大的单位表示存储容量单位，比吉字节(GB, gigabyte)更高的还有：太字节(TB，terabyte)、拍字节(PB，Petabyte)、艾字节(EB，Exabyte)、泽字节(ZB，Zettabyte)和尧字节(YB，Yottabyte)、千亿亿亿字节(BB，Brontobyte)等。

1GB(吉字节)=1024MB=2^{30}B

1TB(太字节)=1024GB=2^{40}B

1PB(拍字节)=1024TB=2^{50}B

1EB(艾字节)=1024PB=2^{60}B

1ZB(泽字节)=1024EB=2^{70}B

1YB(尧字节)=1024ZB=2^{80}B

1BB(千亿亿亿字节)=1024YB=2^{90}B

3. 大数据有多大

据统计，2019 年移动互联网接入流量 12 200 000 万 GB，互联网宽带接入用户 44 928 万户；2014 年，阿里云曾帮助用户抵御全球互联网史上最大的 DDoS 攻击，峰值流量达到每秒 453.8Gb。阿里、百度、腾讯这样的互联网巨头，数据量已经接近 EB 级。再比如，一个 8Mb/s 的摄像头，一小时能产生 3.6GB 的数据，一个城市每月产生这样的数据达上亿 GB；在医院，一个病人的 CT 影像数据量达几十 GB，全国每年需保存这样的数据达上百亿 GB。

国际数据公司(IDC)的研究结果表明，2008 年全球产生的数据量为 0.49ZB，2009 年的数据量为 0.8ZB，2010 年增长为 1.2ZB，2011 年的数据量更是高达 1.82ZB，相当于全球每人产生 200GB 以上的数据，2012 年，数据量已经从 TB(1024GB=1TB)级别跃升到 PB(1024TB=1PB)、EB(1024PB=1EB)至 ZB(1024EB=1ZB)级别，2015 年的数据达到 7.9ZB，2020 年数据量已达到 35ZB，如图 1.26 所示。

根据 IDC 监测，人类产生的数据量(数据圈)正在呈指数级增长，大约每两年翻一番，全球每年产生的数据将从 2020 年的 35ZB 增长到 2025 年的 175ZB，相当于每天产生 491EB 的数据。预计在 2025 年中国数据圈增至 48.6ZB，占全球 27.8%，成为最大数据圈。如果把 175ZB 全部存在 DVD 光盘中，那么 DVD 光盘叠加起来的高度将是地球和月球距离的 23 倍(月地距离约 38.4 万公里)，或者绕地球 222 圈(一圈约为四万公里)。假设网速为 25Mb/s 的情况下，一个人要下载完这 175ZB 的数据，需要 18 亿年。

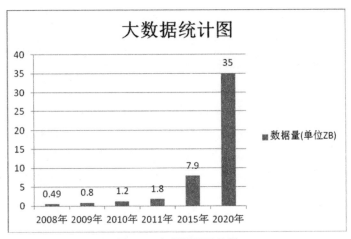

图 1.26　全球数据量统计图

4. 大数据的特点

大数据其实就是海量资料，这些海量资料来源于世界各地随时产生的数据，在大数据时代，任何微小的数据都可能产生不可思议的价值。大数据有 4 个特点，分别为：Volume(规模性)、Variety(多样性)、Velocity(高速性)、Value(价值性)，一般我们称之为 4V。

(1) Volume(规模性)。大数据的特征首先就体现为"大"，在早前的 Map 3 时代，一个小小的 MB 级别的 Map 3 就可以满足人们的需求，然而随着时间的推移，存储单位从过去的 GB 到 TB，乃至现在的 PB、EB 级别。随着信息技术的高速发展，数据开始爆发性增长。社交网络(微博、推特、脸书)、移动网络、各种智能工具，服务工具等，都成为数据的来源。2019 年脸书日活跃用户数为 15.9 亿，每天产生的日志数据以 PB 记。迫切需要智能的算法、强大的数据处理平台和新的数据处理技术，来统计、分析、预测和实时处理如此大规模的数据。

(2) Variety(多样性)。广泛的数据来源，决定了大数据形式的多样性。任何形式的数据都可以产生作用，目前应用最广泛的就是推荐系统，如淘宝、网易云音乐、今日头条等，这些平台都会通过对用户的日志数据进行分析，从而进一步推荐用户喜欢的东西。日志数据是结构化明显的数据，还有一些数据结构化不明显，例如图片、音频、视频等，这些数据因果关系弱，需要人工对其进行标注。

(3) Velocity(高速性)。大数据的产生非常迅速，主要通过互联网传输。生活中每个人都离不开互联网，也就是说每个人每天都在向大数据提供大量的资料。并且这些数据是需要及时处理的，因为花费大量资本去存储作用较小的历史数据是非常不划算的，对于一个平台而言，也许保存的数据只有过去几天或者一个月之内的，更早的数据就要及时清理，不然存储代价太大。基于这种情况，大数据对处理速度有非常严格的要求，服务器中大量的资源都用于处理和计算数据，很多平台都需要做到实时分析。数据无时无刻不在产生，谁的速度更快，谁就有优势。

(4) Value(价值性)。这也是大数据的核心特征。现实世界所产生的数据中，有价值的数据所占比例很小。相比于传统的小数据，大数据最大的价值在于通过从大量不相关的各种类型的数据中，挖掘出对未来趋势与模式预测分析有价值的数据，通过机器学习方法、人工智能方法或数据挖掘方法深度分析，发现新规律和新知识，并运用于农业、金融、医疗等各个领域，从而最终达到改善社会治理、提高生产效率、推进科学研究的目的。

5. 大数据的应用

现代社会是一个高速发展的社会，科技发达，信息流通，人们之间的交流越来越密切，生活也越来越方便，大数据就是这个高科技时代的产物。

有人把数据比喻为蕴藏能量的煤矿。煤炭按照性质有焦煤、无烟煤、肥煤、贫煤等分类，而露天煤矿、深山煤矿的挖掘成本又不一样。与此类似，大数据并不在"大"，而在于"有用"。价值含量、挖掘成本比数量更为重要。对于很多行业而言，如何利用这些大规模数据是赢得竞争的关键。

提到大数据，也许大部分人会联想到庞大的服务器集群；或者联想到销售商提供的一些个性化的推荐和建议。如今大数据应用的深度和广度远不止这些，大数据已经在人类社会实践中发挥着巨大的优势，其利用价值也超出我们的想象。下面就来介绍大数据的五大应用领域。

(1) 政治领域

政治网络营销对于政治选举以及其他政治活动具有重要作用。在网络技术不断发展、信息应用不断创新的过程中，政治网络营销以其双向、交互、共享、快速、广泛、经济、便捷等特点，成为政党和政团之间竞争的重要手段。

一个经典的案例就是大数据帮助美国前总统奥巴马成功实现连任。奥巴马的数据团队对数以千万计的选民邮件进行了大数据挖掘，精确预测出了更可能拥护奥巴马的选民类型，并进行了有针对性的宣传，从而帮助奥巴马成为美国历史上在竞选经费处于劣势下实现连任的总统。

(2) 金融领域

在大数据发展如火如荼的迅猛盛况下，互联网金融应运而生且茁壮成长。大数据分析与应用在金融领域的应用与发展，给越来越多的公司带来了更多的收益和对未来规划越来越可靠的数据支撑。像支付宝、京东金融等，都在依托大数据分析与应用推出越来越符合大众需求的金融产品。

金融大数据应用已经成为行业热点趋势，在交易欺诈识别、精准营销、消费信贷、信贷风险评估、供应链金融、股市行情预测、股份预测、骗保识别、风险定价等涉及银行、证券、保险、支付清算和互联网金融等多领域的具体业务中，得到了广泛应用。

比如大数据在证券交易的应用。证券交易实时性要求高、数据规模大，目前沪深两市每天4个小时交易时间会产生3亿条以上逐笔成交数据。通过对历史和实时数据的挖掘创新，可以创造和改进数量化交易模型，并将之应用于基于计算机模型的实时证券交易过程中。

(3) 电子商务领域

通过大数据进行市场营销能够有效节约企业或是电子商务平台的营销成本，还能够通过大数据实现营销的精准化，达成精准营销。通过分析大数据对消费者的消费偏好进行分析，可在消费者输入关键词之后，提供与消费者消费偏好匹配程度较高的产品，节约了消费者寻找商品的时间成本，使交易双方实现快速的对接，实现电子商务平台或是企业营销的高效化。在数据化时代，针对消费者进行针对性的营销能够实现精准营销，提升产品的下单率及电子商务的营销效率。

对于电子商务平台来讲，往往都会针对用户提供一些推荐和导购服务。通过大数据的分析和挖掘能够实现导购服务的个性化。针对消费者的年龄、性别、职业、购买历史、购买商品种类、查询历史等信息，对消费者的消费意向、消费习惯、消费特点进行系统性的分析，根据大数据的分析针对消费者个人制定个性化的推荐和导购服务。

大数据的运用能够抵消电子商务虚拟性所带来的影响，提升竞争力，挖掘更多的潜在消费者。针对消费者的消费偏好，进行适宜的广告推广，提升产品的广告转化率，同时提供个性化的导购服务。

对于一些大型的电子商务平台来讲，产品种类繁多，想要提升消费者的消费量，提升消费者的下单率就要通过分析消费者的消费偏好，主动进行商品的推送。这种通过大数据进行分析的方式不仅能提升产品的浏览量，还能针对消费者的消费需求提供商品的推送，提升消费者的用户体验，进而提升消费者的忠诚度。

大数据的分析不仅能够帮助电子商务平台提升下单率和销售额，还能将大数据的分析作为产品和服务向中小型的电子商务商家进行销售。这样不仅能够提升平台的收益，还能帮助商家了解消费者的消费偏好、消费者对于该类产品的喜好等信息，帮助商家及时针对大部分消费者的消费偏好以及市场的动态，针对产品的性能等进行研发和调整。

经典案例之"聚划算"商品预测系统。"聚划算"中筛选商品是关键的一环，之前这个项目的运营人员每人平均每天要审核 200 个商品。为提升选品效率，增加爆款量，根据"聚划算"、淘宝的属性，卖家的属性，品牌属性，系统自动筛选高销量的商品和卖家，从海量的卖家中去找到最合适的卖家，还有合理的定价和库存管理，这使得平均销量提高了 64%。

(4) 教育领域

美国独立研究机构布鲁金斯学会报告中指出："大数据使得查探关于学生表现和学习途径的信息成为可能，不用依赖阶段测验表现，导师就可以分析学生懂什么以及每个学生最有效的技术是什么，通过聚焦大数据的分析，教师可以用更微妙的方式研究学习状况。"

大数据可以说是贯穿基础教育到高等教育，甚至终生教育。教育大数据更是分布在包括教育学管理、教学资源、教学行为、教学评估等在内的综合教育系统的始末。大数据的思维和理念可以为优化教育政策、创新教育教学模式、变革教育测量与评价方法等理论研究提供客观依据以及新的研究视角，能够更好地推动教育领域的变革。

经典案例之改善教育：美国高中生和大学生的糟糕表现——高中生退学率高达 30%，33%的大学生需要重修，46%的大学生无法正常毕业。美国联邦政府教育部 2012 年参与了一项耗资 2 亿美元的公共教育中的大数据计划，旨在通过运用大数据分析来改善教育。大数据分析已经被应用到美国的公共教育中，成为教学改革的重要力量。比尔·盖茨曾说过，利用数据分析的教育大数据能够提高学生的学习成绩，拯救美国的公立学校系统。教育技术未来发展的关键在于数据。

(5) 生活娱乐

在物联网时代，大数据将成为文化娱乐产业的核心资产。在大数据的具体应用上，娱乐产业的生态全球化商业模式至关重要。全球化首先是内容的全球化，电影公司应当充分利用生态圈和互联网大数据红利。任何一个国家的公司可以在全世界寻求合作伙伴，将更多元化的平台、更蓬勃的生态、更优质的内容带到全世界。对于文化娱乐产业来说，内容、创意是核心，只要把握好全球用户的需求，生产出符合用户需求的内容，就能吸引全球的用户，市场巨大。2013 年的《纸牌屋》让"Big Data"这个时髦的概念开始被影视产业所熟知，如果说刚开始还只是一个噱头大于实质的探索阶段，那么如今的大数据在影视圈可以说大有作为，它可以为娱乐项目的投资决策、演员组合、剧本修改、营销策略提供实际帮助。

经典案例之《红海行动》：经统计，2018 年大陆地区共有 334 部电影登陆院线，其中进口影片为 94 部，国产影片为 240 部。国产片占比为 72%。电影频道融媒体中心公开发布的《2018 中国电影年度调查报告》中的数据显示，2018 年国产电影市场份额较 2017 年整体增长 9%左右。国产电影市场占有率的增长，代表了观众对国产电影信任度的上升，说明观众越来越愿意走进影院观看国产电影。全年电影票房前 10 名中，前 4 名均为国产影片。截至 2018 年 12 月 31 日，在票房排名前十的影片中，影片《红海行动》以 36.51 亿元领跑票房排行榜，其次为《唐人街探案 2》33.98 亿元、

《我不是药神》31亿元、《西虹市首富》25.4亿元。由于观众的消费行为越来越趋于成熟和理性，所以一部电影想要获得较好的经济效益，不仅要选好符合市场口味的题材，还要质量为上，并在宣传上下功夫。《红海行动》之所以成为2018年度最具代表性的票房、口碑、热度综合实力较高的电影，主要原因是电影彰显了中国军人刚毅果敢的英勇形象，观众看得热血沸腾，电影口碑一路飙升；与此同时，战斗场景还原、角色设置、演员选取和气氛渲染等多方面的制作，都使得该影片在质量上达到了观众对于电影的高标准要求；而在上映期间借助微博、路演、品牌合作等多方面进行营销也为其票房做出了一定的贡献。

6. 大数据的安全隐忧

美国的情报部门通过一个代号为"棱镜"的项目，从多家知名互联网公司获取电子邮件、在线聊天内容、照片、文档、视频等网络私人数据，跟踪用户的一举一动。

2013年，美国中情局前职员斯诺登向媒体的爆料，引起一片哗然，根据他提供的资料，被卷入"棱镜门"事件的公司包括多家IT行业巨头。在"棱镜门"事件开始发酵之后，这些公司先是赶紧出面否认与美国政府的监视项目进行过合作，并相继发表声明，呼吁政府采取更透明的态度，以证明他们的"清白"。

大数据为我们带来便捷的同时不可避免地对用户的隐私构成了威胁。

我们所有的网络行为对于服务提供商来说都是透明的。人们既想借助互联网平台与别人交流，又想自己不被窥探，这是完全不可能的。网络隐私安全未来将是一个巨大的问题。

在数据的应用方面，相关法律法规的制定变得越来越重要。作为用户，需要明确界定自己在数据的使用方面具有什么权利和义务；作为企业和政府，需要逐渐定位清楚，在多大程度上可以并且用什么样的方式使用用户的数据。

1.5.3 数据挖掘

1. 数据挖掘的产生

20世纪90年代，随着数据库系统的广泛应用和网络技术的高速发展，数据库技术也进入了一个全新的阶段，即从过去仅管理一些简单数据发展到管理由计算机所产生的图形、图像、音频、视频、电子档案、Web页面等多种类型的复杂数据，并且数据量越来越大。数据库在给人们提供丰富信息的同时，也体现出明显的海量信息特征。信息爆炸时代，海量信息给人们带来了许多负面影响，最主要的就是难以提炼有效信息，过多无用的信息必然会产生信息距离(信息状态转移距离，是对一个事物信息状态转移所遇到障碍的测度，简称DIST或DIT)和有用知识的丢失。这也就是约翰·内斯伯特所说的"信息丰富而知识贫乏"窘境。因此，人们迫切希望能对海量数据进行深入分析，发现并提取隐藏在其中的信息，以更好地利用这些数据。但仅以数据库系统的录入、查询、统计等功能，无法发现数据中存在的关系和规则，无法根据现有的数据预测未来的发展趋势，更缺乏挖掘数据背后隐藏知识的手段。正是在这样的条件下，数据挖掘技术应运而生。

2. 数据挖掘的对象

数据挖掘是指从大量的数据中通过算法搜索隐藏于其中信息的过程。数据挖掘通常与计算机科学有关，并通过统计、在线分析处理、情报检索、机器学习、专家系统(依靠过去的经验法则)和模式识别等诸多方法来实现上述目标。

数据的类型可以是结构化的、半结构化的，甚至是异构型的。发现知识的方法可以是数学的、非数学的，也可以是归纳的。最终被发现了的知识可以用于信息管理、查询优化、决策支持及数据自身的维护等。

数据挖掘的对象可以是任何类型的数据源。可以是关系数据库，此类型包含结构化数据的数据源；也可以是数据仓库、文本、多媒体数据、空间数据、时序数据、Web 数据，此类型包含半结构化数据甚至异构性数据的数据源。

3. 数据挖掘的步骤

在实施数据挖掘之前，先制定采取什么样的步骤，每一步都做什么，达到什么样的目标都很必要，有了好的计划才能保证数据挖掘有条不紊地实施并取得成功。

数据挖掘过程模型步骤主要包括定义问题、建立数据挖掘库、分析数据、准备数据、建立模型、评价模型和实施。

(1) 定义问题。在开始知识发现之前最先也是最重要的要求就是了解数据和业务问题。必须要对目标有一个清晰明确的定义，即决定到底想干什么。比如，想提高电子信箱的利用率时，想做的可能是"提高用户使用率"，也可能是"提高一次用户使用的价值"。为解决这两个问题而建立的模型几乎是完全不同的，必须做出决定。

(2) 建立数据挖掘库。建立数据挖掘库包括以下几个步骤：数据收集、数据描述、选择、数据质量评估和数据清理、合并与整合、构建元数据、加载数据挖掘库、维护数据挖掘库。

(3) 分析数据。分析的目的是找到对预测输出影响最大的数据字段，决定是否需要定义导出字段。如果数据集包含成百上千的字段，那么浏览分析这些数据将是一件非常耗时和累人的事情，这时需要选择一个具有友好界面和功能强大的工具软件来协助用户完成这些事情。

(4) 准备数据。这是建立模型之前的最后一步，可以把此步骤分为四个部分：选择变量、选择记录、创建新变量、转换变量。

(5) 建立模型。建立模型是一个反复的过程。需要仔细考察不同的模型以判断哪个模型对面对的问题最有用。先用一部分数据建立模型，然后再用剩下的数据测试和验证这个模型。有时还有第三个数据集，称为验证集，因为测试集可能受模型的特性影响，这时需要一个独立的数据集来验证模型的准确性。训练和测试数据挖掘模型需要把数据至少分成两个部分，一个用于模型训练，另一个用于模型测试。

(6) 评价模型。模型建立好之后，必须评价得到的结果、解释模型的价值。从测试集中得到的准确率只对用于建立模型的数据有意义。在实际应用中，需要进一步了解错误的类型和由此带来的相关费用的多少。经验证明，有效的模型并不一定是正确的模型。造成这一点的直接原因就是模型建立中隐含的各种假定，因此，直接在现实世界中测试模型很重要。先在小范围内应用，取得测试数据，觉得满意之后再向大范围推广。

(7) 实施。模型建立并经验证之后，可以有两种主要的使用方法。第一种是提供给分析人员做参考；另一种是把此模型应用到不同的数据集上。

4. 数据挖掘分析方法

数据挖掘分为有指导的数据挖掘和无指导的数据挖掘。有指导的数据挖掘是利用可用的数据建立一个数据模型，这个模型是对一个特定属性的描述。无指导的数据挖掘是在所有的属性中寻找某种关系。具体而言，分类、估值和预测属于有指导的数据挖掘；关联规则和聚类属于无指导的数据挖掘。

(1) 分类。首先从数据中选出已经分好类的训练集，在该训练集上运用数据挖掘技术，建立一个分类模型，再用该模型对没有分类的数据进行分类。

(2) 估值。与分类类似，但估值最终的输出结果是连续型的数值，估值的量并非预先确定。估值可以作为分类的准备工作。

(3) 预测。它是通过分类或估值来进行的，通过分类或估值的训练得出一个模型，如果对于检验样本组而言该模型具有较高的准确率，则可将该模型用于对新样本的未知变量进行预测。

(4) 相关性分组或关联规则。其目的是发现哪些事情总是一起发生。

(5) 聚类。它是自动寻找并建立分组规则的方法，它通过判断样本之间的相似性，把相似样本划分在一个簇中。

5. 数据挖掘的经典算法

目前，数据挖掘的算法主要包括神经网络法、决策树法、遗传算法、粗糙集法、模糊集法、关联规则法等。

(1) 遗传算法。遗传算法模拟了自然选择和遗传中发生的繁殖、交配和基因突变现象，是一种采用遗传结合、遗传交叉变异及自然选择等操作来生成实现规则的、基于进化理论的机器学习方法。它的基本观点是"适者生存"原理，具有隐含并行性、易于和其他模型结合等性质。主要优点是可以处理许多数据类型，同时可以并行处理各种数据；缺点是需要的参数太多，编码困难，一般计算量比较大。遗传算法常用于优化神经元网络，能够解决其他技术难以解决的问题。

(2) 决策树法。此算法是根据对目标变量产生效用的不同而建构分类的规则，通过一系列的规则对数据进行分类的过程，其表现形式类似于树形结构的流程图。最典型的算法是 J. R. Quinlan 于1986 年提出的 ID3 算法，之后在 ID3 算法的基础上又提出了极其流行的 C4.5 算法。采用决策树法的优点是决策制定的过程是可见的，不需要长时间构造过程，描述简单，易于理解，分类速度快；缺点是很难基于多个变量组合发现规则。决策树法擅长处理非数值型数据，而且特别适合大规模的数据处理。决策树提供了一种展示类似在什么条件下会得到什么值这类规则的方法。比如，在贷款申请中，要对申请的风险大小做出判断。

(3) 神经网络法。此算法模拟生物神经系统的结构和功能，是一种通过训练来学习的非线性预测模型，它将每一个连接看作一个处理单元，试图模拟人脑神经元的功能，来完成分类、聚类、特征挖掘等多种数据挖掘任务。神经网络的学习方法主要表现在权值的修改上，其优点是具有抗干扰、非线性学习、联想记忆功能，对复杂情况能得到精确的预测结果；缺点首先是不适合处理高维变量，不能观察中间的学习过程，具有"黑箱"性，输出结果也难以解释；其次是需较长的学习时间。神经网络法主要应用于数据挖掘的聚类技术中。

(4) 粗糙集法。也称粗糙集理论，是由波兰数学家 Z Pawlak 在 20 世纪 80 年代初提出的，是一种新的处理含糊、不精确、不完备问题的数学工具，可以处理数据约简、数据相关性发现、数据意义的评估等问题。其优点是算法简单，在其处理过程中可以不需要关于数据的预备知识，可以自动找出问题的内在规律；缺点是难以直接处理连续的属性，须先进行属性的离散化。因此，连续属性的离散化问题是制约粗糙集理论实用化的难点。粗糙集理论主要应用于近似推理、数字逻辑分析和化简、建立预测模型等问题。

(5) 模糊集法。利用模糊集合理论对问题进行模糊评判、模糊决策、模糊模式识别和模糊聚类分析。模糊集合理论用隶属度来描述模糊事物的属性。系统的复杂性越高，模糊性就越强。

(6) 关联规则法。关联规则反映了事物之间的相互依赖性或关联性。其最著名的算法是 R. Agrawal 等人提出的 Apriori 算法。其算法的思想是：首先找出频繁性至少和预定意义的最小支持度一样的所有频集，然后由频集产生强关联规则。最小支持度和最小可信度是为了发现有意义的关联规则给定的两个阈值。在这个意义上，数据挖掘的目的就是从源数据库中挖掘出满足最小支持度和最小可信度的关联规则。

本章小结

本章对数据分析的基本相关概念进行阐述，使读者对数据分析与处理有一个基本的认知，了解大数据相关的前沿技术及应用。旨在培养读者掌握不同数据的收集方法，熟悉数据预处理的基本过程，能够对数据进行初步的预处理。主要内容包括数据分析与处理概念、数据分析的过程、数据分析处理过程、数据分析模型以及数据分析在大数据处理中的应用。本章的重点是数据分类、数据分析处理过程、大数据特点。本章难点是数据分析处理过程。

习题 1

一、填空题

1. 大数据的(　　)特性，是指大数据中蕴含着巨大的价值，但是价值密度较低，呈现碎片化、离散化。

2. 根据数据的结构，可以将数据分为(　　)、半结构化数据和非结构化数据。

3. (　　)是为了提取有用信息和形成结论而对数据加以详细研究和总结的过程。

4. 数据按表现形式可分为：数字数据和(　　)数据。

5. 数据挖掘的对象可以是(　　)类型的数据源。

6. 数据可视化是关于数据(　　)表现形式的科学技术研究。

7. (　　)是指用适当的统计方法对各种数据资料进行全面分析，以求最大化地开发数据资料的功能，发挥数据的作用。

二、选择题

1. 预处理的方法不包括(　　)。

　　A. 数据清理　　　　B. 数据集成　　　　C. 数据变换　　　　D. 数据分析

2. (　　)是对数据的采集、存储、检索、加工、变换和传输。

　　A. 数据分析　　　　B. 数据处理　　　　C. 数据压缩　　　　D. 数据应用

3. 一个企业数据分析师应具备的技能是(　　)。

　　A. 具有很好的学习能力

　　B. 能够理解并转化同事们的问题和解决办法

　　C. 对质量标准的高度要求和对细节的关注

D. 以上都是

4. 下面属于大数据应用领域的是(　　)。

　　A. 政治领域　　　　B. 金融领域　　　　C. 电子商务领域　　　D. 教育领域

5. 当前世界上的数据量属于(　　)数量级。

　　A. 泽字节　　　　　B. 艾字节　　　　　C. 太字节　　　　　　D. 拍字节

6. 以下不属于大数据特点的是(　　)。

　　A. 规模性　　　　　B. 多样性　　　　　C. 灵活性　　　　　　D. 高速性

7. 数据可视化方法，不包括(　　)。

　　A. 面积和尺寸可视化　　　　　　　B. 颜色可视化

　　C. 数据压缩　　　　　　　　　　　D. 地域空间可视化

8. 以下不属于非结构化数据的是(　　)。

　　A. 视频　　　　　　B. 音频　　　　　　C. 图像　　　　　　　D. Excel 数据表

三、综合题

1. 如何在分列后的城市名称后面加上"市"字，比如，齐齐哈尔市、哈尔滨市？

2. 进行数据分析的目的是什么？

3. 数据挖掘的步骤是什么？

4. 大数据的主要特点是什么？

5. 合并操作：在如图 1.27 所示的对应的单元格 C2、C3、H2、H3 中显示文本合并结果和日期合并结果。

图 1.27　合并操作表

第 2 章
数据收集与预处理

数据收集与预处理是数据分析的基础，现实世界中的数据一般是不完整的、有噪声的、不一致的和冗余的，这些因素会影响对信息的使用，因此，在分析数据前需要通过预先处理以提高数据质量。本章先介绍数据的来源、分类，再介绍收集数据的方法以及预处理的方法，包括数据清理、数据集成、数据归约和数据的可视化。

2.1 数据的收集

2.1.1 数据的来源

数据来源于各个方面，比如，人类的个人健康数据、GPS 位置数据、行驶路线数据、宏观经济数据、微观经济数据、犯罪数据、搜索数据、浏览数据、购买数据、社交媒体数据、即时通信、邮件数据、声音数据、图像数据、视频数据等。

客观世界中的数据主要来自测量、计算和记录。测量是对客观世界测量得到的结果，例如，科学测量数据。计算是根据测量的数据计算衍生出来的，例如，天气预报。记录是对客观世界的记录，例如，文本、音频、视频等。

2.1.2 数据的分类

数据分类的方法有很多，不同领域和学科往往有各自的分类方法。即使在同一领域，由于研究问题的角度不同，也可以有不同的分类方法。下面介绍几种常用的数据分类。

1. 按数据的性质

按数据性质可将数据分为定性数据和定量数据。

定性数据往往指频数或频率，定量数据是可以用数字量化的数值描述。

2. 按数据的表示形式

按数据的表示形式可将数据分为模拟数据和数字数据。

模拟数据是指在某个区间产生的连续值，例如，温度、高度、重量等。模拟数据一般用浮点数表示，在实践中只能用有限的精度测量和表示。

数字数据指的是取值范围是离散的变量或者数值，具有有限或无限个值。例如，邮政编码、计数、文档集中的词等，常表示为整数变量。

3. 按数据的结构

按数据的结构可将数据分为结构化数据、非结构化数据和半结构化数据。

结构化数据是指由二维表结构来逻辑表达实现的数据，严格地遵循数据格式与长度规范，主要通过关系型数据库进行存储和管理。一般特点是数据以行为单位，一行数据表示一个实体的信息，每一行数据的属性是相同的。如学生成绩信息，见表 2.1。

表 2.1　学生成绩信息

学号	高等数学	大学英语	大学计算机
2019010101	98	96	85
2019010102	85	90	91
2019010103	89	68	93

非结构化数据是指数据结构不规则或不完整，没有预定义的数据模型，不方便用数据库二维逻辑表现的数据，包括视频、音频、图片、图像、文档、文本等形式。对于这类数据，一般直接整体进行存储，而且一般存储为二进制的数据格式。非结构化数据库是指其字段长度可变，并且每个字段的记录又可以由可重复或不可重复的子字段构成的数据库，它不仅可以处理结构化数据而且更适合处理非结构化数据。

半结构化数据虽不符合关系型数据库或其他数据表的形式关联起来的数据模型结构，但包含相关标记，用来分隔语义元素以及对记录和字段进行分层，也被称为自描述的结构。半结构化数据属于同一类实体，可以有不同的属性，它们被组合在一起，这些属性的顺序并不重要。半结构化数据是介于完全结构化数据和完全非结构的数据之间的数据，XML、HTML 文档就属于半结构化数据。

2.1.3　数据集

数据集是数据对象的集合，数据对象用一组刻画对象特性的属性进行描述。数据集通常以表格的形式出现，表格中每一行就是一个数据对象，有时也叫做记录、点、向量、模式、案例、样本或实体。数据集中每一列对应一个属性，是对对象的一个特性的描述，属性有时也称为变量、特性、字段、特征或者维。如图 2.1 所示，学生成绩信息集中有 4 个数据对象(记录)，每个数据对象用学号、高等数学、大学英语、大学计算机 4 个属性(变量)来描述。

属性

记录

学号	高等数学	大学英语	大学计算机
2019010101	98	96	85
2019010102	85	90	91
2019010103	89	68	93
2019010104	80	76	90

图 2.1　学生成绩信息数据集

1. 属性类型

属性是对象的性质和特性，它因对象而异，或随时间变化。对象属性的"物理值"映射为数值或符号值，测量标度是将数值或符号值与对象的属性相关联的规则(函数)。一个属性的类型由该属性可能具有的值的集合决定。

属性类型可以用对应于属性基本性质的数值的性质来描述，数值性质包括：

(1) 相异性：=(等于)和！=(不等于)

(2) 序：<(小于)，<=(小于等于)，>(大于)，>=(大于等于)

(3) 加减法：+(加)，-(减)

(4) 乘除法：*(乘)，/(除)

根据这些性质，可以给定四种数值属性：标称、序数、区间和比率，见表 2.2。

表 2.2　属性类型及含义

属性类型		描述	举例	操作
分类的 (定性的)	标称	标称属性的值是一些符号或事物的名称，即标称值只提供描述的信息以区分对象(=，！=)	邮政编码、学生学号、性别	众数、熵、列联相关
	序数	序数属性的值提供足够的信息确定对象的序，相继值之间的差是未知的(<，>)	成绩(优、良、中、及格、不及格)、街道号码	中值、百分比、符号检验
数值的 (定量的)	区间	区间属性的值有序，可以比较和定量评估值之间的差(+，-)	日历日期、摄氏或华氏温度	均值、标准差、Pearson 相关
	比率	比率属性值之间的差和比率都是有意义的(*，/)	年龄、长度、时间和速度	几何平均、调和平均

2. 数据集的特性

数据集有三个重要特性：维度、稀疏性和分辨率。

维度是指数据集中对象具有的属性个数总和。

稀疏性是指在某些数据集中，有意义的数据非常少，对象在大部分属性上的取值为 0，非零项不到 1%。

分辨率也称粒度，是指不同分辨率下数据的性质不同。如图像数据集，不同分辨率下得到的数据是不一样的。

3. 数据集的类型

数据集的类型有很多种，为方便起见，将数据集分为三类：记录数据、基于图形的数据和有序的数据。

1) 记录数据

每个记录包含固定的数据字段(属性)集，对于记录数据的大部分基本形式，记录之间或数据字段之间没有明显的联系，并且每个记录(对象)具有相同的属性集。记录数据通常存放在文件或关系数据库中。关系数据库不仅仅是记录的汇集，还包含更多的信息。

(1) 典型的记录数据集

典型的记录数据集是数据对象(记录)的汇集，每个记录包含固定的数据字段集，案例见表 2.1。

(2) 数据矩阵

如果一个数据集族中所有数据对象都具有相同的数值属性值，则数据对象可以看做多维空间中的点，每个维度代表对象的一个不同属性，这样的数据对象可以用一个 $m \times n$ 的矩阵表示，其中 m

行，一个对象一行；n 列，一个属性一列。如图2.2 所示为一个样本数据矩阵。

$$\begin{bmatrix} 12.3 & 15.7 & 36 & 1.2 \\ 13.6 & 7.89 & 23 & 1.1 \end{bmatrix}$$

图 2.2　数据矩阵

(3) 文档数据

文档可以用词向量表示，每个词是向量的一个分量，每个分量的值是对应词在文档中出现的次数，文档集合的这种表示通常称作文档—词矩阵。如图 2.3 所示为一个文档—词矩阵，文档是该矩阵的行，而词是矩阵的列。

	足球	教练	比赛	胜利	失败
文章 1	10	6	5	6	8
文章 2	1	0	0	1	1
文章 3	2	1	0	1	5

图 2.3　文档数据

(4) 事务数据

事务数据是一种特殊类型的记录数据，每个记录涉及一系列的项。例如，超市的零售数据，顾客一次购物所购买的商品的集合就构成一个事务，而购买的商品就是项，这种类型的数据称作购物篮数据，记录中的项是顾客"购物篮"中的商品，如展示一个事务数据集，每一行代表一位顾客在特定时间购买的商品，见表 2.3。

表 2.3　事务数据

事务 ID	商品的 ID 列表
T001	面包，牛奶，啤酒
T002	啤酒，面包
T003	啤酒，巧克力

2) 基于图形的数据

图形有时可以方便而有效地表示数据，如网络的拓扑结构、网页链接和化合物的结构等。下面介绍两种特殊情况：用图形表示对象之间的联系；数据对象本身用图形表示。

(1) 用图形表示对象之间的联系

有些对象之间的联系携带着重要信息，这时数据可以用图形表示。一般把数据对象映射到图的节点，而对象之间的联系用对象之间的链和诸如方向、权值等信息表示。例如，互联网上的网页页面上包含文本和指向其他页面的链接，网页之间的链接的数据如图 2.4 所示。

(2) 数据对象本身用图形表示

如果对象具有结构，即对象包含具有联系的子对象，则这样的对象常常用图形表示。例如，化合物的结构可以用图形表示，其中节点是原子，节点之间的链是化学键。如图 2.5 所示给出化合物苯的分子结构示意图，包含碳原子(黑色)和氢原子(灰色)。图形表示可以确定何种子结构频繁地出现在化合物的集合中，并且查明这些子结构中是否有某种子结构与诸如熔点或生成热等特定的化学性质有关。

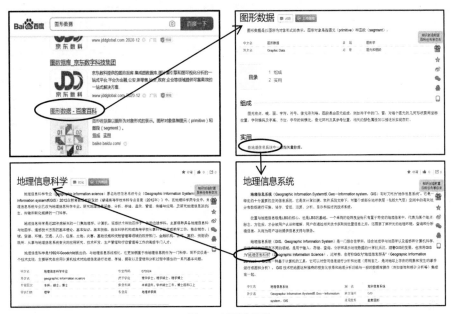

图 2.4　网页的链接

3) 有序数据

有序数据是指数据具有涉及时间或空间相关的属性，分为序列数据、时序数据和空间数据。

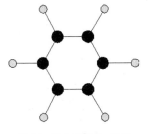

(1) 时序数据

时序数据也称时间数据，可以看作记录数据的扩充，其中每个记录包含一个与之相关联的时间。如存储事务发生时间的零售事务数据。时间也可以与每个属性相关联，例如，每个记录可以是一位顾客的购物历史，包含不同时间购买的商品列表。使用这些信息，就有可能发

图 2.5　苯分子的球—棍图

现"购买过某种商品的人趋向于在其后不久重购"之类的模式。在时序数据中时间次序重要，但具体时间不重要。如图 2.6 所示的事务序列中，可以不考虑具体时间，只关注时间次序。

时间	顾客	购买的商品
t1	C1	A, B, C
t1	C3	A, C
t2	C2	C, D
t3	C1	A
t3	C2	A, B
t4	C1	A, E

顾客	购买时间和购买商品
C1	(t1: A, B, C) (t2: C, D) (t4: A, E)
C2	(t2: C, D) (t3: A, B)
C3	(t1: A, C)

图 2.6　事务序列的时序

(2) 序列数据

序列数据是各个实体的序列数据集合，如词或字母的序列。除没有时间戳之外，它与时序数据非常相似，只是序列数据考虑的是项的位置，而非时间顺序。例如，动植物的遗传信息可以用基因的核苷酸的序列表示。与遗传序列数据有关的许多问题都涉及由核苷酸序列的相似性预测基因结构

和功能的相似性。基因组序列数据展示了用 4 种核苷酸表示的一段人类基因码，如图 2.7 所示，所有 DNA 都可以用 ATGC 四种核苷酸构造，没有时间标记，重要的是在序列中的位置。

```
GGTTCCGCCTTCAGCCCCGCGCC
CGCAGGGCCCGCCCCGCGCCGTC
GAGAAGGGCCCGCCTGGCGGGCG
GGGGGAGGCGGGGCCGCCCGAGC
CCAACCGAGTCCGACCAGGTGCC
CCCTCTGCTCGGCCTAGACCTGA
GCTCATTAGGCGGCAGCGGACAG
GCCAAGTAGAACACGCGAAGCGC
TGGGCTGCCTGCTGCGACCAGGG
```
图2.7　基因组序列数据

(3) 空间数据

有些对象除了其他类型的属性之外，还具有空间属性，如位置或区域。空间数据的一个重要特点是空间自相关性，即物理上靠近的对象趋向于在其他方面也相似。如图 2.8 所示，全国最低气温预报图中相近的两个点通常具有相近的气温。

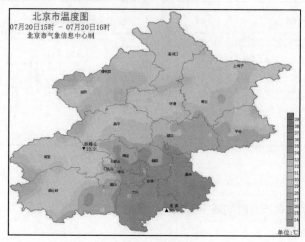
图2.8　空间数据图

2.1.4　数据的收集方法

收集数据的方法很多，根据研究问题的不同可以选择不同的收集方法。常用的方法包括：调查法、观察法、实验法、文献检索法和网络查询法等，下面分别介绍。

1. 调查法

调查方法一般分为普查和抽样调查两大类，是社会和经济研究中最经常使用的数据收集方法。

普查适用于必须收集每个单位资料的统计调查，如人口普查。如果普查的范围很大，会花费很多的人力和财力。

抽样调查就是从总体中抽取一小部分，这些被抽查的单位构成了总体的一个样本，然后用抽出的样本来推断总体。相对于普查，抽样调查具有省时、省力、节约财力等优点。抽样调查适用的范围很广，如调查商品市场、金融市场、土地使用情况、家庭收支情况等。

2. 观察法

观察法是调查人员直接或利用仪器在现场观察对象的活动，主要包括两个方面：一是对人的行为的观察，二是对客观事物的观察。观察法应用很广泛，如车站人流统计、交通流量统计等。

3. 实验法

实验法是研究者在研究领域内，为发现一个特定的过程或系统的某些现象或规律，通过实验过程获取其他手段难以获得的信息或结论。实验方法也有多种形式，例如分组对比试验等。

4. 文献检索法

文献检索就是从浩繁的文献中检索出所需的信息的过程，文献检索分为手工检索和计算机检索。

5. 网络查询法

网络信息是指通过计算机网络发布、传递和存储的各种信息，网络查询以收集网络信息为最终目标。

调查法、观察法和实验法都是直接收集的资料，即原始数据，也称为一手数据，很多研究工作可以利用已经收集并整理好的数据，即二手数据，如文献检索和网络查询法。

2.1.5　数据收集案例

【案例 2.1】已知有一份员工数据存放在文本文件中，将其导入到 Excel 工作表中，实现数据的收集。

1. 案例的数据描述

现有一份员工数据，存放在“员工数据. txt”文件中，如图 2.9 所示，要求将其导入到 Excel 工作表中。

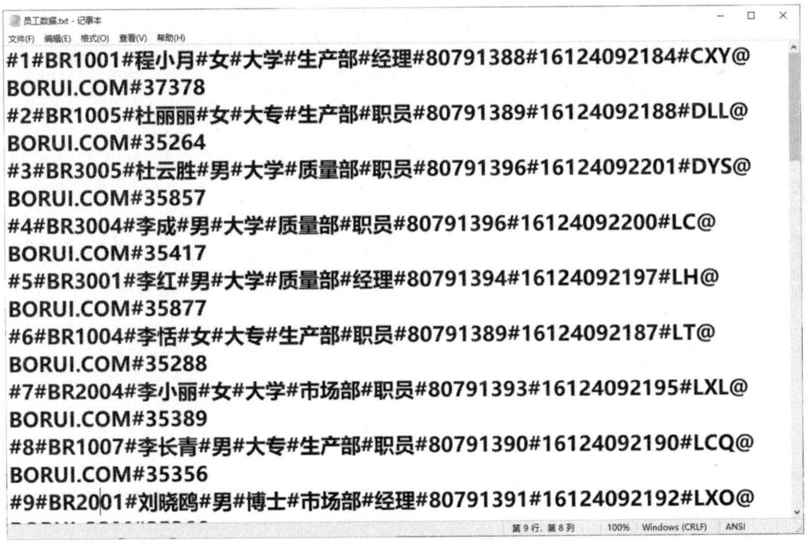

#1#BR1001#程小月#女#大学#生产部#经理#80791388#16124092184#CXY@BORUI.COM#37378
#2#BR1005#杜丽丽#女#大专#生产部#职员#80791389#16124092188#DLL@BORUI.COM#35264
#3#BR3005#杜云胜#男#大学#质量部#职员#80791396#16124092201#DYS@BORUI.COM#35857
#4#BR3004#李成#男#大学#质量部#职员#80791396#16124092200#LC@BORUI.COM#35417
#5#BR3001#李红#男#大学#质量部#经理#80791394#16124092197#LH@BORUI.COM#35877
#6#BR1004#李恬#女#大专#生产部#职员#80791389#16124092187#LT@BORUI.COM#35288
#7#BR2004#李小丽#女#大学#市场部#职员#80791393#16124092195#LXL@BORUI.COM#35389
#8#BR1007#李长青#男#大专#生产部#职员#80791390#16124092190#LCQ@BORUI.COM#35356
#9#BR2001#刘晓鸥#男#博士#市场部#经理#80791391#16124092192#LXO@

图 2.9 “员工数据”文件内容

2. 案例的操作步骤

(1) 新建一个 Excel 工作簿，命名为“导入文本文件”，选中 sheet1。打开“数据”选项卡，选择“获取外部数据”选项组中的“自文本”命令，打开“导入文本文件”对话框，如图 2.10 所示，在文本类型中选择“文本文件”，找到“员工数据”文件，单击“导入”。

图2.10 "导入文本文件"对话框

(2) 打开"文本导入向导-第1步，共3步"对话框，如图2.11所示，单击"下一步"按钮。

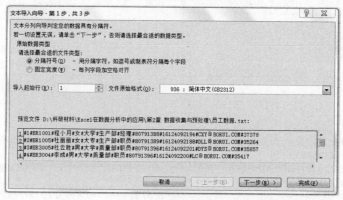

图2.11 "文本导入向导-第1步，共3步"对话框

(3) 打开"文本导入向导-第2步，共3步"对话框，如图2.12所示，由于文本文件中是以"#"号分隔的，选择分割符号为"其他"，后面输入"#"，单击"下一步"按钮。

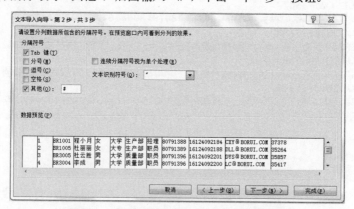

图2.12 "文本导入向导-第2步，共3步"对话框

(4) 打开"文本导入向导-第3步，共3步"对话框，如图2.13所示，由于第一列是空白，选中第一列，在"列数据格式"中选择"不导入此列(跳过)"，单击"完成"按钮。

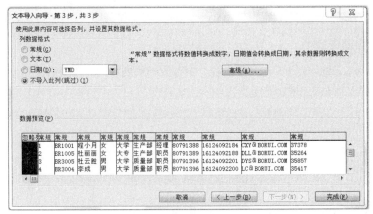

图 2.13 “文本导入向导-第 3 步，共 3 步”对话框

(5) 打开“导入数据”对话框，如图 2.14 所示，选择存放数据的位置，单击“现有工作表”，选择 A1 单元格，单击“确定”按钮。

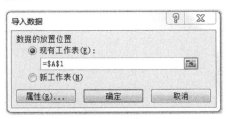

图 2.14 “导入数据”对话框

(6) 文本中的数据就导入 Excel 表中了，效果如图 2.15 所示。

导入文本文件.xlsx

	A	B	C	D	E	F	G	H	I	J	K
1	1	BR1001	程小月	女	大学	生产部	经理	80791388	16124092184	CXY@BORUI.COM	37378
2	2	BR1005	杜丽丽	女	大专	生产部	职员	80791389	16124092188	DLL@BORUI.COM	35264
3	3	BR3005	杜云胜	男	大学	质量部	职员	80791396	16124092201	DYS@BORUI.COM	35857
4	4	BR3004	李成	男	大学	质量部	职员	80791396	16124092200	LC@BORUI.COM	35417
5	5	BR3001	李红	男	大学	质量部	经理	80791394	16124092197	LH@BORUI.COM	35877
6	6	BR1004	李恬	女	大专	生产部	职员	80791389	16124092187	LT@BORUI.COM	35288
7	7	BR2004	李小丽	女	大学	市场部	职员	80791393	16124092195	LXL@BORUI.COM	35389
8	8	BR1007	李长青	男	大专	生产部	职员	80791390	16124092190	LCQ@BORUI.COM	35356
9	9	BR2001	刘晓鸥	男	博士	市场部	经理	80791391	16124092192	LXO@BORUI.COM	35366
10	10	BR1003	卢艳霞	女	大专	生产部	职员	80791389	16124092186	LYX@BORUI.COM	35246
11	11	BR3003	卢月	女	大学	质量部	职员	80791396	16124092199	LY@BORUI.COM	35508
12	12	BR2005	马艳	女	大学	市场部	职员	80791393	16124092196	MY@BORUI.COM	36044
13	13	BR2002	唐芳	女	大学	市场部	经理助理	80791392	16124092193	TF@BORUI.COM	35914
14	14	BR1002	张大为	男	大学	生产部	经理助理	80791388	16124092185	ZDW@BORUI.COM	35150
15	15	BR3002	张小蒙	男	大学	质量部	经理助理	80791395	16124092198	ZXM@BORUI.COM	35965
16	16	BR1006	张小燕	女	大专	生产部	职员	80791390	16124092189	ZXY@BORUI.COM	35983
17	17	BR2003	张月	女	大学	市场部	职员	80791393	16124092194	ZY@BORUI.COM	35925
18	18	BR1008	赵锦程	男	大专	生产部	职员	80791390	16124092191	ZJC@BORUI.COM	36085
19	19	BR2001	刘晓鸥	男	博士	市场部	经理	80791391	16124092192	LXO@BORUI.COM	35366
20	20	BR1003	卢艳霞	女	大专	生产部	职员	80791389	16124092186	LYX@BORUI.COM	35246
21	21	BR3003	卢月	女	大学	质量部	职员	80791396	16124092199	LY@BORUI.COM	35508
22	22	BR2005	马艳	女	大学	市场部	职员	80791393	16124092196	MY@BORUI.COM	36044
23	23	BR2002	唐芳	女	大学	市场部	经理助理	80791392	16124092193	TF@BORUI.COM	35914
24	24	BR1002	张大为	男	大学	生产部	经理助理	80791388	16124092185	ZDW@BORUI.COM	35150
25	25	BR3002	张小蒙	男	大学	质量部	经理助理	80791395	16124092198	ZXM@BORUI.COM	35965

Sheet1 Sheet2 Sheet3

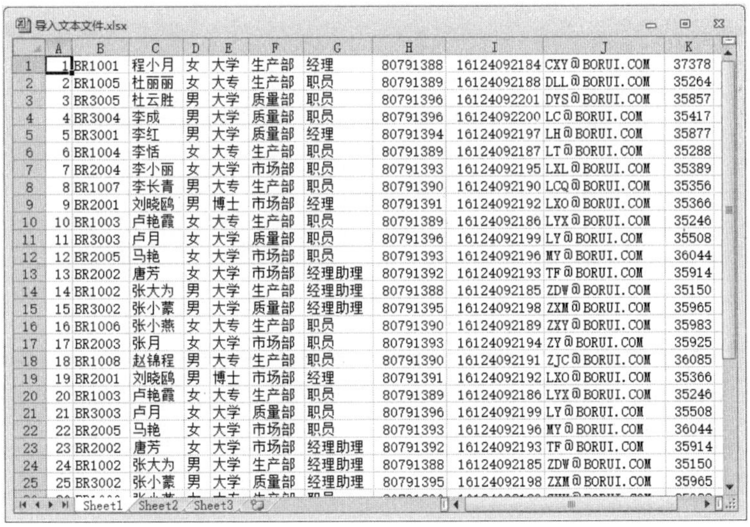

图 2.15 导入到 Excel 中的数据

3. 案例的结果分析

数据是数据分析的基础，可以手工录入数据，也可以导入已有的数据。在数据已经以文本形式保存的情况下，在 Excel 中可以直接获取外部的文本数据，节省手工录入的时间。

【案例2.2】已知有一份学生数据存放在 Access 数据库中，将其导入到 Excel 中，实现数据的收集。

1. 案例的数据描述

现有"学生库.accdb"文件，在"学生表"中存放一系列数据，如图 2.16 所示。要求将此学生表中的所有数据导入到 Excel 中。

学号	姓名	出生日期	班级	计算机	英语	高数	总分	单击以添加
2014191006	郭小花	1996/12/15	戏剧141	76	80	90	246	
2014191007	郭宁	1996/7/3	材料148	89	81	67	237	
2014191010	何红	1991/5/5	化本141	82	71	85	238	
2014191012	马安帅	1996/7/23	工管141	84	80	73	237	
2014191013	李娟	1995/10/24	化本142	75	75	88	238	
2014191023	刘欢	1995/11/23	园林141	79	61	100	240	
2014191037	桑会	1994/8/25	通信141	64	89	98	251	
2014191038	沈梦佳	1996/5/27	工造141	67	91	95	253	
2014191044	汪洋	1996/8/30	机械144	67	64	68	199	
2014191045	王慧慧	1996/6/22	应化143	100	100	71	271	
2014191051	武慧	1995/12/17	材料1410	66	98	81	245	
2014191060	杨静如	1994/2/18	轻化142	63	62	66	191	
2014191067	张雅	1996/4/14	机械144	74	61	82	217	
2014191068	张艳艳	1996/8/11	材料148	97	81	62	240	
2014191072	张雨梦	1996/1/1	化本141	95	76	98	269	
2014191074	郑佳宁	1996/9/22	化本141	89	89	76	254	

图 2.16 "学生库.accdb"中"学生表"的内容

2. 案例的操作步骤

(1) 新建一个 Excel 工作簿，命名为"导入 Access 数据"。打开"数据"选项卡，选择"获取外部数据"选项组中的"自 Access"，打开"选取数据源"对话框，如图 2.17 所示，在文本类型中选择"所有文件"，找到"学生库.accdb"文件，单击"打开"按钮。

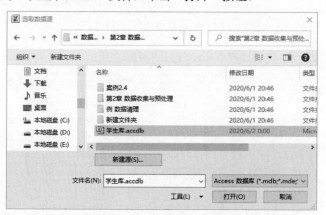

图 2.17 "选取数据源"对话框

(2) 打开"导入数据"对话框，如图 2.18 所示，选择该数据在工作簿中的显示方式为"表"，数据的放置位置为"现有工作表"，指定位置在 A1，单击"确定"按钮。

(3) 数据在表中显示如图 2.19 所示，标题行都自动添加了筛选。

3. 案例的结果分析

当有些统计结果以 Access 数据库形式存放时，在 Excel 中可以直接获取来自 Access 的外部数据，大大节省手工录入的时间。

图 2.18 "导入数据"对话框

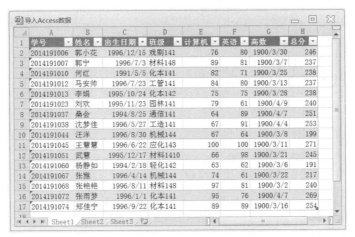

图 2.19　导入到 Excel 中的 Access 数据

【**案例 2.3**】将齐齐哈尔大学网站的内容导入到 Excel 中，以获得网页数据。

1. 案例的数据描述

将"齐齐哈尔大学 2019 年云南省招生计划"，网址为 http://zs.qqhru.edu.cn/jihuadetails.aspx?id=289，导入到 Excel 文件中。

2. 案例的操作步骤

(1) 新建一个 Excel 工作簿，命名为"导入网站数据"。打开"数据"选项卡，选择"获取外部数据"选项组中的"自网站"，打开"新建 Web 查询"对话框，如图 2.20 所示，在地址栏输入"http://zs. qqhru. edu. cn/jihuadetails. aspx?id=289"，单击"转到"按钮，单击招生计划表类左上角的 按钮，图标变成 ，单击右下角的"导入"按钮。

图 2.20　"新建 Web 查询"对话框

(2) 打开"导入数据"对话框，如图 2.21 所示，选择要存放的数据位置，默认存放在现有工作表中，且从 A1 单元格开始，单击"确定"按钮。

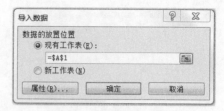

(3) 在工作表中可以查看导入的数据，如图 2.22 所示。

3. 案例的结果分析

图 2.21　"导入数据"对话框

网站中的数据也是数据分析中常用的数据源，本案例中将网站中的数据导入 Excel 中获得数据源，导入网站数据的好处是数据可以随网站内容自动更新，方法是单击"数据"选项卡中"连接"选项组中"全部刷新"下拉菜单中的"全部刷新"。

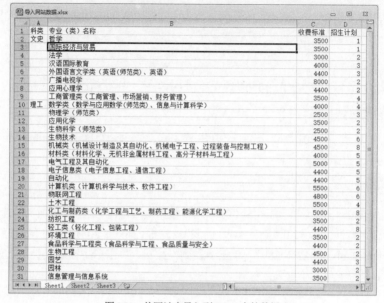

图 2.22　从网站中导入到 Excel 中的数据

2.2　数据预处理

数据预处理技术为进一步的数据分析做准备，可以提高数据分析的质量。数据预处理技术包括数据清理、数据集成、数据变换和数据归约。数据清理可以纠正不一致的数据，去掉噪声数据；数据集成能将多个数据源合并成一致的数据存储模式；数据变换可以将原始数据变换成适合于数据分析和挖掘的形式；数据归约通过数据立方体聚集、删除冗余特性或聚类等方法来压缩数据。

2.2.1　数据清理

数据清理通过填补遗漏数据、消除异常数据、平滑噪声数据，以及纠正不一致的数据，改善数据质量，提高数据分析和进一步挖掘的精度和性能。

1. 遗漏数据处理

下面介绍遗漏数据常用的处理方法。

(1) 忽略该条记录

当一个记录中有多个属性值空缺，特别是关键信息丢失时，即使是采用某些方法把所有缺失的属性值填充好，该记录也不能反映真实情况，对于数据分析来说，这样的数据性质很差，应该忽略该条记录。

(2) 去掉属性

如果所有记录中的某一个属性值缺失严重，可以认为该属性对知识发现来说已经没有意义，将其直接去掉。

(3) 手工填补遗漏值

以某些背景资料为依据，手工填写空缺值。一般讲这种方法比较耗时，而且对于存在许多遗漏情况的大规模数据集而言，显然可行性较差。

(4) 利用缺省值填补遗漏值

对于一个离散属性的所有遗漏的值均可以利用一个事先确定好的值来填补。利用这种方法比较简单，但当一个属性遗漏值较多时，若采用这种方法，可能产生较大误差甚至错误的分析结论，因此应该谨慎使用。

(5) 利用属性均值填补遗漏值

计算一个属性(值)的平均值，并用此值填补该属性所有遗漏的值。例如，某学校学生平均年龄为20 岁，就可以用该值填充所有遗漏的年龄值。

(6) 利用同类别均值填补遗漏值

计算同类样本记录的该属性平均值，用来填充空缺值。如果学生按年级分类，则可以用同年级的学生平均年龄替换遗漏的年龄值。

(7) 利用最可能的值填补遗漏值

可以利用回归分析、贝叶斯计算公式或决策树推断出该条记录特定属性的最大可能的取值。例如，利用数据集中其他顾客的属性值，可以构造一个决策树来预测收入属性的遗漏值。与其他方法相比，该方法最大程度地利用了当前数据所包含的信息来帮助预测所遗漏的数据，是目前最为常用的方法。

2. 噪声数据处理

噪声数据是指一个测量变量中的随机错误或偏离期望的孤立点值，产生噪声的原因很多，如人为的、设备的和技术的等，如数据输入时的人为错误或计算机错误，网络传输中的错误，数据收集设备的故障等。例如某学生成绩为-20 分，就是一个噪声数据，可能是输入的错误。

噪声数据对数据挖掘有误导作用，可以使用数据平滑技术消除噪声。常用的噪声数据处理方法有分箱、聚类、回归和人机结合检查方法等，下面逐一进行介绍。

1) 分箱

分箱通过考察相邻数据来平滑存储的数据值，它将存储值分布到一些箱子中，因此能对数据进行局部平滑。把待处理的数据(某列属性值)按照一定的规则放进一些箱子中，考察每一个箱子的数据，采用某种方法分别对各个箱子中的数据进行平滑处理。

首先排序数据，然后进行分箱，常用的方法包括等深分箱法、等宽分箱法以及自定义分箱法。完成分箱之后对数据进行平滑，使得每箱中的数据尽可能接近。常用的方法包括平均值平滑、中值平滑、边界平滑。

例如，有一组英语成绩数据：96，78，47，88，67，73，56，91，84，72，68，85，80，61，76。首先对成绩数据排序：47，56，61，67，68，72，73，76，78，80，84，85，88，91，96。

(1) 等深分箱(箱深为4)：每箱中数据个数相同。

箱1：47，56，61，67

箱2：68，72，73，76

箱3：78，80，84，85

箱4：88，91，96

(2) 等宽分箱(箱宽为10)：每箱中数据区间相等。

箱1：47，56

箱2：61，67，68

箱3：72，73，76，78，80

箱4：84，85，88，91

箱5：96

(3) 自定义分箱(60以下，60~70，70~80，80~90，90~100)：

箱1：47，56

箱2：61，67，68

箱3：72，73，76，78

箱4：80 ，84，85，88

箱5：91，96

对分箱后的数据进行平滑处理，常用的平滑方法包括平均值平滑、中值平滑、边界平滑。

以上述数据，等宽分箱为例。

(1) 按平均值平滑：对同一箱值中的数据求平均值，然后用这个平均值替代该箱子中的所有数据。

箱1：47，56，61，67   均值平滑后为   57，57，57，57

箱2：68，72，73，76   均值平滑后为   72，72，72，72

箱3：78，80，84，85   均值平滑后为   81，81，81，81

箱4：88，91，96   均值平滑后为   91，91，91

(2) 按边界值平滑：对于箱子中的每一个数据，观察它和箱子两个边界值的距离，用距离较小的那个边界值替代该数据。

箱1：47，56，61，67   边界值平滑后为 47，47，67，67

箱2：68，72，73，76   边界值平滑后为 68，68，76，76 或68，76，76，76

箱3：78，80，84，85   边界值平滑后为 78，78，85，85

箱4：88，91，96   边界值平滑后为 88，88，96

(3) 按中值平滑：取箱子的中值，用来替代箱子中的所有数据。中值也称中数，将数据排序之后，如果这些数据是奇数个，中值就是最中间位置的那个数；如果是偶数个，中值应该是中间两个数的平均值。

箱1：47，56，61，67   中值平滑后为 58，58，58，58

箱2：68，72，73，76   中值平滑后为 72，72，72，72

箱3：78，80，84，85   中值平滑后为 82，82，82，82

箱4：88，91，96   中值平滑后为 91，91，91

2) 聚类

聚类是按照个体相似性把数据划归到若干类别中，使同一类数据之间的相似性尽可能大，不同类数据之间的相似性尽可能小。通过聚类分析可帮助发现异常数据，消除噪声。相似或相邻近的数据聚合在一起形成各个聚类集合，而那些位于这些聚类集合之外的数据对象称为孤立点，被认为是异常数据，即噪声。聚类方法不需要任何先验知识，如图 2.23 所示。

3) 回归

可以利用拟合函数对数据进行平滑。线性回归是最简单的回归形式，它能找出拟合两个变量的最佳直线，通过一个变量去预测另一个变量。也可以通过非线性回归找到适合数据的回归函数，用以消除噪声。

例如，借助线性回归方法，可以获得多个变量之间的一个拟合关系，从而达到利用一个(或一组)变量值来帮助预测另一个变量取值的目的，从而平滑数据，除去其中的噪声，如图 2.24 所示，通过线性回归函数，可以去除远离直线的点，即噪声数据。

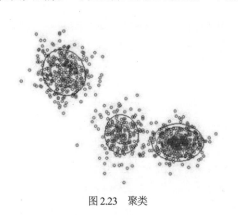

图 2.23　聚类

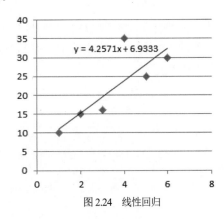

$y = 4.2571x + 6.9333$

图 2.24　线性回归

4) 人机结合检查方法

人机结合检查方法是指通过人与计算机检查相结合来发现异常数据。例如，新版搜狗输入法，用户只需写出文字偏旁或一部分笔画，就可以智能预测出整字，帮助用户补全，让用户可以快速书写笔画复杂的汉字。比如手写输入"爱"字，只需要写出前两笔，搜狗输入法就可以智能预测用户可能书写的几个整字供用户备选，大大提升了用户手写输入汉字的速度和准确率。

3. 不一致数据的处理

由于原始数据来源于多个不同的应用系统或数据库，信息庞杂，采集和加工的方法有别，数据描述的格式也各不相同，缺乏统一的分类标准和信息的编码方案，难以实现信息的集成共享，很难直接用于数据分析。对于不一致的数据需要考虑如下几个问题：

(1) 多个取名或不规范取名的清理问题

相同含义的值应具有统一规范的形式。例如：在不同的数据源中某人的出生地表示方法可能不同，分别使用"齐齐哈尔"、"齐齐哈尔市"、"齐齐哈尔建华区"、"鹤城"、"鹤乡"等表示齐齐哈尔市出生的人员，这些都应该用统一的方式表示。

在不同的数据源中，数据类型应当保持一致。例如，电话号码通常定义为字符型数据，但在有些数据源中可能将其定义为数值型数据，因此应将数据类型一致化。

(2) 错误数据的清理问题

数据清理包括数据的一致性确认。例如，在表示通信地址时使用"黑龙江省齐齐哈尔大学"，而邮政编码却使用"100000"(正确的邮政编码为 161006)，则通信地址值与邮政编码记录的数据与实际情况不一致。通过一个标准的通信地址和邮政编码的对应表，则可对记录中的邮政编码值自动更正。

(3) 失效数据或过期数据的清理问题

例如，手机号码和住址是一个经常出现过时数据的典型例子。由于人们常常会更换他们的地址和手机号，所以一年以上的住址变得不再可靠，由于搬家等原因，新的地址并没有在地址表中反映出来，这种不再正确的老地址或者不再使用的电话号码称为失效数据。

(4) 印刷错误的清理问题

指由于误拼或误打，或者图文识别造成的印刷错误。

【案例2.4】已知公务员成绩表数据存在一些问题，对其数据进行数据清理，删除重复数据、处理不一致数据、缺失数据和噪声数据等操作，以改善数据质量。

1. 案例的数据描述

现有"公务员成绩表"数据，如图2.25所示，删除表中重复的记录、对招聘单位不一致数据进行处理、将缺失的申论属性值用整体均值进行填补，并对总分进行自定义分箱(10分一箱)，最后用均值平滑每箱数据。

图2.25　公务员成绩表

2. 案例的操作步骤

(1) 删除重复记录。选中整个数据清单或者单击数据清单中的某个单元格，单击"数据"选项中"数据工具"中的"删除重复项"，打开"删除重复项"对话框，单击"全选"，选择所有列，勾选"数据包含标题行"复选框，单击"确定"按钮，如图2.26所示。

打开确认对话框，单击"确定"按钮，可以发现删除了5条重复记录，如图2.27所示。

(2) 对缺失数据进行处理。对缺失的申论成绩属性，先按申论排序，然后用均值函数求其他申论的平均值填充；对缺失的总分用公式计算申论和行政能力测试的和。

(3) 对招聘单位不一致数据进行处理。先按招聘单位排序，再确认每个单位的标准名称，方法是通过查找替换。

(4) 错误数据的处理。发现有总分错误，重新用公式计算。

图 2.26 "删除重复项"对话框

图 2.27 确认对话框

(5) 分箱与均值平滑。首先对总分进行升序排序，然后用 10 分为一档做分箱，再用平均值函数求每箱的数据，结果如图 2.28 所示。

	A	B	C	D	E	F	G	H	I
1				公务员成绩表					
2	姓名	招聘单位	应聘职位	准考证号	行政能力测试	申论	总分	箱号	均值平滑
3	李大昕	齐齐哈尔市人事局	普通技术职位	5128069302	56	50	106	1	106
4	鲁丹	齐齐哈尔市社保局	普通技术职位	5128069236	60	50	110	2	110
5	王明涛	齐齐哈尔市委办公室	普通技术职位	5128069804	50	70	120	3	124
6	刘小军	齐齐哈尔市委办公室	普通技术职位	5128069112	66	55	121	3	124
7	赵婷	齐齐哈尔市人事局	普通技术职位	5128069213	63	60	123	3	124
8	崔祥	齐齐哈尔市水利局	专业技术职位	5128069568	56	68	124	3	124
9	丁平	齐齐哈尔市社保局	专业技术职位	5128069210	70	55	125	3	124
10	苏鹏	齐齐哈尔市委办公室	普通技术职位	5128069801	68	60	128	3	124
11	苏丹	齐齐哈尔市社保局	普通技术职位	5128069236	60	70	130	4	130
12	周杰	齐齐哈尔市人事局	普通技术职位	5128069156	67	75	142	5	144
13	郭靖	齐齐哈尔市社保局	普通技术职位	5128069119	81	63	144	5	144
14	田华	齐齐哈尔市社保局	普通技术职位	5128069119	81	63	144	5	144
15	张源	齐齐哈尔市委办公室	普通技术职位	5128069802	78	66	144	5	144
16	关毅	齐齐哈尔市社保局	普通技术职位	5128069817	85	60	145	5	144
17	赵关毅	齐齐哈尔市社保局	普通技术职位	5128069817	85	60	145	5	144
18	刘老根	齐齐哈尔市水利局	普通技术职位	5128069809	68	77	145	5	144
19	王力斌	齐齐哈尔市水利局	专业技术职位	5128069512	70	80	150	5	155
20	陈乐	齐齐哈尔市粮食局	专业技术职位	5128069715	86	71	157	6	155
21	张浩然	齐齐哈尔市人事局	普通技术职位	5128069112	82	76	158	6	155

图 2.28 公务员成绩表数据清理后的结果

3. 案例的结果分析

本案例中已有的数据本身存在问题，不能直接用做数据分析，必须进行数据清理，包括删除重复数据、填补遗落数据、更改错误数据或不一致数据、处理噪声数据等。在 Excel 中，删除重复数据可以通过"数据工具"中的"删除重复项"，删除某些属性相同或者都相同的数据行。填补遗落数据首先要找到缺失的数据，再通过某种方法进行填补；错误数据可以通过公式重新计算；不一致数据通过查找替换完成；噪声数据采用分箱和平滑技术完成。

2.2.2 数据集成

数据集成是指将多个数据源中的数据进行合并处理，结合在一起形成一个统一的数据集合，能够减少和避免数据的冗余和不一致性，有利于为数据分析提供完整的数据基础。

数据集成涉及模式集成、属性冗余、数据值冲突检测与消除这三个方面的问题。

1. 模式集成问题

模式集成是从多个异构数据库、文件或遗留系统提取并集成数据，解决语义二义性，统一不同格式的数据。因此，模式集成涉及实体识别，即如何表示不同数据库中的字段是同一个实体，如何将不同信息源中的实体匹配来进行模式集成。

例如，如何确定一个数据库中的“学生姓名”与另一个数据库中的“学生名称”是否表示同一实体。数据库与数据仓库通常包含元数据，元数据是关于数据的数据(学号)，元数据可以帮助避免在模式集成时发生错误。

2. 冗余问题

若一个属性可以从其他属性中推演出来，那么这个属性就是冗余属性。

例如，一个顾客数据表中的平均月收入属性，就是冗余属性，显然它可以根据月收入属性计算出来。

利用相关分析可以帮助发现一些比较隐蔽的数据冗余情况。

例如，给定两个属性，则根据这两个属性的数值分析出这两个属性间的相互关系。属性 A、B 之间的相互关系可以根据以下计算公式分析获得：

$$r_{A,B}=\frac{\sum(A-\bar{A})(B-\bar{B})}{(n-1)\sigma_A\sigma_B} \tag{2-1}$$

3. 数据值冲突检测与消除问题

对于同一个现实世界实体，表示的属性值可能是不同的。产生这样问题的原因可能是表示的差异、比例尺度不同或编码的差异等。例如，重量属性在一个系统中采用公制，而在另一个系统中却采用英制。同样价格属性在不同地点采用不同的货币单位，因此需要对数值冲突进行检测和消除。

【案例 2.5】已知学生不同次考试的成绩放在多个表中，将这些数据集成为一个表。

1. 案例的数据描述

在“数据集成”工作簿中，包含有“学籍信息”表(学号，姓名，性别，学院，班级)、“期末测试”表(学号，班级，成绩)、“第一次测试”表(学号，成绩，班级)、“第二次测试”表(学号，成绩，班级)，要求抽取出“学号”、“姓名”、“班级”、“学院”、“第一次测试成绩”、“第二次测试成绩”、“期末成绩”等属性，构成自己班学生的“总成绩表”。

2. 案例的操作步骤

(1) 打开“数据集成”工作簿，新建“总成绩表”，在“学籍信息”表中筛选出自己的班级学生信息，如国贸 141，复制其中的“学号”、“姓名”、“学院”和“班级”列，添加“第一次测试成绩”、“第二次测试成绩”和“期末成绩”属性，如图 2.29 所示。

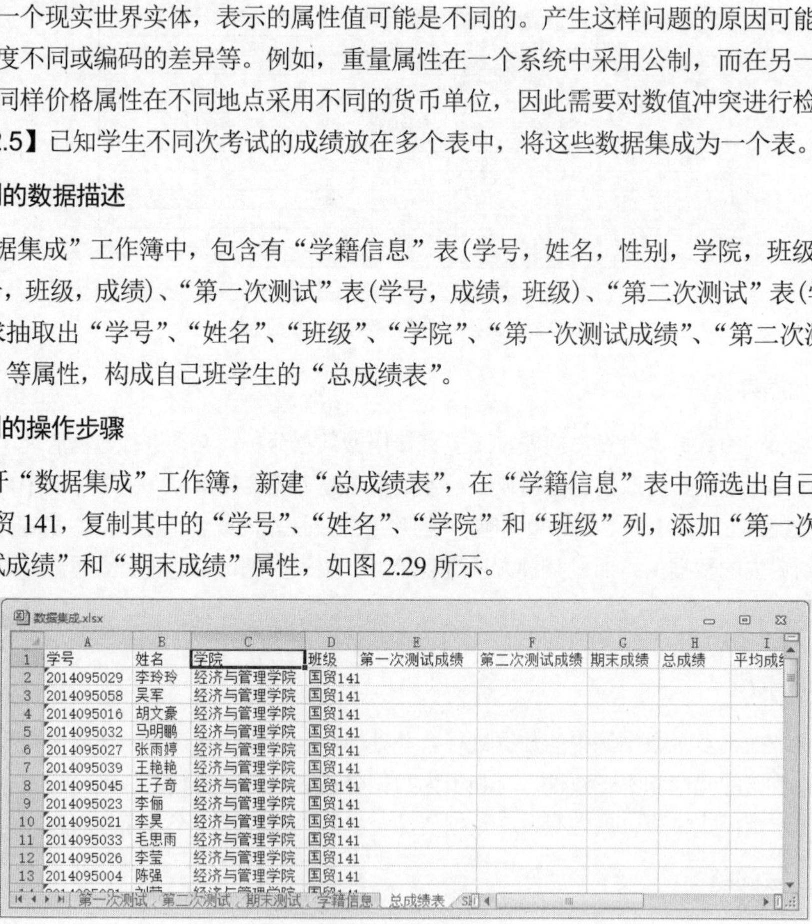

	A	B	C	D	E	F	G	H	I
1	学号	姓名	学院	班级	第一次测试成绩	第二次测试成绩	期末成绩	总成绩	平均成绩
2	2014095029	李玲玲	经济与管理学院	国贸141					
3	2014095058	吴军	经济与管理学院	国贸141					
4	2014095016	胡文豪	经济与管理学院	国贸141					
5	2014095032	马明鹏	经济与管理学院	国贸141					
6	2014095027	张雨婷	经济与管理学院	国贸141					
7	2014095039	王艳艳	经济与管理学院	国贸141					
8	2014095045	王子奇	经济与管理学院	国贸141					
9	2014095023	李俪	经济与管理学院	国贸141					
10	2014095021	李昊	经济与管理学院	国贸141					
11	2014095033	毛思雨	经济与管理学院	国贸141					
12	2014095026	李莹	经济与管理学院	国贸141					
13	2014095004	陈强	经济与管理学院	国贸141					

图 2.29 数据集成

(2) 在"第一次测试"、"第二次是测试"和"期末测试"表中查找对应学号的学生成绩，填写到相应成绩单元格。选中 E2 单元格，输入"=VLOOKUP(A2,第一次测试!\$A\$2:\$C\$5453,2,FALSE)"，拖动填充柄到最后一项。同理，选中 F2 单元格，输入"=VLOOKUP(A2,第二次测试!\$A\$2:\$C\$5453,2,FALSE)"，拖动填充柄到最后一项。在 G2 单元格输入"=VLOOKUP(A2,期末测试!\$A\$2:\$C\$5453,3,FALSE)"，拖动填充柄到最后一项。集成后的结果如图 2.30 所示。

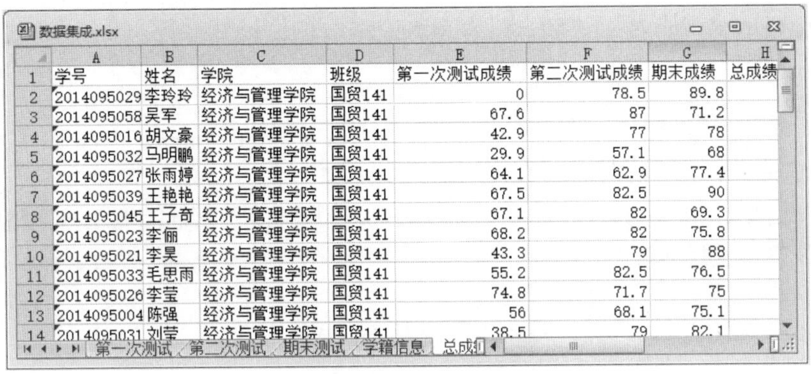

图 2.30　数据集成结果

3. 案例的结果分析

在本案例中来自不同工作表的数据要集成在一个工作表中，有些数据如"学号"、"姓名"、"学院"和班级可以直接在不同表之间复制得到。而如"第一次测试成绩"、"第二次测试成绩"和"期末成绩"来自于其他表的属性值，而且顺序与当前表不一致，可以使用 VLOOKUP 函数来完成，VLOOKUP 函数在查找与匹配应用中经常使用，它的作用是在表格的首列查找指定的数据，并返回指定数据所在行中的指定列的单元格内容。

2.2.3　数据转换

数据转换的目的是使数据和将来要建立的模型拟合得更好，例如，统一数据编码和数据结构、对数据集采用数学变换方法将多维数据压缩成较少维数的数据等，消除它们在时间、空间、属性及精度等特征表现方面的差异。数据转换主要涉及以下内容：

1. 平滑

可以除去数据中的噪声，还可以将连续的数据离散化。主要技术方法有分箱方法、聚类方法和回归方法。

2. 聚集

对数据进行总结或合计操作。聚集通常可用来为多粒度数据分析构建数据立方体。例如，每天对销售额(数据)可以进行合计操作以获得每月或每年的总额。

3. 数据泛化

泛化处理是指用更抽象(更高层次)的概念来取代低层次或数据层的数据对象。例如，街道属性，就可以泛化到更高层次的概念，诸如城市、国家。对于数值型的属性，如年龄属性，就可以映射到更高层次概念，如年轻、中年和老年。

4. 规格化

规格化是指将有关属性数据按比例投射到特定小范围之中。例如,将学生成绩属性值映射到0.0到1.0 范围内,以消除数值型属性因大小不一而造成分析结果的偏差。

常用的规格化方法包括 min-max 规范化、z-score 规范化和按小数定标规范化。

(1) min-max 规范化

假定 min_A 和 max_A 分别为属性 A 的最小和最大值,将 A 的值 v 映射到区间[new_max$_A$, new_min$_A$],可由公式2-2 计算:

$$v' = \frac{v - min_A}{max_A - min_A}(\text{new\_max}_A - \text{new\_min}_A) + \text{new\_min}_A \tag{2-2}$$

例如,假定成绩的最小与最大值分别为58 和100,想要映射到区间[0.0, 1.0]。根据最小-最大规范化,成绩 73 将变换为:

$$v' = \frac{73 - 58}{100 - 58}(1 - 0) + 0 = 0.357$$

(2) z-score 规范化

属性 A 的值 v 通过 $\bar{A}$ 的平均值和标准差 σ_A 进行规范化为 v',可由公式2-3 计算:

$$v' = \frac{v - \bar{A}}{\sigma_A} \tag{2-3}$$

例如,假定属性成绩的平均值为71.1,标准差为11.78。使用 z-score 规范化,值 73 被转换为:

$$v' = \frac{73 - 71.1}{11.78} = 0.16$$

(3) 小数定标规范化

通过移动属性 A 的小数点位置进行规范化。小数点的移动位数依赖于 A 的最大绝对值。A 的值 V 被规范化为 v',可由公式2-4 计算:

$$v' = \frac{V}{10^j} \tag{2-4}$$

其中,j 是使 $\text{Max}(|v'|) < 1$ 的最小整数。

例如,假定 A 的值由-986 到917。A 的最大绝对值为986。为使用小数定标规范化,我们用1,000(即 $j=3$)除每个值。这样,-986 被规范化为-0.986。

注意:规范化将原来的数据改变很多,有必要保留规范化参数(比如平均值和标准差),以便将来的数据可以用一致的方式规范化。

5. 属性构造

根据已有属性集构造新的属性,并加入到现有属性集合中,构造新属性通常是冗余的,但可以大大简化查询,简化数据挖掘过程。

例如,在客户背景数据表中,根据客户月收入构造"收入水平"属性,取值为低、中、高;再如,根据宽、高属性,可以构造一个新属性"面积"。

【案例2.6】已知学生成绩表，对"总评成绩"属性进行规范化处理。

1. 案例的数据描述

已知"数据转换"工作簿的"总成绩"表，如图 2.31 所示，根据学生"第一次测试成绩"、"第二次测试成绩"和"期末成绩"，计算求得"总评成绩"(总评成绩=第一次测试成绩*0.3+第二次测试成绩*0.3+期末成绩*0.4)，再根据"总评成绩"生成"等级"属性："优秀"(100>=总评成绩>=89.5)、"良好"(90>总评成绩>=79.5)、"中等"(80>总评成绩>=69.5)、"及格"(70>总评成绩>=59.5)和"不及格"(总评成绩<60)。最后将总评成绩分别做 min-max 规范化(映射到[0,1])、z-score 规范化和小数定标规范化。

图 2.31 数据转换前的总成绩表

2. 案例的操作步骤

(1) 打开"数据转换"工作簿，选中"总成绩表"，在 H1 单元格输入"总评成绩"，在 H2 单元格输入公式"=E2*0.3+F2*0.3+G2*0.4"，拖拽 H2 的填充柄到最后一项。

(2) 用 IF 函数嵌套完成泛化为等级成绩。在 I1 单元格输入"等级"，在 I2 单元格输入公式"=IF(H3>=89.5,"优秀",IF(H3>=79.5,"良好",IF(H3>=69.5,"中等",IF(H3>=59.5,"及格","不及格"))))"，拖拽 I2 的填充柄到最后一项。

(3) 数据规范化，J1 单元格输入"min-max 规范化"，根据 min-max 规范化(映射到[0 1])公式，在 J2 单元格输入公式"=(H2-MIN($H$2:$H$7))/(MAX($H$2:$H$7)-MIN($H$2:$H$7))"，拖拽 J2 的填充柄到最后一项。在 K1 单元格输入"z-score 规范化"，根据 z-score 规范化公式，在 K2 单元输入公式"=(H7-AVERAGE($H$2:$H$7))/STDEV. P($H$2:$H$7)"，拖拽 K2 的填充柄到最后一项。在 L1 单元格输入"小数定标规范化"，在 L2 单元输入公式"=H2/10^LEN(""& INT(MAX(($H$2):$H$33)))"，拖拽 L2 的填充柄到最后一项。

数据转换后的结果如图 2.32 所示。

	A	B	C	D	第一次测试成绩	第二次测试成绩	期末成绩	总评成绩	等级	min-max规范化	z-score规范化	小数定标规范化
1	学号	姓名	学院	班级								
2	2014095029	李玲玲	经济与管理学院	国贸141	0	78.5	89.8	59.47	中等	0.222743682	1.473938649	0.5947
3	2014095058	吴军	经济与管理学院	国贸141	67.6	87	71.2	74.86	及格	0.77833935	0.542054835	0.7486
4	2014095016	胡文豪	经济与管理学院	国贸141	42.9	77	78	67.17	不及格	0.500722022	0.861402154	0.6717
5	2014095032	马明鹏	经济与管理学院	国贸141	29.9	57.1	68	53.3	及格	0	0.48101917	0.533
6	2014095027	张雨婷	经济与管理学院	国贸141	64.1	62.9	77.4	69.06	良好	0.568953069	0.483199015	0.6906
7	2014095039	王艳艳	经济与管理学院	国贸141	67.5	82.5	90	81	中等	1	0.705543223	0.81

图 2.32 数据转换结果

3. 案例的结果分析

本案例中通过 IF 函数嵌套完成等级成绩的泛化，用公式法完成了总评成绩的 min-max 规范化、z-score 规范化和小数定标规范化，规范化消除数据取值范围差异的影响，将数据按照同一比例进行缩放，使之落入一个特定的区域，便于进行综合分析。

2.2.4 数据归约

数据归约是指在尽可能保持数据原貌的前提下，最大限度地精简数据量。数据归约技术用来得到数据集的归约表示，虽然数据规模缩小了，但仍接近于源数据的完整性，在归约后的数据集上进行数据分析效率更高，并能产生相同或几乎相同的分析结果。

常用的数据归约技术包括数据立方体聚集、维归约、数量归约、数据压缩、离散化和概念分层等。

1. 归约策略

(1) 维归约，减少随机变量或属性的个数，或把原数据变换或投影到更小的空间，具体方法有小波变换、主成分分析等。

(2) 数量归约，用替代的、较小的数据表示形式替换原数据，具体方法包括抽样和数据立方体聚集。

(3) 数据压缩，指在不丢失有用信息的前提下，缩减数据量以减少存储空间，提高其传输、存储和处理效率，或按照一定的算法对数据进行重新组织，减少数据的冗余和存储的空间的一种技术。主要包括无损压缩和有损压缩，其中无损压缩能从压缩后的数据重构恢复原来的数据，不损失信息；有损压缩只能近似重构原数据。

在减少数据存储空间的同时应尽可能保证数据的完整性，获得比原始数据小得多的数据，将数据以合乎要求的方式表示，最大限度地精简数据量。

2. 数据立方聚集

如图 2.33 所示，左侧是某商店 2010 到 2012 年每季度的销售数据。经营者如果只关心每年的销售额，而不是各个季度的情况，可以对左侧数据再聚集，将各季度数据汇总到每年的总销售额，聚集结果如图 2.33 右侧所示。聚集后数据量明显减少，但没有丢失分析任务所需要的信息。

数据立方体是数据的多维建模和表示。数据立方体的维数可以是任意的 n 维。在最低层次所建立的数据立方称为基方，而最高抽象层次的数据立方称为顶立方。如图 2.34 所示的立方体是某公司每类商品在各部门年销售的多维数据。顶点立方体可代表整个公司三年四个季度、所有类型商品的销售总额，不同层创建的数据立方称为方体，显然每一层次的数据立方都是对其低一层数据的进一步抽象，高层抽象会减少数据量。

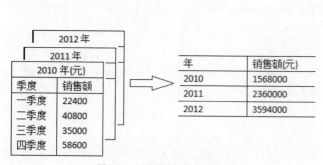

图 2.33 销售数据按年度聚集

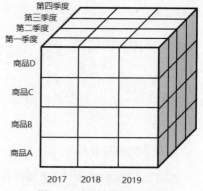

图 2.34 公司销售数据立方体

3. 维归约

由于数据集可能包含成百上千的属性，其中许多属性与数据分析任务无关或是冗余的，维归约主要用于检测和消除无关、弱相关或冗余的属性或维。例如，在分析某电视节目的收视率时观众的电话号码很可能与分析无关，因此电话号码属性可以删除。

维归约通过删除与数据分析不相关的属性或维，达到减少数据量的目的。

4. 数据压缩

数据压缩就是利用数据编码或数据转换将原来的数据集合压缩为一个较小规模的数据集合。若仅根据压缩后的数据集就可以恢复原来的数据集，那么就认为这一压缩是无损的，否则就称为有损的。

有损压缩是指使用压缩后的数据进行重构，重构后的数据与原来的数据有所不同，但不影响人们对原始资料表达的信息的理解。有损压缩适用于重构信号不一定非要和原始信号完全相同的场合。通常使用的三种数据压缩方法：主成分分析、小波转换和分形技术都是有损的。

5. 数值归约

数值归约是指通过选择替代的、较小的数据表示形式减少数据量，主要包括参数和非参数两种基本方法。

参数方法是利用一个模型来帮助通过计算获得原来的数据，该方法只需存放参数，而不是实际数据。例如，线性和非线性回归模型就可以根据一组变量预测计算另一个变量。

非参数方法则是存储利用直方图、聚类或取样而获得的消减后的数据集。

(1) 直方图

数据总结的最好的方法就是提供数据直方图，直方图使用分箱近似数据分布，是一种流行的数据归约形式。属性 A 的直方图就是将数据分布划分为不相交的子集或桶，桶安放在水平轴上，而桶的高度(和面积)是该桶所代表的值的平均频率。如果每个桶只代表某个属性的值，就称为单桶，通常，桶表示给定属性的一个连续区间。

例如，将学生各分数段成绩汇总后绘制的直方图，如图 2.35 所示。

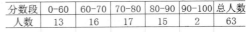

分数段	0-60	60-70	70-80	80-90	90-100	总人数
人数	13	16	17	15	2	63

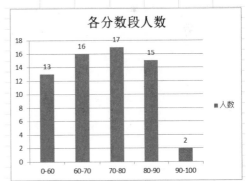

图 2.35　学生成绩各分数段直方图

(2) 聚类

聚类是将很多统计数据集中化具备"类似"特点的统计数据点区划为一致类型，并最后转化成几个类的方式。对于聚类分析所获得的组或类具有下列性质，同一组或类中的对象彼此相似，而不同组或类中的对象彼此不相似。在数据归约时，用数据的聚类表示替换原来的数据。

(3) 数据抽样

数据抽样是用数据较小的样本表示大的数据集。它主要利用统计学中的抽样方法，如不放回简单随机抽样、放回简单随机抽样、聚类抽样、分层抽样等。

6. 离散化和概念分层

离散化技术方法可以通过将属性(连续取值)域值范围分为若干区间，来帮助消减一个连续(取值)属性的取值个数。常用方法包括无监督方法(如分箱法)及有监督方法(基于熵的离散化方法和基于卡方的离散化方法)。

概念分层是通过高层概念来替代底层的属性值，来归约数据。概念分层可以用树来表示，树根节点表示给定维的最一般值，树的每个节点代表一个概念，通常每层自顶向下编号，如图2.36所示，树根节点为0层，层1表示概念"国家"，层2表示概念"省(州)、自治区或直辖市"，层3表示"城市"。概念分层中的树叶节点对应于维的原始数据值。概念分层用来归约数据，丢失了一些细节，但泛化后的数据更容易理解，而且所需的空间比原始数据少。

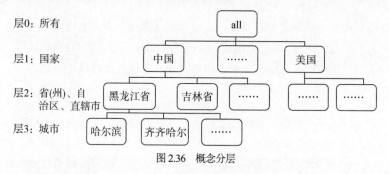

图2.36　概念分层

对于给定的数值属性，概念分层定义了该属性的一个离散化。如图2.37所示为利用分箱技术对一组[0-80]的数据集的离散化过程。

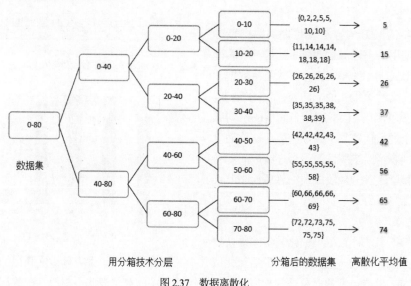

图2.37　数据离散化

2.2.5　数据的可视化

数据的可视化是指借助图形、地图、动画等生动、直观的方式来展现数据的大小，诠释数据之间的关系和发展趋势，以期更好地理解和使用数据分析的结果。

数据可视化可以使用数据处理工具创建，比如Excel，也可以采用程序设计方法，比如R、Matlab、

C++、Java 等。

借助于图形化的手段，可清晰、快捷有效地传达与沟通信息。从用户的角度，数据可视化可以让用户快速抓住要点信息，让关键的数据点从人的眼睛快速通往心灵深处。

下面介绍常用的 7 种可视化方法。

1. 面积&尺寸可视化

对同一类图形(例如柱状、圆环和蜘蛛图等)的长度、高度或面积加以区别，来清晰地表达不同指标对应的指标值之间的对比，浏览者对数据及其之间的对比一目了然。制作这种可视化图形时，要用数学公式计算表达准确的尺度和比例。如图 2.38 所示的能力模型蜘蛛图中，通过蜘蛛图清晰表达了各方面能力的强弱。

2. 颜色可视化

通过颜色的深浅来表达指标值的强弱和大小，是数据可视化设计的常用方法，用户一眼看上去便可整体看出哪一部分指标的数据值更突出。热力图是一种常用的颜色可视化方法，如图 2.39 所示，呈现了齐齐哈尔市区某一时刻的人流分布情况，通过颜色深浅可以快速了解不同区域的人口密度。

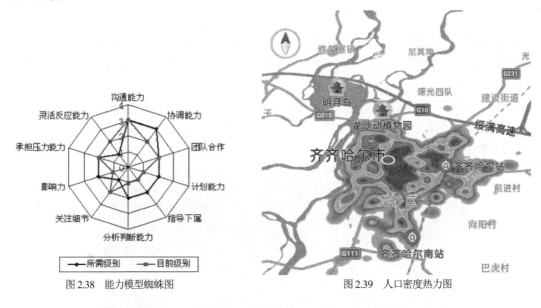

图 2.38 能力模型蜘蛛图 　　　　　图 2.39 人口密度热力图

3. 图形可视化

在设计指标及数据时，使用有对应实际含义的图形来呈现，会使数据图表更加生动地被展现，更便于用户理解图表要表达的主题。

如图 2.40 所示为参加某次考试的男女人数比例，直接采用男性和女性的图形，分类一目了然。

4. 地域空间可视化

当指标数据要表达的主题跟地域有关联时，一般会选择用地图为大背景。这样用户可以直观地了解整体的数据情况，同时也可以根据地理位置快速定位到某一地区来查看详细数据。

如图 2.41 所示通过以我国河南省地图为大背景，清晰地记录了不同地区某时段的降水量情况，再辅以颜色可视化的方法，让用户清晰了解河南省的降水量情况。

图 2.40　参加某次考试的男女人数比例

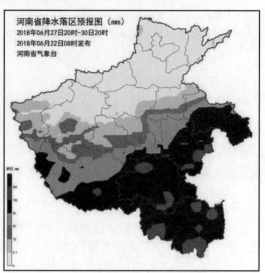

图 2.41　我国河南省某时段降水量情况

5. 概念可视化

通过将抽象的指标数据转换成人们熟悉的容易感知的数据，用户便更容易理解图形要表达的意义。例如，雅虎旗下的图片分享网站 Flickr，在 2013 年 5 月进行改版时，为用户免费提供 1TB 的云存储空间，而多数人对 1TB 代表多少空间不很了解，所以 Flickr 在宣传时采用了概念可视化的方案。用户可以在下面选择一张图片的大小，Flickr 根据这个大小计算出 1TB 能容纳多少张图片。这样，用户可以清晰理解 1TB 容量到底有多大空间了。如图 2.42 所示，在选择一张图片是 7MB 时，显示大概能存放 500 000 张图片。

图 2.42　概念可视化

6. 社会关系可视化

社会网络分析(social network analysis，SNA)是在传统的图与网络的理论之上对社会网络数据进行分析的方法。随着人类进入移动互联网时代，社会网络数据成了重要的数据资源。SNA 的本质是利用各样本间的关系来分析整体样本的群落现象，并分析样本点在群落形成中的作用以及群落间的关系。如图 2.43 所示，展示了某次课堂教学中参与讨论的学生的社会网络图。从中可以看出学生讨论时存在 4 个小圈子，这可以充分发挥处于讨论焦点的学生的特长，带动其他学生参与教学活动。

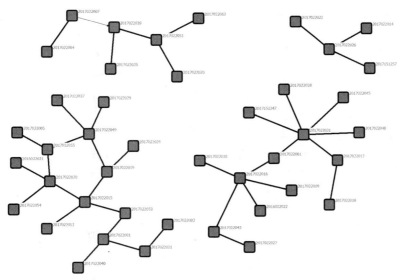

图 2.43　某次课堂教学中参与讨论的学生的社会网络图

7．动画

动画是连续渐变的静态图像或者图形序列，沿时间轴顺次更换显示，从而产生运动视觉感受的媒体形式。

在数据可视化之后，通过这些可视化图表可以找到数据背后反映的业务信息，包含业务问题、趋势、规律等，通过反映的信息有针对性地采取措施去解决问题，进而将这种信息可视化的能力转化为一种知识或方法论，这就是知识可视化，最终用可视化的结果去指导行动。

例如，某地区 2020 年各月份的气温变化情况可以制作成 GIF 动画，如图 2.44 所示为截取了其中 9—12 月份气温变化的静态图。

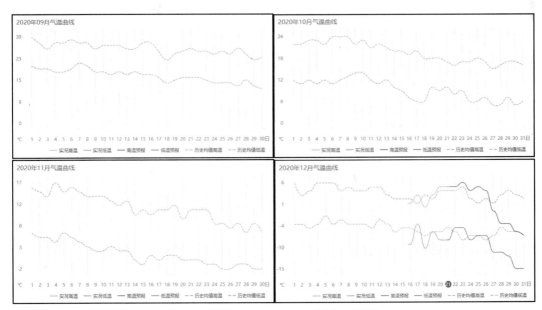

图 2.44　某地区 2020 年 9—12 月份气温变化情况

本章小结

数据预处理是数据分析和挖掘过程中的重要步骤，为数据分析做前期准备工作。本章主要介绍了数据收集和预处理的方法，首先介绍数据的来源、数据的类型和数据集的概念、特点以及数据收集的常用方法，重点介绍了数据预处理的方法，如何解决不一致的数据、消除噪声数据、填补空缺数据以及怎样集成不同数据源的数据，把数据转换成适合分析和挖掘的形式(min-max 规范化、z-score 规范化和按小数定标规范化)。数据归约是通过聚集、删除冗余属性或聚类来压缩数据。最后介绍了怎样直观、清晰、生动地表达数据，即数据可视化，以及数据可视化常用的方法。

习题 2

一、填空题

1. 数据的三大来源为测量、(　　)和记录。
2. 根据数据的表示形式，数据可以分为模拟数据和(　　)。
3. 根据数据的结构，数据可以分为(　　)、半结构化数据和非结构化数据。
4. (　　)是数据对象的集合，数据对象用一组刻画对象特性的属性进行描述。
5. (　　)是指对数据进行预先处理以提高数据质量。
6. 由于原始数据来源于多个不同的应用系统或数据库，信息庞杂，采集和加工的方法有别，数据描述的格式也各不相同，这类数据称为(　　)。
7. (　　)是填补遗漏数据、消除异常数据、平滑噪声数据，以及纠正不一致的数据。
8. 数据平滑常用的方法包括平均值平滑、(　　)、边界平滑。
9. 若一个属性可以从其他属性中推演出来，那这个属性就是(　　)属性。
10. 在减少数据存储空间的同时尽可能保证数据的完整性，获得比原始数据小得多的数据，将数据以合乎要求的方式表示，最大限度地精简数据量，称为(　　)。

二、选择题

1. 以下不属于非结构化数据的是(　　)。
   A. 视频　　　　　　　B. 音频　　　　　　　C. 图像　　　　　　　D. Excel 数据表
2. 按照数据集的特点，数据通常分为三大类，其中不包括(　　)。
   A. 伪造的数据　　　　B. 记录数据　　　　　C. 基于图形的数据　　D. 有序数据
3. 以下不属于记录数据的是(　　)。
   A. 数据矩阵　　　　　B. 文档数据　　　　　C. 事务数据　　　　　D. 序列数据
4. 数据收集方法不包括(　　)。
   A. 捏造数据　　　　　B. 数据库导出　　　　C. 问卷调查　　　　　D. 网络搜索
5. 预处理的方法不包括(　　)。
   A. 数据清理　　　　　B. 数据集成　　　　　C. 数据分析　　　　　D. 数据变换

6. ( )不适合对遗漏数据进行清理。

  A. 分箱方法　　　　　　　　　　　　B. 利用同类别均值填补

  C. 利用缺省值填补遗漏值　　　　　　D. 忽略遗漏数据所在的记录

7. 将多个数据源中的数据，进行合并处理，结合在一起并形成一个统一的数据集合，称为( )。

  A. 数据变换　　　　B. 数据集成　　　　C. 数据清理　　　　D. 数据归约

8. ( )就是用更抽象(更高层次)的概念来取代低层次或数据层的数据对象。

  A. 数据平滑　　　　B. 数据聚集　　　　C. 数据规格化　　　　D. 数据泛化

9. 数据可视化方法，不包括( )。

  A. 面积&尺寸可视化　　B. 颜色可视化　　　C. 数据压缩　　　　D. 地域空间可视化

三、综合题

1. 在现实世界中，经常出现记录中缺少某些属性值的现象，描述解决该问题的方法有哪些。

2. 假定用于分析的数据包含属性"年龄"。年龄的值如下(按递增顺序)：13, 15, 16, 16, 19, 20, 20, 21, 22，按要求完成下列任务：

(1) 分别采用等深分箱(箱的深度为3)、等宽分箱(箱的宽度为5)的方法对数据进行分箱，并说明计算步骤。

(2) 按上述方法，等深分箱后，分别使用平均值(保留整数，四舍五入)平滑、边界平滑和中值平滑方法对以上各箱数据进行平滑处理，并说明步骤。

3. 假定用于分析的数据包含"年龄"属性(按递增顺序)：13, 15, 16, 16, 19, 20, 20, 21, 22, 22, 25, 25, 25, 25, 30, 33, 33, 33, 35, 35, 35, 35, 36, 40, 45, 46, 52, 70，按要求完成下列任务：

(1) 使用 min-max 规范化，将属性值 35 转换到[0.0,1.0]区间。

(2) 已知这组年龄数据的标准偏差为 12.94 年，使用 z-score 规范化转换 35。

(3) 使用小数定标规范化转换属性值 35。

第 3 章

Excel函数在数据分析中的应用

目前常用的统计分析软件有 Excel、SAS、R、SPSS、Tableau 等，其中 Excel 是美国微软公司推出的 Microsoft Office System 办公软件包中的核心组件之一，简单易用，是一款功能强大的电子表格制作和数据处理软件，在各个领域都有广泛的应用，是强有力的数据管理与分析工具。Excel 含有丰富的统计图表、函数和专业的分析工具，用于支持高级的数据统计与分析需求。本章主要介绍 Excel 统计分析的函数，借助这些函数辅助分析工作，可以提高数据分析的效率与质量。

3.1 Excel 在数据分析中的应用简介

随着技术的发展，互联网的更新换代，数据的采集技术、存储技术、处理技术都得到了长足的发展，将数据分析的重要性提升了一个高度。现在是一个数据大爆炸时代，数据的应用非常广泛。例如，通过数据分析能让企业清楚知道自己的用户群体。数据能让科学变得更加先进，数据能记录人们的生活轨迹等。数据分析是做决策的有力证据。

以 Excel 为代表的电子表格软件能灵活地满足企业个性化的数据分析需求，因此很多行业的管理人员在日常工作中始终离不开 Excel，使用 Excel 的熟练程度，直接决定了数据分析效率。数据分析技术正在不断更新，促使企业在某些决策方面，做到科学务实、脚踏实地，帮助企业做出理性、正确的决策。

Excel 基本职能是对数据进行记录、计算与分析，对数据较多的情况尤其适用。基本功能包括三方面：基础数据处理，图表展示，公式、函数与专业数据分析工具。

(1) 基础数据处理功能。对数据进行录入、编辑、整理、筛选、排序、分类汇总等操作。例如课程表、考勤表、工资表、成绩表等，均可用 Excel 表格制作。

(2) 丰富的统计图表展示功能。在数据集合的基础上制作图形，包括柱形图、折线图、散点图、雷达图、气泡图等各种类型的图表，可以自定义图表的标题、坐标轴、背景等，以直观形象的方式展示数据特点。

(3) 公式、函数及专业的数据分析功能。Excel 的数据运算分为 3 个层次：一是支持对数据集进行四则运算、逻辑运算、字符串运算等基础的运算；另一个是提供了常用运算的内置函数，包括求和、求平均、求方差等，用户只需要按照规定的语法调用函数就可以实现快速运算；再有为满足高级用户的需要，Excel 还提供了专业的数据分析工具，支持相关分析、方差分析、抽样、指数平滑等统计分析功能。

3.2　单元格、公式、函数

为了方便用户维护和完善工作表，在 Excel 工作表中的单元格内可以输入各种类型的数据，包括常量和公式。常量是指直接通过键盘输入的文本、数字、日期和时间等；公式是指以等号"="开头并且由运算符、常量、函数和单元格引用等组成的表达式等，公式的结果将随着引用单元格中数据的变化而变化。单元格、公式和函数是 Excel 中最基本也是最重要的几个功能，本节将依次对这三大核心功能的基本操作进行简单介绍。

3.2.1　单元格

在 Excel 工作表中使用公式或者函数对数据进行运算时，对单元格的引用必不可少，公式的灵活性是通过对单元格或者单元格区域的引用来实现的。

1. 单元格的引用

使用 Excel 公式时，经常会通过引用单元格来实现计算，从而提高计算的速度和效率。单元格引用就是对单元格地址的引用，通过指定单元格地址可以使Excel找到该单元格并使用其中的数据，把单元格内的数据和公式联系起来。单元格的引用有不同的表示方法，既可以直接使用相应的地址表示，也可以使用单元格的名字表示。单元格的引用主要包括相对引用、绝对引用、混合引用三种。

(1) 相对引用

在公式中使用单元格引用时，Excel 默认为相对引用。相对引用单元格是指引用相对于包含单元格的位置。例如，若单元格 A1 中数值为 2，单元格 B1 中数值为 10，在 A2 中有一个公式"=A1*2"。这个公式的含义是"将本单元格上面一行当前列单元格的内容乘以 2"，单元格 A2 中数值为 4。如果把这个公式复制到单元格 B2 中，则此时公式已变成"=B1*2"。含义仍然是"将本单元格上面一行当前列单元格的内容乘以 2"，此时单元格 B2 中的数值就为 20。

实际操作中，输入一个含有相对引用的公式，然后拖动填充柄，可以将含有相对引用的公式复制到相邻的单元格，实现自动计算。

(2) 绝对引用

绝对引用固定引用某一指定的单元格，即使用的是该单元格的物理地址。绝对引用是在引用的单元格地址的列标和行号之前加"$"(如：$A$1)。在把公式复制或填充到新位置时，公式中单元格地址保持不变。例如：若单元格 A1 中的内容为数值 10，单元格 B1 的内容为公式=$A$1，把 B1 中的公式复制到单元格 B2，则 B1、B2 单元格和 A1 中的数值都是 10。如果不希望在复制公式时单元格引用发生改变，就需要使用绝对引用。

(3) 混合引用

混合引用是指单元格地址的行号或列标前加上"$"，如$A1 或 A$1。混合引用是具有绝对列和相对行(如$A1)，或绝对行和相对列(如 A$1)的引用，分别用于实现固定某列引用而改变行引用，或者固定某行引用而改变列引用。在把含有混合引用的公式复制或填充到新位置时，公式中相对引用会随位置发生变化，而绝对引用部分不变。例如，混合引用$B3 使得列始终保持在 B 列不变，行将随着单元格位置进行调整；而 B$3 情况正好相反，列将随着单元格位置进行调整，而行固定在第 3 行不会改变。

三种引用输入时可以互相转换：在输入或编辑状态下按 F4 键可转换三种引用方式。转换时，公式中单元格引用按下列顺序变化："A1" → "$A$1" → "A$1" → "$A1" → "A1"。

如果引用当前工作表中的单元格地址的方法是在单元格中直接输入单元格的引用地址。单元格地址可以直接输入引用地址，也可以用鼠标拖动选取地址或者利用公式中的折叠按钮输入。

2. 单元格命名

在 Excel 工作表中，可以为单元格或单元格区域定义一个名称。当在公式中引用这个单元格或单元格区域时，就可以使用该名称代替。修改的方法是：在编辑栏中的名称框中输入名字后按 Enter 键。也可以为单元格区域进行命名，方法是：选择需要命名的单元格区域后，单击名称框，在名称框中输入名称即可。

3.2.2　公式

公式使得 Excel 具备对工作表中的数据进行计算的能力。用户只需在输入数据后，使用公式即可完成计算，不仅方便快捷而且准确。

1. 公式的基本特性

在 Excel 中对公式的编辑非常简单，其基本要素为等号 "="、常用的 "操作符" 和输入的 "数"。其中，"=" 为公式或函数的标志；"操作符" 表示执行哪种运算，包括加(+)、减(-)、乘(*)、除(/)、百分比(%)和乘方(^)；"数" 包括常数和函数以及引用的单元格。在输入一个公式时总是以一个等号 "=" 作为开头，然后是公式的表达式，公式中可以包含各种运算符、常量、函数、单元格地址等。若要显示任意部分公式的计算结果，可以使用 F9 键进行切换。

2. 公式中的运算符

运算符是连接运算数据的符号，Excel 包含四种类型的运算符：算术运算符、比较运算符、文本运算符和引用运算符。

(1) 算术运算符

算术运算符用来完成基本的数学运算。它包括加(+)、减(-)、乘(*)、除(/)、乘方(^)和百分号(%)等。

(2) 比较运算符

比较运算符用来比较两个数值，并返回逻辑值 TRUE 或 FALSE。它包括等于(=)、大于(>)、小于(<)、大于等于(>=)、小于等于(<=)和不等于(<>)。

(3)文本运算符

文本运算符 "&" 用来将多个文本连接起来，"&" 两边可以是字符串或单元格引用。例如，A1单元格内容为 "数据分析"，B1 单元格内容为 "与处理"，若在 C1 单元格使用公式 "=A1&B1" 并按 Enter 键后，C1 单元格内容为 "数据分析与处理"。

(4) 引用运算符

引用运算符对单元格区域进行合并运算，包括区域运算符(:)、联合运算符(,)、空格运算符、工作表运算符(!)、工作簿运算符([])。

区域运算符(:)：区域运算符的功能是对两个引用之间包括两个引用在内的所有单元格进行引用。例如，A1:B2，表示引用从 A1 到 B2 区域的所有单元格。

联合运算符(,)：联合运算符的功能是将多个引用合并为一个引用。例如，SUM(A1:C1，B1:D1)表示对 A1 到 C1 的单元格区域和 B1 到 D1 的单元格区域共 6 个单元格数据求和。

空格运算符：空格运算符也叫交叉运算符。空格运算符的功能是将多个引用区域所重合的部分作为一个引用。例如，SUM(A1:C8 C6:E11)表示对同时属于两个区域的 C6 到 C8 共 3 个单元格求和。

工作表运算符(!)：工作表运算符的功能是引用当前工作簿中其他工作表中的单元格数据时，即进行跨工作表的单元格地址引用。例如，Sheet2!A1 表示引用的是 Sheet2 工作表中 A1 单元格的数据。

工作簿运算符([])：工作簿运算符的功能是用来引用其他工作簿中的数据，引用方式是：[工作簿名]工作表名! 单元格地址。例如，[BOOK1.xls]Sheet1!$A$1 表示引用的是 BOOK 1 工作簿中 Sheet1 工作表中 A1 单元格的数据。首先需要保证引用的工作簿是打开的。若工作簿没有打开，必须加上工作簿的完整路径，比如 "D:\[BOOK1.xls]Sheet1'!$A$1"。

如果公式中同时使用了多种运算符，计算时会按运算符优先级的顺序进行，运算符的优先级从高到低为：工作簿运算符、工作表运算符、引用运算符、算术运算符、文本运算符、关系运算符。如果公式中包含多个相同优先级的运算符，应按照从左到右的顺序进行计算。要改变运算的优先级，应把公式中优先计算的部分用圆括号括起来。

3. 公式中的数据类型

在公式中可以包括数值和字符、单元格地址、区域、区域名字、函数等数据类型。公式中不要随意包含空格，公式中的字符要用半角引号括起来，公式中运算符两边的数据类型要相同。例如：="ab"+25 并按 Enter 键后就会出错，显示#VALUE。

3.2.3　函数

Excel 中的函数其实是一些预定义的公式，它们使用一些被称为参数的特定数值，按特定的顺序或结构进行计算。使用函数能完成一般公式无法完成的计算。Excel 提供了各种领域常用的函数，包括财务、统计、工程等。若用户需要使用这些函数，只需选择函数名称进行调用即可，Excel 将会自动计算结果。

所有函数必须以等号 "=" 开始。一个完整的函数通常由四部分组成：等号 "="、引用的 "函数名"、函数外的 "括号" 和函数运算的 "参数"。其中，等号 "=" 为函数的标志，"函数名" 表示对应的特定函数，括号 "( )" 代表函数的参数部分，"参数" 指的是函数运算所需的数据，通常是常数、单元格引用，或者是另外一个函数。

函数的输入有三种方法：手工输入、"插入函数" 按钮fx和使用函数列表框。对于一些简单函数，可以手工输入，同输入公式的方法一样，按函数的语法格式直接输入。例如：=max(A1:A4)，是对 A1 到 A4 这 4 个单元格数据求和。

"插入函数" 按钮fx位于 "公式" 选项卡的 "函数库" 组中，如图 3.1 所示。单击 "插入函数" 按钮，将会弹出 "插入函数" 对话框，在 "或选择类别" 中选择函数所属类别，然后在 "选择函数" 列表中选择相应的函数，如图 3.2 所示。也可单击编辑栏中的 "插入函数" 按钮fx。

完成函数的选择后单击 "确定" 按钮，弹出对应函数的 "函数参数" 对话框，根据数据进行相应的设置即可。

图 3.1 "插入函数" 命令

图 3.2 "插入函数" 对话框

3.3 数据分析中的常用函数

3.3.1 数学函数

数学函数是大家最熟悉的一类函数,可用于进行常见的数学运算,而三角函数就是涉及三角运算的各类函数。它们主要用于进行数学方面的计算,例如对数字取整、计算单元格区域中的数值总和、计算数值的绝对值等。常用的数学函数主要包括 INT ()、TRUNC ()、ROUND ()、SQRT ()、SUM ()等函数。

1) INT 函数

向下取整函数,将数值向下取整为最接近的整数。其语法格式如下:

INT (number)

参数说明:

number: 要取整的实数。

2) TRUNC 函数

截断取整函数,将数字截为整数或保留指定位数的小数。其语法格式如下:

TRUNC (number,num_digits)

参数说明:

number：要进行截断操作的数字。

num_digits：用于指定截断精度的数值。

3) ROUND 函数

舍入取整函数，按指定的位数对数值进行四舍五入。其语法格式如下：

TRUNC (number,num_digits)

参数说明：

number：要四舍五入的数值。

num_digits：执行四舍五入时采用的位数。

4) PI 函数

圆周率函数，返回圆周率 pi 的值。其语法格式如下：

PI ()

5) SQRT 函数

平方根函数，返回数值的平方根。其语法格式如下：

SQRT(number)

参数说明：

number：要对其求平方根的数值。

6) RAND 函数

随机数函数，返回大于或等于 0 且小于 1 的平均分布随机数。其语法格式如下：

RAND()

7) MOD 函数

取模函数，返回两数相除的余数。其语法格式如下：

MOD(number,divisor)

参数说明：

number：被除数。

divisor：除数

8) SUM 函数

求和函数，计算单元格区域中所有数值的和。其语法格式如下：

SUM(number1,number2…)

参数说明：

number1,number2…：各参数均为待求和的数值，参数最多可以有 255 个。

9) SUMIF 函数

条件求和函数，对满足条件的单元格求和。其语法格式如下：

SUMIF(range,criteria,sum_range)

参数说明：

range：要进行计算的单元格区域。

criteria：以数字、表达式或文本形式定义的条件。

sum_range：用于求和计算的实际单元格。

3.3.2　文本函数

文本函数是在公式中处理字符串的函数。例如，使用文本函数可以转换大小写、确定字符串的长度、提取文本中的特定字符等。常用的文本函数主要包括 LEN ()、CONCATENATE ()、LEFT ()、MID ()、LOWER ()、SUBSITUTE ()等函数。

1) LEN 函数

字符串的长度函数，返回文本字符串中的字符个数，其语法格式如下：

LEN (text)

参数说明：

text：要计算长度的文本字符串。

2) CONCATENATE 函数

连接函数，将多个文本字符串合并成一个，其语法格式如下：

CONCATENATE (text1,text2,…)

参数说明：

text1,text2,…：每个参数均是要合并的文本字符串，总数 1～255 之间。

3) LEFT 函数

左侧取字符函数，从一个文本字符串的第一个字符开始返回指定个数的字符。其语法格式如下：

LEFT (text,num_chars)

参数说明：

text：要提取字符的字符串。

num_chars：要提取的字符数。

4) MID 函数

中间取字符函数，从文本字符串中指定的起始位置起返回指定长度的字符。其语法格式如下：

MID (text,start_num,num_chars)

参数说明：

text：准备从中提取字符串的文本字符串。

start_num：准备提取的第一个字符的位置。

num_chars：指定所要提取的字符串长度。

5) RIGHT 函数

右侧取字符函数，从一个文本字符串的最后一个字符开始返回指定个数的字符。其语法格式如下：

RIGHT (text,num_chars)

参数说明：

text：要提取字符的字符串。

num_chars：要提取的字符数。

6) LOWER 函数

转小写函数，将一个文本字符串的所有字母转换为小写形式。其语法格式如下：

LOWER (text)

参数说明：

text：要对其进行转换的字符串。

7) UPPER 函数

转大写函数，将一个文本字符串的所有字母转换为大写形式。其语法格式如下：

UPPER (text)

参数说明：

text：要转换成大写的文本字符串。

8) PROPER 函数

首字母大写函数，将一个文本字符串中各英文单词的第一个字母转换成大写，将其他字符转换成小写。其语法格式如下：

PROPER (text)

参数说明：

text：所要转换的字符串数据。

9) SUBSITUTE 函数

替换函数，将字符串中的部分字符串以新字符串替换。其语法格式如下：

SUBSITUTE (text,old_text,new_text,instance_num)

参数说明：

text：包含有要替换字符的字符串或文本单元格引用。

old_text：要被替换的字符串。

new_text：用于替换 old_text 的新字符串。

instance_num：用来指定以 new_text 替换第几次出现的 old_text，如果缺省则替换所有 old_text。

10) TRIM 函数

去多余空格函数，从一个文本字符串的最后一个字符开始返回指定个数的字符。其语法格式如下：

TRIM (text,num_chars)

参数说明：

text：要转换提取字符的字符串。

num_chars：要提取的字符数。

11) FIND 函数

查找函数，返回一个字符串在另一个字符中出现的起始位置(区分大小写)。其语法格式如下：

FIND (find_text,within_text,start_num)

参数说明：

find_text：要查找的字符串。

within_text：要在其中进行搜索的字符串。

start_num：起始搜索位置，with_text 中第一个字符的位置为 1。

12) SEARCH 函数

查找函数，返回一个指定字符或文本字符串在字符串中第一次出现的位置(忽略大小写)。其语法格式如下：

```
SEARCH (find_text,within_text,start_num)
```

参数说明：

find_text：要查找的字符串。

within_text：用来搜索 find_text 的父字符串。

start_num：数字值，用以指定从被搜索字符串左侧第几个字符开始查找。

3.3.3　日期函数

在利用 Excel 处理问题时，经常会使用日期和时间函数，以处理与日期和时间有关的运算。进行数据分析之前所掌握的数据信息是杂乱的，没有组合在一起，因此需要对数据进行整合、清理，才能将数据运用到分析工作中，对于整合日期来说，可以用 date()函数快速整合日期信息；用 TODAY() 求当前日期的序列号；用 WORKDAY()进行工作日时间的推算；用 MONTH()快速进行月份的提取；用 TIME()获取时间，可精确到时、分、秒。常用的日期和时间函数主要包括 TODAY ()、DATE()、WORKDAY ()、MONTH()、TIME()、DAY()、WEEKDAY()等函数。

1) TODAY 函数

获取当前日期函数，返回日期格式的当前日期。其语法格式如下：

```
TODAY ()
```

2) NOW 函数

获取当前时间函数，返回日期时间格式的当前日期和时间。其语法格式如下：

```
NOW ()
```

3) DAY 函数

获取日函数，返回一个月中的第几天的数值。其语法格式如下：

```
DAY (serial_number)
```

参数说明：

serial_number：进行日期及时间计算的日期-时间代码。

4) MONTH 函数

获取月函数，返回月份值。其语法格式如下：

```
MONTH (serial_number)
```

参数说明：

serial_number：进行日期及时间计算的日期-时间代码。

5) YEAR 函数

获取年函数，返回日期的年份值。其语法格式如下：

YEAR (serial_number)

参数说明：

serial_number：进行日期及时间计算的日期-时间代码。

6) DATE 函数

生成日期函数，返回 Microsoft Excel 日期时间代码中代表日期的数字。其语法格式如下：

DATE (year,month,day)

参数说明：

year：在 Microsoft Excel 中介于 1900 到 9999 之间的数字。

month：代表一年中月份的数字，其值在 1 到 12 之间。

day：代表一个月中第几天的数字，其值在 1 到 31 之间。

7) HOUR 函数

获取小时函数，返回小时数值。其语法格式如下：

HOUR (serial_number)

参数说明：

serial_number：进行日期及时间计算的日期-时间代码。

8) MINUTE 函数

获取分钟函数，返回分钟数值。其语法格式如下：

MINUTE (serial_number)

参数说明：

serial_number：进行日期及时间计算的日期-时间代码。

9) TIME 函数

生成时间函数，返回特定时间的序列数。其语法格式如下：

TIME (hour,minute,second)

参数说明：

hour：介于 0 到 23 之间的数字，代表小时数。

minute：介于 0 到 59 之间的数字，代表分钟数。

second：介于 0 到 59 之间的数字，代表秒数。

10) WORKDAY 函数

计算工作日的时间函数，返回指定的若干个工作日之前/之后的日期(一串数字)。其语法格式如下：

WORKDAY (start_date,days,holidays)

参数说明：

start_date：一串表示起始日期的数字。

days：start_date 之前/之后非周末和非假日的天数

holidays：要从工作日期中去除的一个或多个日期(一串数字)的可选组合。

11) WEEKDAY 函数

显示星期几函数，返回代表一周中的第几天的数值，是 1 到 7 之间的整数。其语法格式如下：

WEEKDAY (serial_number,return_type)

参数说明：

serial_number：一个表示返回值类型的数字。

return_type：取值为 1 或省略，表示星期日为一周的第 1 天；取值为 2，表示星期一为一周的第 1 天；取值为 3，表示星期一为一周的第 0 天。

3.3.4 统计函数

统计函数是对数据进行统计分析以及筛选的函数。它的出现方便了 Excel 用户从复杂的数据中筛选出有效的数据。进行数据分析时，会遇到分析数据中的最大值、最小值、最高值、最低值、汇总值等方面的计算问题。常用的统计函数主要包括 MAX()、MIN()、COUNT()、COUNTA()、SUM()、AVERAGE()、PRODUCT()等。

1) AVERAGE 函数

平均值函数，进行平均值的计算。其语法格式如下：

AVERAGE (number1,number2,…)

参数说明：

number1,number2,…：需要计算平均值的各参数，参数最多可以有 255 个。

2) MAX 函数

最大值函数，返回一组值最大的函数。其语法格式如下：

MAX(number1,number2,…)

参数说明：

number1,number2,…：各参数为准备从中求取最大值的数值、空单元格、逻辑值或文本数值，参数最多可以有 255 个。

3) MIN 函数

最小值函数，返回一组值最小的函数。其语法格式如下：

MIN(number1,number2,…)

参数说明：

number1,number2,…：各参数为准备从中求取最小值的数值、空单元格、逻辑值或文本数值，参数最多可以有 255 个。

4) COUNT 函数

数据个数函数，返回包含数字的单元格的个数。其语法格式如下：

COUNT(value1,value2,…)

参数说明：

value1,value2,…：参数最多可以有 255 个，可以包含或引用各种不同类型的数据，但只对数字型数据进行计数。

5) COUNTA 函数

不计空格函数，计算单元格中非空的个数。其语法格式如下：

COUNTA(value1,value2,…)

参数说明：

value1,value2,…：参数最多可以有 255 个，可以包含或引用各种不同类型的数据，但只对数字型数据进行计数。

6) COUNTBLANK 函数

空白计数函数，计算某个区域中空单元格的数目。其语法格式如下：

COUNTBLANK (range)

参数说明：

range：指要计算空单元格数目的区域。

7) COUNTIF 函数

条件计数函数，计算某个区域中满足给定条件的单元格数目。其语法格式如下：

COUNTIF(range,criteria)

参数说明：

range：要计算其中非空单元格数目的区域。

criteria：以数字、表达式或文本形式定义的条件。

8) RANK 函数

排位函数，返回数字在一列数字中相对于其他数值的大小排名。其语法格式如下：

RANK (number,ref,order)

参数说明：

number：指要查找排名的数字。

ref：指一组数或对一个数据列表的引用。

order：指在列表中排名的数字。

9) TRIMMEAN 函数

数据集内部平均值函数，返回一组数据的修剪平均值。其语法格式如下：

TRIMMEAN (array,percent)

参数说明：

array：用于截去极值后求取均值的数值数组或数值区域。

percent：为一分数，用于指定数据点集中所要消除的极值比例。

3.3.5　逻辑函数

逻辑函数是进行条件匹配、真假值判断或进行多重复合检验的函数。进行数据分析时，会遇到真假判断或进行复核检验的情况，可以运用逻辑函数，帮助数据分析师快速进行检验。常用的逻辑函数主要包括 IF()、AND()、NOT()等。

1) IF 函数

判断检查函数,判断是否满足某个条件,如果满足返回一个值,如果不满足则返回另一个值。其语法格式如下:

IF(logical_test,value_if_true,value_if_false)

参数说明:

logical_test:指任何可能被计算为 TRUE 或 FALSE 的数值或表达式。

value_if_true:指 logical_test 为 TRUE 时的返回值。

value_if_false:指 logical_test 为 FALSE 时的返回值。

2) AND 函数

满足条件函数,检查是否所有参数均为 TRUE,如果所有参数值均为 TRUE,则返回 TRUE。其语法格式如下:

AND(logical1, logical 2,...)

参数说明:

logical1, logical 2,...:各参数为结果是 TRUE 或 FALSE 的检测条件,检测内容可以是逻辑值、数组或引用,参数最多可以有 255 个。

3) NOT 函数

它是一个将条件为真的数值命名为 FALSE(假),将条件为假的数值命名为 TRUE(真)。其语法格式如下:

NOT(logical)

参数说明:

logical:可以对其进行真(TRUE)假(FALSE)判断的任何值或表达式。

4) OR 函数

如果任一参数值为 TRUE,即返回 TRUE;只有当所有参数值为 FALSE 时才返回 FALSE。其语法格式如下:

OR(logical1, logical 2,...)

参数说明:

logical1, logical 2,...:各参数为结果是 TRUE 或 FALSE 的检测条件,参数最多可以有 255 个。

3.3.6 查找与引用函数

查找与引用函数的主要功能是查询各种信息,在数据量很多的工作表中,该类函数非常有用。本书主要介绍 VLOOKUP()、HLOOKUP()、LOOKUP()三个函数。

1) VLOOKUP 函数

在第一列中搜索指定值函数,搜索表区域首列满足条件的元素,确定待检索单元格在区域中的行序号,再进一步返回选定单元格的值。其语法格式如下:

VLOOKUP (lookup_value,table_array,col_index_num,range_lookup)

参数说明：

lookup_value：需要在数据表首列进行搜索的值，lookup_value 可以是数值、引用或字符串。

table_array：需要在其中搜索数据的信息表。

col_index_num：满足条件的单元格在数组区域 table_array 中的列序号。首列序号为 1。

range_lookup：指定在查找时是要求精确匹配，还是大致匹配。如果为 false，则为精确匹配。如果为 true 或忽略，则为大致匹配。

2) HLOOKUP 函数

在第一行中搜索指定值函数，搜索数组区域首行满足条件的元素，确定待检索单元格在区域中的列序号，再进一步返回选定单元格的值。其语法格式如下：

HLOOKUP (lookup_value,table_array,row_index_num,range_lookup)

参数说明：

lookup_value：需要在数据表首列进行搜索的值，可以是数值、引用或字符串。

table_array：需要在其中搜索数据的文本、数据或逻辑值表。table_array 可为区域或区域名的引用。

row_index_num：满足条件的单元格在数组区域 table_array 中的行序号。表中第一行序号为 1。

range_lookup：逻辑值。如果为 true 或忽略，则在第一行中查找最近似的匹配；如果为 false，则查找时精确匹配。

3) LOOKUP 函数

根据数组的维度搜索指定值函数，从单行或单列或从数组中查找一个值，条件是向后兼容性。其语法格式 1 如下：

LOOKUP (lookup_value, lookup_vector,result_vector)

参数说明：

lookup_value：LOOKUP 要在 lookup_vector 中查找的值，可以是数值、文本、逻辑值，也可以是数值的名称或引用。

lookup_vector：只包含单行或单列的单元格区域，其值为文本、数值或者逻辑值且以升序排序。

result_vector：只包含单行或单列的单元格区域，与 lookup_vector 大小相同。

其语法格式 2 如下：

LOOKUP (lookup_value,array)

参数说明：

lookup_value：LOOKUP 要在 array 中查找的值，可以是数值、文本、逻辑值，也可以是数值的名称或引用。

array：包含文本、数值或逻辑值的单元格区域，用来同 lookup_value 相比较。

4) ADDRESS 函数

以文本方式实现对单元格的引用函数，创建一个以文本方式对工作簿中某一单元格的引用。其语法格式如下：

ADDRESS (row_num, column_num,abs_num,a1,sheet_text)

参数说明：

row_num：指定引用单元格的行号。

column_num：指定引用单元格的列标。

abs_num：指定引用类型，取值为 1 表示绝对引用；取值为 2 表示绝对行号相对列号引用；取值为 3 表示相对行号绝对列号引用；取值为 4 表示相对引用。

a1：用逻辑值指定引用样式，取值为 1 或 TRUE 时，表示 a1 样式(a 是行号，1 是列号)；取值为 0 或 FALSE，表示 R1C1 样式(R1 是行，C1 是列)。

sheet_text：字符串，指定用作外部引用的工作表的名称。

5) INDIRECT 函数

显示指定引用的内容函数，返回文本字符串所指定的引用。其语法格式如下：

INDIRECT(ref_text,a1)

参数说明：

ref_text：单元格引用，该引用所指向的单元格中存放有对另一单元格的引用，引用的形式为 A1、R1C1 或是名称。

a1：逻辑值，用以指明 ref_text 单元格中包含的引用方式。R1C1 格式= FALSE；A1 格式=TRUE 或忽略。

6) OFFSET 函数

以指定的引用作为参照系，然后给定偏移量得到新的引用，其语法格式如下：

OFFSET(reference,rows,cols,height,width)

参数说明：

reference：作为参照系的引用区域，其左上角单元格是偏移量的起始位置。

rows：相对于引用参照系的左上角单元格，上(下)偏移的行数。

cols：相对于引用参照系的左上角单元格，左(右)偏移的列数。

height：新引用区域的行数。

width：新引用区域的列数。

3.4 函数应用案例分析

【案例 3.1】使用文本函数对数据进行合并与提取。

1. 案例的数据描述

利用 "&" 运算符完成对姓和名的连接，姓和名的连接数据如图 3.3 所示。利用函数将姓名中的尊称 "Mrs"、"Dr"、"Mr"、"先生"、"小姐"、"夫人" 去掉，姓名尊称数据如图 3.4 所示。

2. 案例的操作步骤

(1) 新建 "文本函数应用.xlsx" 文件，将工作表 "Sheet1" 改名为 "字符连接"，在相应的位置输入相应的原始数据，在 C2 单元格中输入公式 "=A2&B2"，实现两个单元格内容连接。

图 3.3 "字符连接"原始数据

图 3.4 "字符截取"原始数据

(2) 单击 C3 单元格,把鼠标指针移动到右下角,变成黑色十字时向下拖拽到 C6 单元格,将公式复制到 C2:C6 区域,连接结果如图 3.5 所示。

(3) 将工作表"Sheet2"改名为"字符截取",在相应的位置输入相应的原始数据,在 B2 单元格中输入公式"=IF(OR(LEFT(A2,2)="Mr",LEFT(A2,3)="Mrs", LEFT(A2,2)="Dr"),RIGHT(A2,LEN(A2)-FIND(" ", A2)),A2)",将公式复制到 B2:B4 区域,结果如图 3.6 所示。

(4) 在 B5 单元格中输入公式"=IF(OR(RIGHT(A5,2)="先生",RIGHT(A5,2)="小姐",RIGHT(A5,2)="夫人"),LEFT(A5,LEN(A5)-2),A5)",将公式复制到 B5:B7 区域,结果如图 3.7 所示。

图 3.5 "字符连接"结果数据

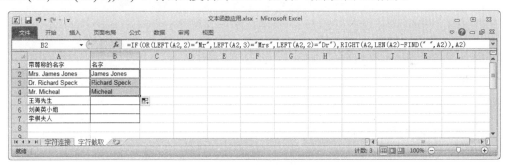

图 3.6 "字符截取"结果数据(1)

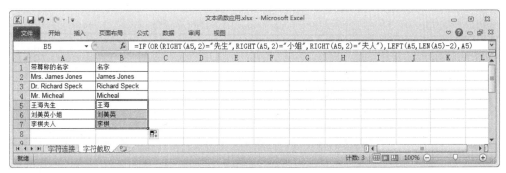

图 3.7 "字符截取"结果数据(2)

3. 案例的结果分析

本案例中使用了运算符“&”及 LEFT、RIGHT、OR 和 IF 等多个函数，对文本数据进行操作时要根据其数据特点恰当地选取函数实现字符的连接、截取。另外，公式“=A2&B2”通过运算符&进行字符连接，还可以使用“=CONCATENATE(A2,B2)”函数实现，IF 函数可以通过插入函数后在“函数参数”对话框中进行设置。

【案例 3.2】 使用查找函数和引用函数实现数据查找。

1. 案例的数据描述

利用 VLOOKUP 函数，查找出编号为“1220”的姓名、性别、部门、职称、生日、地址和电话信息，并填写在相应的单元格中，数据信息如图 3.8 所示；利用 HLOOKUP 函数，查找计算给出年份所对应的生肖，数据信息如图 3.9 所示；利用 LOOKUP 函数统计每个学生的成绩等级及某个学生的姓名、成绩和备注信息，数据信息如图 3.10 所示。

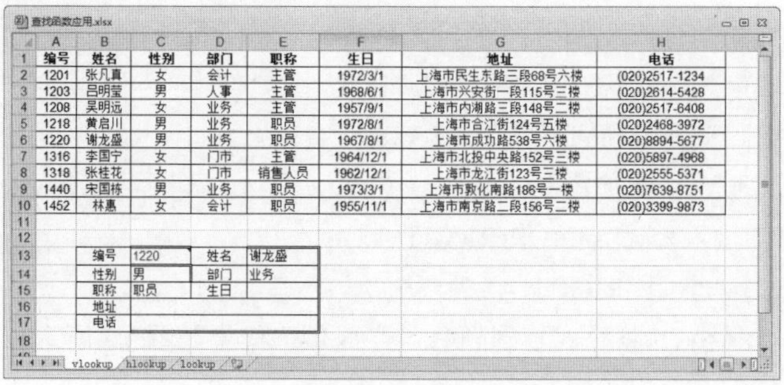

编号	姓名	性别	部门	职称	生日	地址	电话
1201	张凡真	女	会计	主管	1972/3/1	上海市民生东路三段68号六楼	(020)2517-1234
1203	吕明莹	男	人事	主管	1968/6/1	上海市兴安街一段115号三楼	(020)2614-5428
1208	吴明远	女	业务	主管	1957/9/1	上海市内湖路三段148号二楼	(020)2517-6408
1218	黄启川	男	业务	职员	1972/8/1	上海市合江街124号五楼	(020)2468-3972
1220	谢龙盛	男	业务	职员	1967/8/1	上海市成功路538号六楼	(020)8894-5677
1316	李国宁	女	门市	主管	1964/12/1	上海市北投中央路152号三楼	(020)5897-4968
1318	张桂花	女	门市	销售人员	1962/12/1	上海市龙江街123号三楼	(020)2555-5371
1440	宋国栋	男	业务	职员	1973/3/1	上海市敦化南路186号一楼	(020)7639-8751
1452	林惠	女	会计	职员	1955/11/1	上海市南京路二段156号二楼	(020)3399-9873

编号	1220	姓名	谢龙盛
性别	男	部门	业务
职称	职员	生日	
地址			
电话			

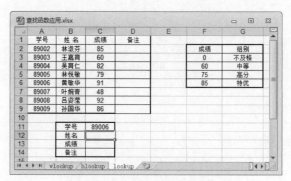

图 3.8　VLOOKUP 查找原始数据

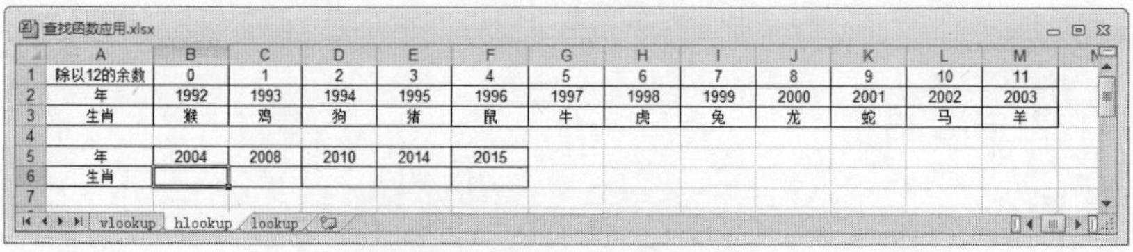

除以12的余数	0	1	2	3	4	5	6	7	8	9	10	11
年	1992	1993	1994	1995	1996	1997	1998	1999	2000	2001	2002	2003
生肖	猴	鸡	狗	猪	鼠	牛	虎	兔	龙	蛇	马	羊

年	2004	2008	2010	2014	2015
生肖					

图 3.9　HLOOKUP 查找原始数据

学号	姓 名	成绩	备注
89002	林淑芬	85	
89003	王嘉育	60	
89004	吴育仁	82	
89005	林悦敏	79	
89006	黄敏华	91	
89007	叶婉青	48	
89008	吕姿莹	92	
89009	孙国华	86	

成绩	组别
0	不及格
60	中等
75	高分
85	特优

学号	89006
姓名	
成绩	
备注	

图 3.10　LOOKUP 查找原始数据

2. 案例的操作步骤

(1) 新建“查找函数应用.xlsx”文件，将工作表“Sheet1”改名为“VLOOKUP”，在相应的位

置输入相应的原始数据，在 E13 单元格中输入公式“=VLOOKUP($C$13,$A$2:$H$10,2,FALSE)”，依次在 C14、E14、C15、E15、C15、C16 中输入上述公式，将函数的第 3 个参数依次改为 3、4、5、6、7、8，结果如图 3.11 所示。

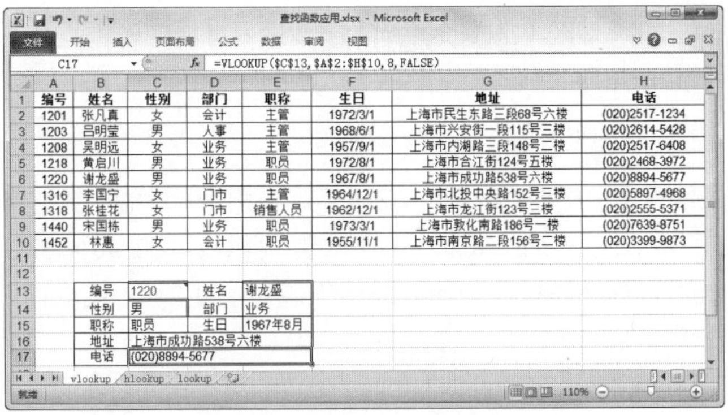

编号	姓名	性别	部门	职称	生日	地址	电话
1201	张凡真	女	会计	主管	1972/3/1	上海市民生东路三段68号六楼	(020)2517-1234
1203	吕明莹	男	人事	主管	1968/6/1	上海市兴安街一段115号三楼	(020)2614-5428
1208	吴明远	女	业务	主管	1957/9/1	上海市内湖路三段148号二楼	(020)2517-6408
1218	黄启川	男	业务	职员	1972/8/1	上海市合江街124号五楼	(020)2468-3972
1220	谢龙盛	男	业务	职员	1967/8/1	上海市成功路538号六楼	(020)8894-5677
1316	李国宁	女	门市	主管	1964/12/1	上海市北投中央路152号三楼	(020)5897-4968
1318	张桂花	女	门市	销售人员	1962/12/1	上海市龙江街123号三楼	(020)2555-5371
1440	宋国栋	男	业务	职员	1973/3/1	上海市敦化南路186号一楼	(020)7639-8751
1452	林惠	女	会计	职员	1955/11/1	上海市南京路二段156号二楼	(020)3399-9873

编号	1220	姓名	谢龙盛
性别	男	部门	业务
职称	职员	生日	1967年8月
地址	上海市成功路538号六楼		
电话	(020)8894-5677		

图 3.11　LOOKUP 查找数据结果

(2) 将工作表“Sheet2”改名为“HLOOKUP”，在相应的位置输入相应的原始数据，在 B6 单元格中输入公式“=HLOOKUP(MOD (B5,12),$B$1:$M$3,3)”，利用 Excel 中的填充柄向后拖拽，结果如图 3.12 所示。

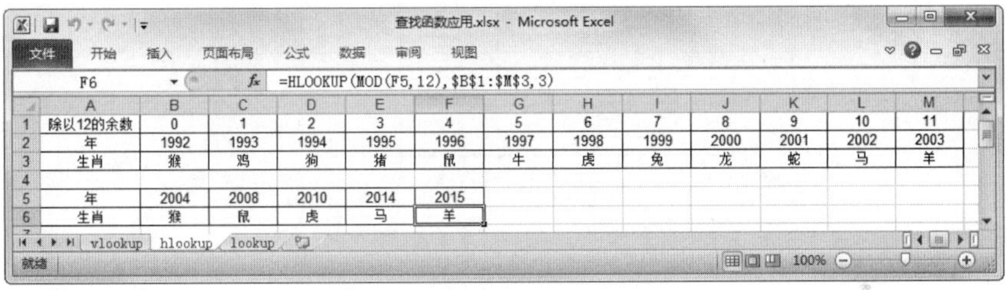

除以12的余数	0	1	2	3	4	5	6	7	8	9	10	11
年	1992	1993	1994	1995	1996	1997	1998	1999	2000	2001	2002	2003
生肖	猴	鸡	狗	猪	鼠	牛	虎	兔	龙	蛇	马	羊

年	2004	2008	2010	2014	2015
生肖	猴	鼠	虎	马	羊

图 3.12　HLOOKUP 查找数据结果

(3) 将工作表“Sheet3”改名为“LOOKUP”，在相应的位置输入相应的原始数据，首先在“备注”列中填写等级。在 D2 单元格中输入公式“=LOOKUP(C2,$F$3:$F$6,$G$3:$G$6)”，利用 Excel 中的填充柄向下拖拽填充等级。在 C12 单元格中输入公式“=LOOKUP($C$11,$A$2:$D$9,B2:B9)”，利用 Excel 中的填充柄向下拖拽后，依次更改第三个参数，结果如图 3.13 所示。

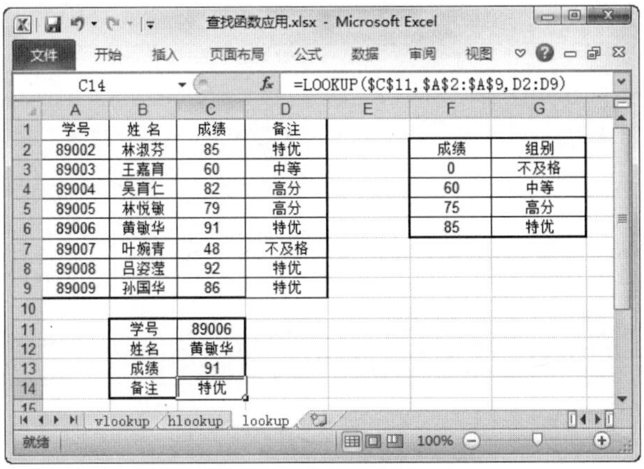

学号	姓 名	成绩	备注
89002	林淑芬	85	特优
89003	王嘉育	60	中等
89004	吴育仁	82	高分
89005	林悦敏	79	高分
89006	黄敏华	91	特优
89007	叶婉青	48	不及格
89008	吕姿莹	92	特优
89009	孙国华	86	特优

成绩	组别
0	不及格
60	中等
75	高分
85	特优

学号	89006
姓名	黄敏华
成绩	91
备注	特优

图 3.13　LOOKUP 查找数据结果

3. 案例的结果分析

上例(1)中利用 VLOOKUP()函数实现不同信息的查找，函数的第三个参数选择不同列即可。在上例(2)中年份除以 12 的余数的值分别为 0～11，对应相应的生肖，例如 1992 年除以 12 的余数值为 0，则对应的生肖为猴。LOOKUP()函数要求第二个参数要以升序排序。

【案例 3.3】使用统计函数和逻辑函数对数据进行汇总应用。

1. 案例的数据描述

使用 countif()函数统计表中年龄大于 30 岁的人数、性别为女性的人数、年龄大于 30 岁的女性人数，数据如图 3.14 所示。使用 if()函数批阅英语试卷，并计算英语试卷总成绩。在表格“得分”列计算每一道小题的得分，每题答对得 10 分，答错不得分，如果该小题没有答案则显示“没做”；根据每道小题的得分计算得到该英语试卷的总成绩，数据如图 3.15 所示。

统计函数应用.xlsx

	A	B	C
1	名字	年龄	性别
2	张1	30	女
3	张2	22	男
4	张3	38	女
5	张4	31	女
6	张5	25	女
7	张6	32	男
8	张7	20	女
9	张8	35	女
10	张9	34	男
11	张10	45	男
12			
13	年龄大于30岁的人数		
14	性别为女性的人数		

countif　if

图 3.14　COUNTIF 原始数据

统计函数应用.xlsx

	A	B	C	D	E
1		英语词汇测试			
2	得分				
3	题号	题目	解答	得分	标准答案
4	1	We have been told that under no circumstances ______ the telephone in the office for personal affairs. A.may we use B.we may use C.we could use D.did we use	A		A
5	2	Some people would like to do shopping on Sundays since they expect to pick up wonderful ______ in the market. A.batteries B.bargains C.baskets D.barrels	B		B
6	3	______ you are leaving tomorrow, we c n eat dinner together tonight. A.For B.Since C.Before D.While	A		B
7	4	This crop has similar qualities to the previous one, _____ both wind-resistant and adapted to the same type of soil. A.being B.been C.to be D.having been	C		A
8	5	I've never been to Beijing, but it's the place _______. A.where I'd like to visit B.in which I'd like to visit C.I most want to visit D.That I want to visit it most	C		C
9	6	_________ his sister, Jack is quiet and does not easily make friends with others. A.Dislike B.Unlike C.Alike D.Liking	A		B
10	7	Tony is very disappointed _____ the results of the exam. A.with B.for C.toward D.on	A		A
11	8	I hope all the precautions against air pollution, ______ suggested by the local government, will be seriously considered here. A.while B.since C.after D.as			D
12	9	William Penn, the founder of Pennsylvania, _______ defended the right of every citizen to freedom of choice in religion. A.peculiarly B.indifferently C.vigorously D.inevitably	A		C
13	10	Being a pop star can be quite a hard life, with a lot of travelling _______ heavy schedules. A.with regard to B.as to C.in relation to D.owing to	D		D
14					
15					

countif　if

图 3.15　IF 原始数据

2. 案例的操作步骤

(1) 新建"统计函数应用.xlsx"文件，将工作表"Sheet1"改名为"COUNTIF"，在相应的位置输入相应的原始数据，在 B13 单元格中输入公式"=COUNTIF(B2:B11,">30")"，实现年龄大于 30 岁的人数统计；在 B14 单元格中输入公式"=COUNTIF(C2:C11,"女")"，实现性别为女性的人数统计。

(2) 将工作表"Sheet2"改名为"IF"，在相应的位置输入相应的原始数据，在 D4 单元格中输入公式"=IF(C4="","没做",IF(C4=E4,10,0))"，用 Excel 中的填充柄向下拖拽，结果如图 3.16 所示，完成对试卷的批阅。在 B2 单元格中输入公式"=SUM(D4:D13)"，完成对分数的汇总。

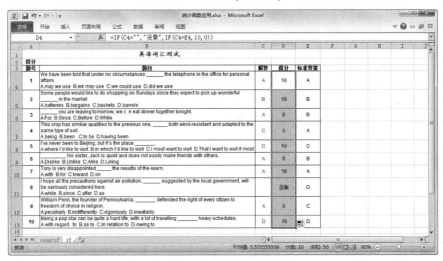

图 3.16　IF 批阅后数据结果

3. 案例的结果分析

统计函数有多种，使用 COUNTIF 函数可以实现根据相应条件进行统计；使用 IF 函数可以对表达式进行判断得出不同结果，可以进行嵌套，最多 7 层。

本章小结

Excel 有着非常强大的运算功能，本章主要讲解了数学函数、文本函数、日期函数、统计函数、逻辑函数、查找与引用函数的应用方法，熟练掌握公式与函数的用法，能够快速、高效地处理数据和获取有用信息，能够进行简单的数据统计和分析。

习题 3

一、填空题

1. Excel 公式中使用的引用地址 E1 是相对地址，而$E$1 是(　　)地址。
2. Excel 中对指定区域(C1:C5)求和的函数公式是(　　)。

3. Excel 中如果一个单元格中的信息是以 "=" 开头，则说明该单元格中的信息是( )。

4. Excel 中要在公式中引用某个单元格的数据时，应在公式中键入该单元格的( )。

5. 在 Excel 中如果要修改计算的顺序，需把公式首先计算的部分括在( )内。

6. 在 Excel 中当输入有算术运算关系的数字和符号时，必须以( )方式进行输入。

7. 在 Excel 中公式都是以=开始的，后面由( )和运算符构成。

8. 在 Excel 中，设 A1～A4 单元格的数值为 82、71、53、60、A5 单元格使用公式为=If(Average(A\$1:A\$4)>=60,"及格","不及格")，A5 显示的值是( )。

9. 函数 and(1>2,3<4)的值为( )。

10. 连接姓氏 "王" 和名字 "小燕" 成为姓名 "王小燕" 的公式应为=( )。

二、选择题

1. 在 Excel 中，各运算符号的优先级由高到低的顺序为( )。
   A. 算术运算符，关系运算符，文本运算符
   B. 算术运算符，文本运算符，关系运算符
   C. 关系运算符，文本运算符，算术运算符
   D. 文本运算符，算术运算符，关系运算符

2. 在 Excel 工作表的单元格中输入公式时，应先输入( )号。
   A. '　　　　　B. @　　　　　C. &　　　　　D. =

3. 在 Excel 中，单元格地址是指( )。
   A. 每个单元格　　　　　B. 每个单元格的大小
   C. 单元格所在的工作表　　　　　D. 单元格在工作表中的位置

4. 在 Excel 中，运算符 "&" 表示( )。
   A. 数值型数据的无符号相加　　　　　B. 字符型数据的连接
   C. 逻辑值的与运算　　　　　D. 子字符串的比较运算

5. 在 Excel 中，公式 "=SUM(C2,E3:F4)" 的含义是( )。
   A. =C2+E3+E4+F3+F4　　　　　B. =C2+F4
   C. =C2+E3+F4　　　　　D. =C2+E3

6. 在 Excel 工作表的单元格 D1 中输入公式 "=SUM(A1:C3)"，其结果为( )。
   A. A1 与 A3 两个单元格之和
   B. A1、A2、A3、C1、C2、C3 六个单元格之和
   C. A1、B1、C1、A3、B3、C3 六个单元格之和
   D. A1、A2、A3、B1、B2、B3、C1、C2、C3 九个单元格之和

7. 在 A1 和 B1 中分别有内容 12 和 34，在 C1 中输入公式"=A1&B1"，则 C1 中的结果是( )。
   A. 1234　　　　　B. 12　　　　　C. 34　　　　　D. 46

8. 下列函数( )能对数据进行绝对值运算。
   A. ABS　　　　　B. ABX　　　　　C. EXP　　　　　D. INT

9. 在 Excel 工作表中，将 B3 单元格的公式 "=C3+\$D5" 复制到同一工作表的 D7 单元格中，D7 单元格中的公式为( )。
   A. =C3+\$D5　　　　　B. =D7+\$E9　　　　　C. =E7+\$D9　　　　　D. =E7+\$D5

10. 关于公式=Average(A2:C2 B1:B10)和公式=Average(A2:C2B1:B10)，下列说法正确的是(　　)。

　　A. 两个公式的计算结果一样

　　B. 第一个公式写错了，没有这样的写法

　　C. 第二个公式写错了，没有这样的写法

　　D. 这两个公式都对

三、综合题

1. 已知一组员工的身份证号和参加工作时间的原始数据，见表 3.1。请根据身份证号的特点，提取性别、出生日期和年龄，并结合参加工作的时间计算出工龄。

提示：

(1) 公民身份证号由 17 位数字本体码和一位校验码组成，排列顺序从左到右依次为 6 位数字地址码，8 位数字出生日期码，3 位数字顺序码和 1 位数字校验码。其中前 6 位为地址码，表示编码对象常住用户所在县(市、旗、区)的行政化代码。第 15~17 位为顺序码，表示在同一地址码所标识的区域范围内，对同年、同月、同日出生的人编定的顺序号，顺序码的奇数分给男性，偶数分给女性，最后一位是校验码。

(2) 根据已知的身份证号在"出生日期"列计算每名员工的出生日期。身份证号如果为 15 位，则身份证的第 7、第 8 两位数表示 1900 后出生的年份，身份证的第 9、第 10 两位数表示出生的月份，身份证的第 11、第 12 两位数表示出生的天数。身份证号如果为 18 位，则身份证的第 7~第 10 四位数表示出生年份，身份证的第 11、第 12 两位数表示出生的月份，身份证的第 13、第 14 两位数表示出生的天数，日期格式设置为"2001-3-4"。

表 3.1　员工原始数据

员工编号	姓名	性别	出生日期	身份证号码	参加工作时间	工龄
C001	张 1			210213581206013	1980/05/22	
C002	张 2			210204650208003	1989/04/08	
C003	张 3			210201681209012	1990/12/09	
C004	张 4			203204718050011	2001/08/29	
C005	张 5			210205751205009	1997/11/20	
C006	张 6			210208197506224454	1996/05/11	
C007	张 7			210212710831003	1994/03/01	
C008	张 8			210204730406002	1997/10/11	
C009	张 9			210200820211532	1999/01/20	
C010	张 10			210211810121358	1999/02/17	
C011	张 11			210207730625502	1994/01/01	
C012	张 12			210213770825131	1998/01/19	
C013	张 13			210218800410173	2003/01/30	
C014	张 14			210210197605173121	2000/01/20	
C015	张 15			210213198408266315	2000/08/03	
C016	张 16			210208710520457	1995/07/18	
C017	张 17			210201710723147	1994/07/15	

（续表）

员工编号	姓名	性别	出生日期	身份证号码	参加工作时间	工龄
C018	张18			210205700725577	1990/11/23	
C019	张19			210209560521652	1975/01/24	
C020	张20			210219750825266	2000/08/28	

2. 已知某次比赛的成绩记录，见表3.2，统计比赛的得分和名次。

(1) 利用 TRIMMEAN 函数在"最后得分"列统计每一位参赛者的最后得分。去掉一个最高分和一个最低分后求平均分，小数保留2位有效数据。

(2) 利用 RANK 函数在"名次"列统计每一位参赛者的比赛名次(公式中按降序统计)。

表3.2 某次比赛成绩

参赛号	评委1	评委2	评委3	评委4	评委5	评委6	评委7	评委8	评委9	评委10	最后得分	名次
1	95.79	90.29	93.63	92.72	91.82	93.17	99.08	97.82	96.44	93.58		
2	97.62	99.26	91.73	97.47	93.77	94.81	98.26	91.63	97.59	95.27		
3	98.92	91.65	93.84	97.54	99.54	96.87	98.93	97.54	97.38	90.2		
4	99.61	93.85	99.77	90.57	90.36	92.18	92.46	90.01	92.22	98.92		
5	92.4	96.09	92.5	90.6	96.08	91.52	98.87	96.01	91.91	90.17		
6	90.04	99.24	96.31	99.25	95.03	91.03	94.58	92.75	94.87	99.23		
7	91.34	93.35	91.37	93.13	98.46	95.93	95.06	99.72	97.93	98.11		
8	90.49	97.32	95.74	99.81	91.06	90.91	95.87	98.59	90.08	95.02		
9	96.44	97.13	92.87	99.31	99.1	96.2	99.51	92.53	92.54	91.56		
10	98.16	94.53	99.77	94.04	91.54	98.25	94.84	94.75	93.78	97.49		

3. 统计职工每人实发工资各需要多少张不同面值的人民币，并统计所有职工总共需要多少张不同面值的人民币，工资表明细见表3.3。

(1) 在不同面值对应列统计职工实发工资中需要的不同面值人民币的最大张数(例如 1995 元工资需要 19 张 100 元、1 张 50 元、4 张 10 元和 1 张 5 元人民币)，不需要面值的人民币张数为 0。

(2) 在"总张数"行统计各面值人民币各需要多少张。

表3.3 工资明细表

序号	姓名	实发工资	100元	50元	20元	10元	5元	2元	1元	5角	2角	1角
1	丁1	1911.6										
2	丁2	1794.1										
3	丁3	1697.1										
4	丁4	1531.3										
5	丁5	1499.3										
6	丁6	1403.3										
7	丁7	1310.3										
8	丁8	1317.3										
9	丁9	1313.2										

(续表)

序号	姓名	实发工资	100元	50元	20元	10元	5元	2元	1元	5角	2角	1角
10	丁 10	1206.2										
11	丁 11	1225.2										
12	丁 12	1015.7										
13	丁 13	1217.8										
14	丁 14	1410.0										
15	丁 15	1217.8										
16	丁 16	994.8										
17	丁 17	1111.0										
18	丁 18	1219.0										
19	丁 19	997.9										
20	丁 20	1219.3										
	总张数											

第4章

数据管理

Excel 为用户提供了强大的数据排序、筛选和分类汇总等功能，利用这些功能可以方便地对数据清单中的数据进行管理和分析，使用户能从不同角度观察和分析数据。Excel 中的数据管理功能可以帮助我们把工作做得井井有条，提高工作效率。

4.1 数据排序

为了更好地分析和查看数据，常需要把数据清单中的记录按某种顺序进行排序，Excel 提供的排序功能就可以实现这些功能。我们先来看一个例子。在处理工资时，经常会要求进行数据的排序操作，如图 4.1 所示，要求在"工资表"中按"绩效奖金"与"总金额"两个关键字进行降序操作。那么该如何操作呢？

4.1.1 排序规则

数据排序是指根据某列或某几列的单元格值的大小次序重新排列数据清单中的记录。Excel 允许对数据清单中的记录进行升序、降序排序或者进行自定义排序。要想学会排序，首先要了解排序的规则，排序规则(以按升序排序为例)如下：

(1) 数字按从最小的负数到最大的正数排序。

(2) 字母按照英文字母 A~Z 和 a~z 的先后顺序排序。

(3) 对文本进行排序时，Excel 从左到右逐个字符地进行比较排序。

(4) 特殊符号以及包含数字的文本，升序按如下排列：0~9(空格)！"＃＄％＆( )＊,./:;?@[\]^_`{|}~+<=>A~Z a~z。

(5) 在逻辑值中，FALSE(相当于 0)排在 TRUE(相当于 1)之前。

(6) 所有错误值的优先级等效。

(7) 空格总是排在最后。

(8) 汉字的排序可以按笔画，也可按汉语拼音的字典顺序。

4.1.2 行、列排序

排序可分为行排序和列排序两种。排序主要利用"数据"选项卡的"排序和筛选"组的"排序"选项完成。

1. 按列排序

列排序又可分为按单个关键字排序和按多个关键字排序两种排序方式。如果要根据数据清单中的某一列数据进行排序，最简单的方法是：使用"数据"选项卡的"排序和筛选"组的"升序"或"降序"按钮；第二种方法是：使用"数据"选项卡的"排序和筛选"组的"排序"对话框完成。如果是多个关键字排序，一般选用第二种方法。

2. 按行排序

当数据的排序发生在某行上时，应该使用按行排序，方法是：打开"排序选项"对话框，选中"按行排序"单选按钮进行按行排序操作。

【案例 4.1】已知某公司员工工资表数据，对其进行多关键字列排序处理，以便进行数据分析。

1. 案例的数据描述

现有某公司员工工资表数据，见表 4.1，试在"工资表"中按"绩效奖金"与"总金额"两个关键字进行降序操作。

表 4.1 员工工资表

员工工资表					
姓名	基本工资	出差补助	伙食津贴	效绩奖金	总金额
姜江	800.00	470.00	180.00	600.00	2050.00
谢想	1000.00	120.00	180.00	600.00	1900.00
万剑锋	1130.00	470.00	180.00	450.00	2230.00
徐利	1000.00	470.00	180.00	450.00	2100.00
李菁	1130.00	80.00	180.00	450.00	1840.00
王丹	1200.00	0.00	180.00	450.00	1830.00
周大龙	1500.00	200.00	180.00	300.00	2180.00
赵凌	1500.00	200.00	180.00	300.00	2180.00
徐小凤	1500.00	0.00	180.00	300.00	1980.00
万佳	1200.00	120.00	180.00	300.00	1800.00
李雪	1200.00	80.00	180.00	300.00	1760.00

2. 案例的操作步骤

(1) 新建一个 Excel 工作簿，命名为"工资表排序"，将"sheet"工作表重命名为"工资表"，并在表格中输入相应的文字和数据，工资表如图 4.1 所示。

(2) 选择数据单元格区域 A3:F13 中任意单元格，单击"数据"选项卡的"排序和筛选"组的"排序"按钮，打开"排序"对话框，设置"主要关键字"为"绩效奖金"，"排序依据"选择"数值"，"次序"选择"降序"，如图 4.2 所示。

如果只是按单个关键字排序，那么，只需要在"排序"对话框中设置"主要关键字"即可。

图 4.1　员工工资表

图 4.2　单个关键字按列排序

(3) 如果按"绩效奖金"与"总金额"两个关键字进行降序操作，则可在设置完"主要关键字"后，单击"添加条件"按钮，在自动添加的"次要关键字"下拉列表框中选择"总金额"选项，"排序依据"选择"数值"，"次序"都设置为"降序"，如图 4.3 所示。

(4) 然后单击"确定"按钮，排序后的结果如图 4.4 所示。

图 4.3　多个关键字按列排序

图 4.4　员工工资表按列排序结果

3. 案例的结果分析

本案例主要实现了数据的按列排序，可以将数据中的记录顺序按需要进行排序调整。值得注意的是，如果数据单元格中有合并的单元格，是不能参与排序的，从图 4.1 中看出，行 1 为合并单元格，则在选择数据排序前应当先选择整个数据 A2:F13 区域，并在"排序"对话框中勾选"数据包含标题"选项之后再进行排序。

【案例 4.2】已知某集团销售量统计数据，对其进行行排序处理，以便进行数据分析。

1. 案例的数据描述

现有某集团销售量统计数据，见表 4.2。试将北京地区销售量以升序排列，清晰查看各季度的销售量情况。

表 4.2　某集团销售量统计表

	第一季度	第二季度	第三季度	第四季度
北京	1,353,530	1,134,600	1,785,030	1,685,030
上海	803,450	1,214,620	1,635,250	1,562,250
天津	1,018,360	1,451,720	1,587,760	1,584,586
重庆	995,050	916,200	1,552,680	1,552,680
成都	855,620	1,243,100	1,457,930	1,957,930

(续表)

	第一季度	第二季度	第三季度	第四季度
南京	904,230	1,576,120	1,364,780	1,345,780
武汉	1,089,560	1,538,190	1,355,520	1,755,520
广州	759,390	1,089,160	1,246,980	1,856,280

2. 案例的操作步骤

(1) 新建一个 Excel 工作簿，命名为"销售统计表按行排序"，将"sheet"工作表重命名为"销售量统计表"，并在表格中输入相应的文字和数据，如图 4.5 所示。

(2) 打开"销售量统计表"，选择需要排序的单元格区域 B2:E10，选择"数据"选项卡的"排序和筛选"组，单击"排序"按钮，打开"排序"对话框，单击"选项"按钮，打开"排序选项"对话框，选中"按行排序"单选按钮，然后单击"确定"按钮，如图 4.6 所示。

图 4.5　销售量统计表

图 4.6　排序选项

(3) 返回"排序"对话框，右上角的"列"栏变为了"行"栏，在下方的"主要关键字"下拉列表框中选择北京所在的行"行 3"选项，在"次序"下拉列表框中选择"降序"选项，然后单击"确定"按钮，如图 4.7 所示。

(4) 返回工作表，可以发现北京地区的销售量按行进行了排序，且第 3 季度的销售量最高，排序结果如图 4.8 所示。

图 4.7　按行排序

图 4.8　按行排序结果

3. 案例的结果分析

本案例的原始数据是从第一季度到第四季度的销售量进行统计的，但现在要求进行针对北京地区销售量的降序排序，而不是按季度时间排序，也就是说需要进行行排序操作。从案例中可以看出，按行排序的好处是可以指定任意行进行排序操作，而不影响其他行的数据的排序。

4.1.3 自定义条件排序

在工作中，有时需要在 Excel 中对数据进行快速排序，常用的方法就是按行或按列进行快速排序，如果这样的操作不能满足需求，那么就需要按实际情况进行自定义排序。

【案例 4.3】已知某部门职工的基本信息数据，对其进行自定义排序处理，以便进行数据分析。

1. 案例的数据描述

现有某部门职工的基本信息表，见表 4.3。试对表中数据按照职务高低进行排序，职务从高到低的顺序为：销售总裁、销售副总裁、销售经理、销售助理、销售人员。

表 4.3 职工的基本信息表

编号	姓名	性别	职务	基本工资	津贴	学历	联系电话	总工资
201	艾张婷	女	销售经理	5,000	2,000	大学	1399****6	7,000
202	白丽	男	销售人员	2,000	550	大学	1339****7	2,550
203	蔡晓莉	女	销售人员	2,000	655	大学	1339***14	2,655
204	陈际鑫	男	销售人员	2,000	570	研究生	1339***13	2,570
205	陈娟	女	销售人员	2,000	560	研究生	1379****8	2,560
206	陈玲玉	男	销售助理	3,500	900	硕士	1339***11	4,400
207	邓华	女	销售总裁	10,000	5,000	硕士	1369***10	15,000
208	郭英	男	销售人员	2,000	700	大学	1329****5	2,700
209	韩笑	女	销售人员	2,000	605	大学	1349****3	2,605
210	将风	女	销售人员	2,000	650	大学	1339****2	2,650
211	李若倩	男	销售副总裁	8,000	3,000	大学	1339***15	11,000
212	刘倩	女	销售人员	2,000	600	硕士	1359***12	2,600
213	韦妮	女	销售人员	2,000	580	大学	1319***16	2,580
214	谢语宇	女	销售助理	3,500	1,000	大学	1339****4	4,500
215	杨丽	男	销售助理	3,500	950	硕士	1389****9	4,450

2. 案例的操作步骤

(1) 新建一个 Excel 工作簿，命名为“部门信息表自定义排序”，将“sheet1”工作表重命名为“部门信息表”，并在表格中输入相应的文字和数据，如图 4.9 所示。

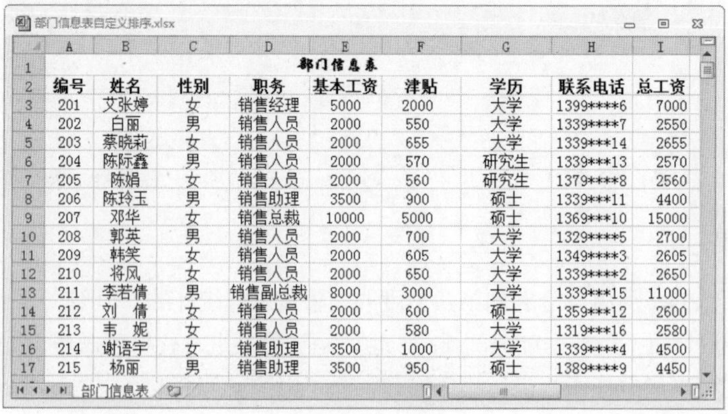

部门信息表自定义排序.xlsx

	A	B	C	D	E	F	G	H	I
1				部门信息表					
2	编号	姓名	性别	职务	基本工资	津贴	学历	联系电话	总工资
3	201	艾张婷	女	销售经理	5000	2000	大学	1399****6	7000
4	202	白丽	男	销售人员	2000	550	大学	1339****7	2550
5	203	蔡晓莉	女	销售人员	2000	655	大学	1339***14	2655
6	204	陈际鑫	男	销售人员	2000	570	研究生	1339***13	2570
7	205	陈娟	女	销售人员	2000	560	研究生	1379****8	2560
8	206	陈玲玉	男	销售助理	3500	900	硕士	1339***11	4400
9	207	邓华	女	销售总裁	10000	5000	硕士	1369***10	15000
10	208	郭英	男	销售人员	2000	700	大学	1329****5	2700
11	209	韩笑	女	销售人员	2000	605	大学	1349****3	2605
12	210	将风	女	销售人员	2000	650	大学	1339****2	2650
13	211	李若倩	男	销售副总裁	8000	3000	大学	1339***15	11000
14	212	刘 倩	女	销售人员	2000	600	硕士	1359***12	2600
15	213	韦 妮	女	销售人员	2000	580	大学	1319***16	2580
16	214	谢语宇	女	销售助理	3500	1000	大学	1339****4	4500
17	215	杨丽	男	销售助理	3500	950	硕士	1389****9	4450

部门信息表

图 4.9 部门信息表

(2) 选择数据单元格区域 A2:I17。选择"数据"选择卡的"排序和筛选"组,单击"排序"按钮,打开"排序"对话框,在"主要关键字"下拉列表框中选择"职务"选项,在"次序"下拉列表框中选择"自定义序列"选项。

(3) 打开"自定义序列"对话框,在"自定义序列"选项卡的"输入序列"文本框中输入自定义的新序列,单击"添加"按钮后单击"确定"按钮,如图 4.10 所示。

图 4.10 "自定义序列"选项卡

(4) 返回"排序"对话框,在"次序"下拉列表框中即可看到自定义的排序方式,单击"确定"按钮确认排序。

(5) 返回工作表,可查看到按照职务高低进行排序的结果,如图 4.11 所示。

图 4.11 按职务高低结果

3. 案例的结果分析

本案例中要求按照职务情况进行排序,这种情况是不能用简单的按字母排序或按笔划排序完成的,只能使用自定义排序,即按照指定的职务名称做出正确的排序。

4.1.4 排序函数

除了利用"排序"命令直接进行排序操作外,在 Excel 2010 中还提供了排序函数,常用的排序函数有 RANK、LARGE、SMALL 三个函数。

1. RANK 函数

返回一个数值在一组数值中的排位。其语法形式如下:

```
RANK(number,ref,[order])
```

参数说明：

number：必需，需要求排名的那个数值或者单元格名称(单元格内必须为数字)。

ref：必需，为排名的参照数值区域。

order：值为 0 和 1，默认不用输入，order 的值为 0 或不填写，得到的就是从大到小的排名，若是想求倒数第几，order 的值请使用 1。

2. LARGE 函数

返回一个数据集中第 *k* 个最大值。其语法形式如下：

```
LARGE(array,k)
```

参数说明：

array：必需，为需要确定第 *k* 个最大值的数组或数据区域。

k：必需，返回值在数组或数据单元格区域中的位置(从大到小排)。

3. SMALL 函数

返回一个数据集中第 *k* 个最小值。其语法形式如下：

```
SMALL(array,k)
```

参数说明：

参数含义与 LARGE 函数相同。

【案例 4.4】已知案例 4.3 中某部门职工的基本信息数据，使用排序函数进行数据处理。

1. 案例的数据描述

就案例 4.3 的自定义排序结果，在“部门信息表”中，按总工资数量多少排名，找出总工资正数和倒数第三的人。

2. 案例的操作步骤

(1) 打开“部门信息表”，选中 J3 单元格，输入函数“=RANK(I3,$I$3:$I$17)”，参数 I3 是要计算排名的总工资值，参数$I$3:$I$17 表示参与排名的区域，回车确认后即可得到 I3 单元格所对应的工资排名，再对 J3 单元格中的函数进行复制，即可得到所有工资的排名次序，结果如图 4.12 所示。

部门信息表自定义排序.xlsx

	A	B	C	D	E	F	G	H	I	J
2	编号	姓名	性别	职务	基本工资	津贴	学历	联系电话	总工资	排名
3	207	邓华	女	销售总裁	10000	5000	硕士	1369***10	15000	1
4	211	李若倩	男	销售副总裁	8000	3000	大学	1339***15	11000	2
5	201	艾张婷	女	销售经理	5000	2000	大学	1399****6	7000	3
6	206	陈玲玉	男	销售助理	3500	900	硕士	1339***11	4400	6
7	214	谢语宇	女	销售助理	3500	1000	大学	1339****4	4500	4
8	215	杨丽	男	销售助理	3500	950	硕士	1389****9	4450	5
9	202	白丽	男	销售人员	2000	550	大学	1339****7	2550	15
10	203	蔡晓莉	女	销售人员	2000	655	大学	1339***14	2655	8
11	204	陈际鑫	男	销售人员	2000	570	研究生	1339***13	2570	13
12	205	陈娟	女	销售人员	2000	560	研究生	1379****8	2560	14
13	208	郭英	男	销售人员	2000	700	大学	1329****5	2700	7
14	209	韩笑	女	销售人员	2000	605	大学	1349****3	2605	10
15	210	将风	女	销售人员	2000	650	大学	1339****2	2650	9
16	212	刘　倩	女	销售人员	2000	600	硕士	1359***12	2600	11
17	213	韦　妮	女	销售人员	2000	580	大学	1319***16	2580	12

部门信息表

图 4.12　RANK 函数的应用

(2) 选中 K3 单元格，输入函数"=LARGE(I3:I17,3)"，参数 I3: I17 表示参与求最大值的数据区域，参数 3 表示求正数第 3 名，回车确认后即可得到总工资中排名正数第 3 的工资值。选中 L3 单元格，输入函数"=SMALL(I3:I17,3)"，参数 I3:I17 表示参与求最小值的数据区域，参数 3 表示求倒数第 3 名，回车确认后即可得到总工资中排名倒数第 3 名的工资值，结果如图 4.13 所示。

图 4.13　LARGE 函数和 SMALL 函数应用

3. 案例的结果分析

本案例用到了 RANK、LARGE、SMALL 三个常用的排序函数对数据进行了排序操作，当"排序"对话框不能直接满足排序需求时，可选用一些排序函数来解决问题。

4.2　数据筛选

筛选是指从数据清单中根据指定条件从众多数据中筛选特定的记录，可以将那些符合条件的记录显示在工作表中，而将其他不满足条件的记录隐藏起来；或者将筛选出来的记录送到指定位置存放，而原数据表不动。

4.2.1　自动筛选

"自动筛选"是指按简单条件进行数据的查找。具体操作步骤是：选定数据清单中的任一单元格，选择"数据"选项卡的"排序和筛选"组，单击"筛选"按钮，此时数据清单的列标题全部变成了下拉列表框，单击某一列的下拉列表框，出现筛选条件列表框，确定筛选条件后即显示筛选结果。

【案例 4.5】已知销售人员的商品销售信息数据，用自动筛选操作进行数据处理。

1. 案例的数据描述

现有东南西北四区的销售人员的商品销售信息表，见表 4.4。试利用自动筛选功能筛选"销售金额"高于平均值的选项。

表 4.4　销售信息表

姓名	月份	销售地区	商品	单价	销售量	销售金额
李芳	10	西区	电风扇	3,966	5	19,830
朱益	10	南区	空调	3,588	3	10,764
陈韩	10	东区	冰箱	2,839	4	11,356

(续表)

姓名	月份	销售地区	商品	单价	销售量	销售金额
李墨翰	10	西区	微波炉	1,465	6	8,790
马峰	10	南区	洗衣机	1,986	5	9,930
周舟	10	北区	空调	3,588	4	14,352
王谦	10	北区	冰箱	2,839	6	17,034
周成	10	北区	洗衣机	1,986	5	9,930
张洁	10	北区	冰箱	2,839	5	14,195
程华杰	10	东区	空调	3,588	3	10,764
周颜	10	南区	电风扇	3,966	2	7,932
李兵	10	西区	洗衣机	1,986	6	11,916
赵祥	10	南区	冰箱	2,839	4	11,356
赵均	10	北区	空调	3,588	4	14,352

2. 案例的操作步骤

(1) 新建一个Excel工作簿，命名为“自动筛选”，将“sheet1”工作表重命名为“销售情况表”，并在表格中输入相应的文字和数据，如图4.14所示。

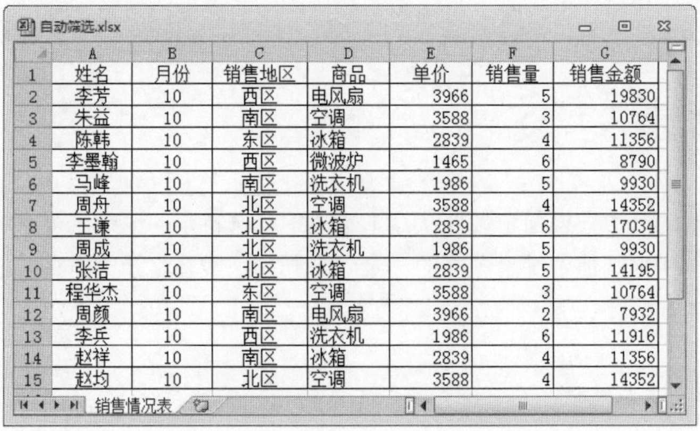

自动筛选.xlsx

	A	B	C	D	E	F	G
1	姓名	月份	销售地区	商品	单价	销售量	销售金额
2	李芳	10	西区	电风扇	3966	5	19830
3	朱益	10	南区	空调	3588	3	10764
4	陈韩	10	东区	冰箱	2839	4	11356
5	李墨翰	10	西区	微波炉	1465	6	8790
6	马峰	10	南区	洗衣机	1986	5	9930
7	周舟	10	北区	空调	3588	4	14352
8	王谦	10	北区	冰箱	2839	6	17034
9	周成	10	北区	洗衣机	1986	5	9930
10	张洁	10	北区	冰箱	2839	5	14195
11	程华杰	10	东区	空调	3588	3	10764
12	周颜	10	南区	电风扇	3966	2	7932
13	李兵	10	西区	洗衣机	1986	6	11916
14	赵祥	10	南区	冰箱	2839	4	11356
15	赵均	10	北区	空调	3588	4	14352

销售情况表

图4.14　自动筛选“销售情况表”

(2) 在表格数据区域选择任意单元格，再选择“数据”选项卡的“排序和筛选”组，单击“筛选”按钮。此时数据清单的列标题全部变成了下拉列表框。

(3) 单击“销售金额”单元格旁边的下拉按钮，在弹出的下拉菜单中选择“数字筛选”中的“高于平均值”命令。

(4) 返回工作表，可查看到筛选出的“销售金额”高于平均值的项目，结果如图4.15所示。

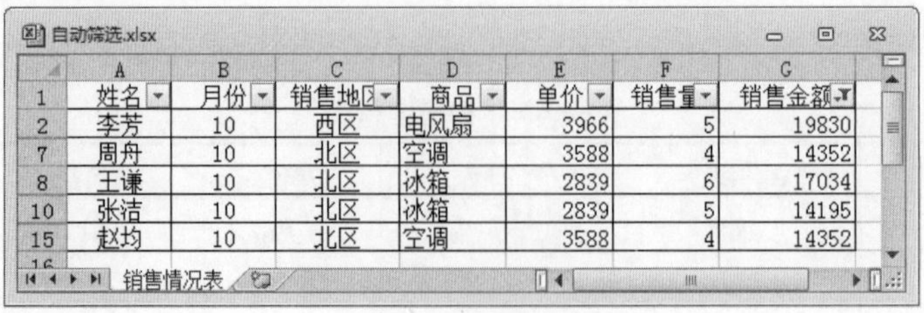

自动筛选.xlsx

	A	B	C	D	E	F	G
1	姓名	月份	销售地区	商品	单价	销售量	销售金额
2	李芳	10	西区	电风扇	3966	5	19830
7	周舟	10	北区	空调	3588	4	14352
8	王谦	10	北区	冰箱	2839	6	17034
10	张洁	10	北区	冰箱	2839	5	14195
15	赵均	10	北区	空调	3588	4	14352

销售情况表

图4.15　自动筛选结果

3. 案例的结果分析

本案例用到了筛选当中最简单的自动筛选功能,可以简单方便地完成一些最基本的筛选任务。

【案例4.6】 已知销售人员的商品销售信息数据,用自定义筛选操作进行数据处理。

1. 案例的数据描述

现有东南西北四区的销售人员的商品销售信息表,见表4.4。试利用自定义筛选功能筛选"销售金额"高于9000的选项。

2. 案例的操作步骤

(1) 打开"自动筛选.xlsx"工作簿的"销售情况表",在表格数据区域选择任意单元格,再选择"数据"选项卡的"排序和筛选"组,单击"筛选"按钮。此时数据清单的列标题全部变成了下拉列表框。

(2) 单击"销售金额"单元格旁边的下拉按钮,在弹出的下拉菜单中选择"数字筛选"中的"自定义筛选",弹出"自定义自动筛选方式"对话框,设置筛选条件"大于9000",如图4.16所示。

图4.16　"自定义自动筛选方式"对话框

(3) 返回工作表,便可查看到筛选出的"销售金额"高于9000的项目,结果如图4.17所示。

姓名	月份	销售地区	商品	单价	销售量	销售金额
李芳	10	西区	电风扇	3966	5	19830
朱益	10	南区	空调	3588	3	10764
陈韩	10	东区	冰箱	2839	4	11356
马峰	10	南区	洗衣机	1986	5	9930
周舟	10	北区	空调	3588	4	14352
王谦	10	北区	冰箱	2839	6	17034
周成	10	北区	洗衣机	1986	5	9930
张洁	10	北区	冰箱	2839	5	14195
程华杰	10	东区	空调	3588	3	10764
李兵	10	西区	洗衣机	1986	6	11916
赵祥	10	南区	冰箱	2839	4	11356
赵均	10	北区	空调	3588	4	14352

图4.17　自定义自动筛选结果

3. 案例的结果分析

本案例用到了筛选当中的自定义筛选功能,可以根据自定义条件完成基本的筛选任务。

4.2.2　高级筛选

高级筛选与自动筛选的区别是:不是通过单击列标题下拉列表框来选择筛选条件,而是在工作表上的条件区域中设定筛选条件。高级筛选可以设定比较复杂的筛选条件,并且能够将符合条件的记录复制到另一个工作表或当前工作表的其他空白位置上。

1. 条件区域与高级筛选

执行高级筛选操作前要设定条件区域,该区域应在工作表中远离数据清单的位置上设置。条件区域至少为两行，第一行为列标题，第二行及以下各行作为查找条件。用户可以定义一个或多个条件。如果在两个字段下面的同一行中输入条件，系统将按"与"条件处理；如果在不同行中输入条件，则按"或"条件处理。条件区域的设置图形化解释如图4.18所示，条件区域设置解释实例如图4.19所示。

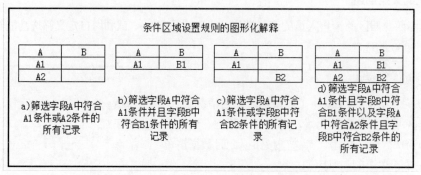

图4.18　条件区域设置规则的图形化解释

图4.19　条件区域设置实例

2. 取消筛选

(1) 筛选刚刚发生过时，直接按下"Ctrl+Z"撤销操作即可。

(2) 要取消自动筛选或自定义筛选，方法是再次单击"数据"选项卡的"排序和筛选"组中的"筛选"按钮即可。

(3) 取消高级筛选，单击"数据"选项卡的"排序和筛选"组中的"清除"按钮即可。

【案例4.7】已知销售人员的商品销售信息数据，用高级筛选操作进行数据处理。

1. 案例的数据描述

现有东南西北四区的销售人员的商品销售信息表，见表4.4。试利用高级筛选功能将符合单价为3966，销售量为5的员工记录筛选出来。

2. 案例的操作步骤

(1) 新建一个Excel工作簿，命名为"高级筛选"，将"sheet1"工作表重命名为"销售情况表"，并在表格中输入相应的文字和数据。

(2) 在任意单元格中输入条件，这里在A18单元格中输入文本"单价"，在A19单元格中输入"3966"，在B18单元格中输入文本"销售量"，在B19单元格中输入"5"。这里的筛选条件为"与"的关系，如图4.20所示。

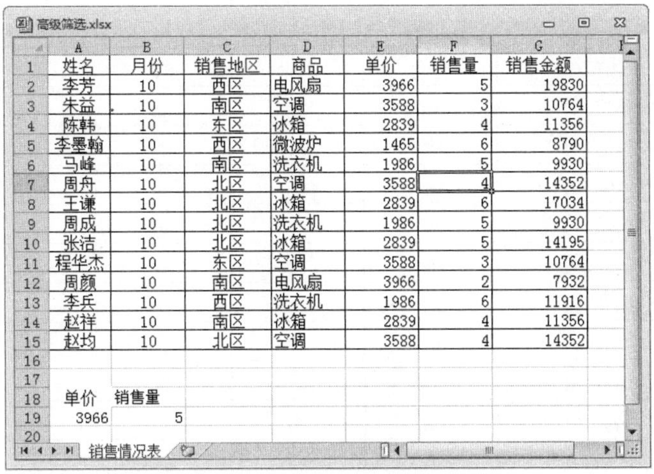

	A	B	C	D	E	F	G
1	姓名	月份	销售地区	商品	单价	销售量	销售金额
2	李芳	10	西区	电风扇	3966	5	19830
3	朱益	10	南区	空调	3588	3	10764
4	陈韩	10	东区	冰箱	2839	4	11356
5	李墨翰	10	西区	微波炉	1465	6	8790
6	马峰	10	南区	洗衣机	1986	5	9930
7	周舟	10	北区	空调	3588	4	14352
8	王谦	10	北区	冰箱	2839	6	17034
9	周成	10	北区	洗衣机	1986	5	9930
10	张洁	10	北区	冰箱	2839	5	14195
11	程华杰	10	东区	空调	3588	3	10764
12	周颜	10	南区	电风扇	3966	2	7932
13	李兵	10	西区	洗衣机	1986	6	11916
14	赵祥	10	南区	冰箱	2839	4	11356
15	赵均	10	北区	空调	3588	4	14352
16							
17							
18	单价	销售量					
19	3966	5					
20							

图 4.20　高级筛选销售情况表

(3) 选择数据列表中的任意单元格，再选择“数据”选项卡的“排序和筛选”组，单击“高级”按钮，打开“高级筛选”对话框。

(4) 此时在“列表区域”文本框中自动选择了要进行高级筛选的数据区域，选中“在原有区域显示筛选结果”单选按钮。

(5) 单击“条件区域”文本框右侧的设置条件区域按钮，打开“高级筛选-条件区域”对话框，在表格中选择 A18:B19 单元格条件区域，关闭对话框，返回“高级筛选”对话框，如图 4.21 所示。

(6) 单击“确定”按钮，返回工作表，可看到高级筛选后的数据效果，如图 4.22 所示。

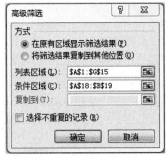

图 4.21　“高级筛选”对话框

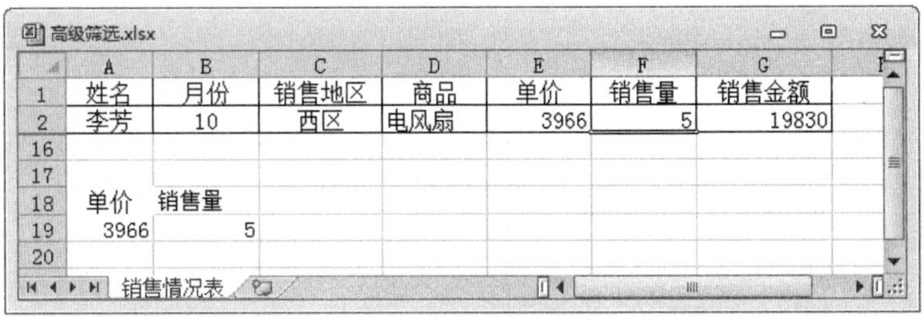

	A	B	C	D	E	F	G
1	姓名	月份	销售地区	商品	单价	销售量	销售金额
2	李芳	10	西区	电风扇	3966	5	19830
16							
17							
18	单价	销售量					
19	3966	5					
20							

图 4.22　高级筛选结果

3. 案例的结果分析

本案例利用高级筛选，设置了“与”条件，实现复杂条件的筛选。高级筛选可以设定比较复杂的筛选条件，并且能够将符合条件的记录复制到另一个工作表或当前工作表的其他空白位置上。

【案例 4.8】已知 2019 级 4 个班级各科成绩数据，用高级筛选操作进行数据处理。

1. 案例的数据描述

现在 2019 级化学、物理、地理、光电四个班级的 53 名学生的语文、数学、英语、政治、计算机五门课成绩见表 4.5。试利用高级筛选功能筛选“化学 191”班各科成绩均在 60 分以上的同学信息，筛选至少有一科不及格的学生的信息。

表4.5　学生成绩表

姓名	班级	语文	数学	英语	政治	计算机
陈周秦	化学191	84	75	64	95	77
程勇强	化学191	102	91	82	100	92
杜昌现	化学191	107	96	94	95	98
冯兰	化学191	92	82	60	80	73
郭宇涵	化学191	105	94	63	70	76
候宇亮	化学191	87	78	71	75	80
花卉	化学191	97	87	57	95	79
华紫薇	化学191	109	97	88	85	93
康宁	化学191	34	30	44	70	53
刘波	化学191	97	87	67	85	82
刘迪	化学191	89	79	82	30	82
马丹娜	化学191	86	77	70	50	73
钱傲	化学191	99	88	63	70	81
曲景双	化学191	101	90	81	100	89
孙越冬	化学191	100	89	86	100	92
王薇	化学191	88	79	74	55	78
王雪晴	化学191	95	85	80	100	88
许崇越	化学191	101	90	88	100	88
于鹏宇	化学191	95	85	69	45	80
张慧妍	化学191	96	86	60	90	80
张玲玲	化学191	105	94	72	80	86
赵冰冰	化学191	103	92	85	100	92
郑新宇	化学191	104	93	84	100	91
崔可心	物理191	95	85	75	85	84
兰春丽	物理191	107	96	84	100	94
秦洋	物理191	77	69	81	95	80
杨恩颐	物理191	90	80	69	75	80
陈露露	地理191	85	76	60	40	73
陈子琦	地理191	93	83	87	65	89
邓琳	地理191	106	95	90	100	96
关营营	地理191	64	57	23	70	55
贺佳	地理191	101	90	61	100	82
姜珊	地理191	74	66	67	75	74
李盼盼	地理191	95	85	77	80	79
李欣月	地理191	91	81	86	95	89
林萍	地理191	103	92	65	100	84
史芯玮	地理191	103	92	61	95	78
王雪	地理191	104	93	74	95	89
许芷宁	地理191	111	99	79	95	94

(续表)

姓名	班级	语文	数学	英语	政治	计算机
杨冰	地理191	109	97	87	100	95
张梦月	地理191	105	94	91	100	96
李姓	光电191	98	88	74	75	78
李洋	光电191	112	100	64	100	88
刘冬晶	光电191	110	98	94	100	99
刘金禹	光电191	72	64	64	80	73
邵智韬	光电191	94	84	65	95	82
佟雨迪	光电191	91	81	80	100	86
王启睿	光电191	85	76	60	40	73
王涛	光电191	93	83	87	65	89
于世霖	光电191	106	95	90	100	96
赵东	光电191	64	57	23	70	55
钟园	光电191	101	90	61	100	82
仲岐峰	光电191	74	66	67	75	74

2. 案例的操作步骤

(1) 新建一个 Excel 工作簿，命名为"学生成绩表高级筛选"，将"sheet1"工作表重命名为"学生成绩表"，并在表格中输入相应的文字和数据，如图 4.23 所示。

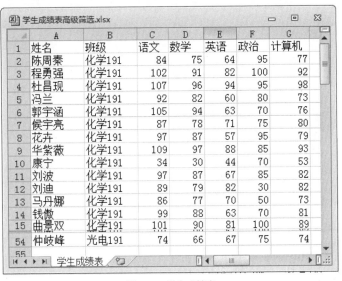

图 4.23　学生成绩表

(2) 要求筛选"化学191"班各科成绩均在 60 分以上的同学信息，因此应该选择"与"的条件关系。打开"学生成绩表高级筛选"工作簿的"学生成绩表"工作表，在任意单元格中输入条件，这里在 I1 单元格中输入文本"班级"，J1 单元格中输入文本"数学"，K1 单元格中输入文本"英语"，L1 单元格中输入文本"政治"，M1 单元格中输入文本"计算机"，在 I2 单元格中输入"化学191"，在 J2、K2、L2、M2 单元格中输入">=60"，如图 4.24 所示。

图 4.24　学生成绩表条件区域设置一

（3）选择数据列表中的任意单元格，再选择"数据"选项卡的"排序和筛选"组，单击"高级"按钮，打开"高级筛选"对话框。

（4）此时在"列表区域"文本框中自动选择了要进行高级筛选的数据区域 A1:G54，选中"将筛选结果复制到其他位置"单选按钮。

（5）单击"条件区域"文本框右侧的设置条件区域按钮，打开"高级筛选-条件区域"对话框，在表格中选择 I1:M2 单元格条件区域，关闭对话框，返回"高级筛选"对话框。

（6）单击"复制到"文本框右侧的设置复制到按钮，打开"高级筛选-复制到"对话框，在表格中选择 A60 单元格，关闭对话框，返回"高级筛选"对话框，如图 4.25 所示。

（7）单击"确定"按钮返回工作表，便可看到高级筛选后的数据效果，如图 4.26 所示。

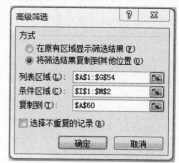

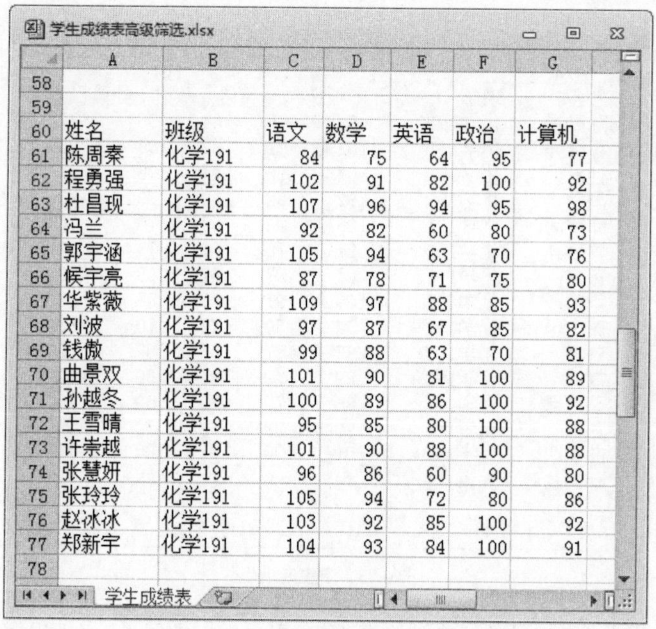

图 4.25　"高级筛选"对话框

图 4.26　学生成绩表高级筛选"与"条件结果

（8）要求筛选至少有一科不及格的同学信息，因此应该选择"或"的条件关系。打开"学生成绩表"，在任意单元格中输入条件，这里在 I5:M5 单元格中分别输入文本"语文""数学""英语""政治""计算机"，在 I6、J7、K8、L9、M10 单元格中输入"<60"，如图 4.27 所示。

(9) 选择数据列表中的任意单元格，再选择"数据"选项卡的"排序和筛选"组，单击"高级"按钮，打开"高级筛选"对话框。

(10) 此时在"列表区域"文本框中自动选择了要进行高级筛选的数据区域 A1:G54，选中"将筛选结果复制到其他位置"单选按钮。

(11) 单击"条件区域"文本框右侧的设置条件区域按钮，打开"高级筛选-条件区域"对话框，在表格中选择 I5:M10 单元格条件区域，关闭对话框，返回"高级筛选"对话框。

(12) 单击"复制到"文本框右侧的设置复制到按钮，打开"高级筛选-复制到"对话框，在表格中选择 I60 单元格，关闭对话框，返回"高级筛选"对话框，如图 4.28 所示。

图 4.27　学生成绩表条件区域设置二

图 4.28　高级筛选"或"条件设置

(13) 单击"确定"按钮，返回工作表，便可看到高级筛选后的数据效果，如图 4.29 所示。

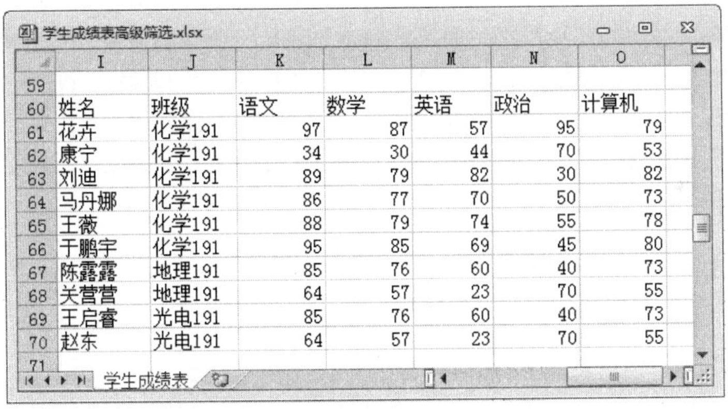

图 4.29　学生成绩表高级筛选"或"条件结果

3. 案例的结果分析

本案例利用高级筛选，设置了"与"条件和"或"条件，实现复杂条件的筛选。

4.3　数据分类汇总

用户对数据进行分析处理时往往需要对其汇总，还要插入带有汇总信息的行，Excel 提供的"分类汇总"功能使这项工作简单易行。无须建立公式，就可对同类别的数据进行求和、求平均值等操作，并且分级显示汇总的结果，从而增加了 Excel 工作表的可读性，使我们能更快捷地获得需要的数据并做出判断。

4.3.1 直接创建分类汇总

“分类汇总”是在数据分类的基础上，将同类别的数据进行求和、求平均值等操作。分类汇总需要先根据分类列进行排序。下面以案例 4.9 为例来说明如何直接创建分类汇总。

【案例 4.9】已知员工的年度考评数据，用直接创建分类汇总进行数据汇总处理。

1. 案例的数据描述

现有员工的年度考评表，主要从假勤考评、工作能力、工作表现、奖惩记录、绩效总分和优良评定等方面对员工进行评比，确定年终奖的发放，见表 4.6。试按员工的“优良评定”情况进行分类，并按“年度奖”进行求和汇总。

表 4.6 员工年度考评表

姓名	假勤考评	工作能力	工作表现	奖惩记录	绩效总分	优良评定	年终奖
曾小凤	29.30	35.68	34.00	5.00	103.98	优	3500
韩菁	29.63	34.45	33.98	5.00	103.05	优	3500
何健	29.53	33.75	33.03	5.00	101.30	良	2500
李雪	29.48	33.88	33.60	5.00	101.95	良	2500
万剑锋	29.65	35.20	34.85	6.00	105.70	优	3500
王丹	29.20	33.65	35.75	5.00	103.60	优	3500
谢想	29.68	32.30	33.48	5.00	100.45	良	2500
徐万民	29.33	34.30	34.73	5.00	103.35	优	3500
赵凌	29.50	33.58	34.15	5.00	102.23	优	3500
周龙	29.00	32.88	33.58	5.00	100.45	良	2500
周萍	29.63	32.70	33.53	5.00	100.85	良	2500

2. 案例的操作步骤

(1) 新建一个 Excel 工作簿，命名为“年度考评表分类汇总”，将“sheet1”工作表重命名为“年度考核表”，并在表格中输入相应的文字和数据，如图 4.30 所示。

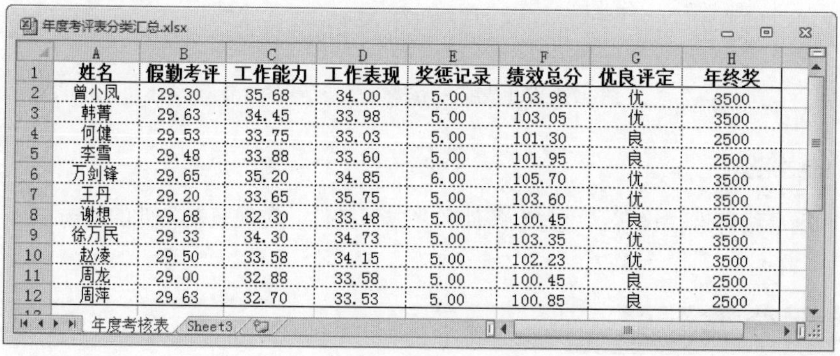

	A	B	C	D	E	F	G	H
1	姓名	假勤考评	工作能力	工作表现	奖惩记录	绩效总分	优良评定	年终奖
2	曾小凤	29.30	35.68	34.00	5.00	103.98	优	3500
3	韩菁	29.63	34.45	33.98	5.00	103.05	优	3500
4	何健	29.53	33.75	33.03	5.00	101.30	良	2500
5	李雪	29.48	33.88	33.60	5.00	101.95	良	2500
6	万剑锋	29.65	35.20	34.85	6.00	105.70	优	3500
7	王丹	29.20	33.65	35.75	5.00	103.60	优	3500
8	谢想	29.68	32.30	33.48	5.00	100.45	良	2500
9	徐万民	29.33	34.30	34.73	5.00	103.35	优	3500
10	赵凌	29.50	33.58	34.15	5.00	102.23	优	3500
11	周龙	29.00	32.88	33.58	5.00	100.45	良	2500
12	周萍	29.63	32.70	33.53	5.00	100.85	良	2500

图 4.30 年度考评表

(2) 选定数据清单中任一单元格，根据分类列(即“优良评定”列)进行“升序”或“降序”排序(此处选择“升序”)。

(3) 在“年度考核表”工作表中，单击数据区域中的任意一个单元格，选择“数据”选项卡的“分级显示"组,单击"分类汇总"按钮。

(4) 打开"分类汇总"对话框,如图4.31所示在"分类字段"下拉列表框中选择"优良评定"选项,在"汇总方式"下拉列表框中选择"求和"选项,在"选定汇总项"列表框中选中"年终奖"复选框,单击"确定"按钮确定设置。其中,"分类字段":选择用来分类汇总的列;"汇总方式":选择汇总操作方式,如求和、求平均值、计数、最大值等;"选定汇总项":选择汇总列(可以有多列)。

图 4.31 直接创建分类汇总

(5) 选中"替换当前分类汇总"和"汇总结果显示在数据下方"两个复选框,可在原数据清单的区域显示分类汇总结果。

(6) 返回工作表,便可看到按员工的"优良评定"情况进行分类,并按"年终奖"进行汇总的效果,如图4.32所示。

	姓名	假勤考评	工作能力	工作表现	奖惩记录	绩效总分	优良评定	年终奖
2	周龙	29.00	32.88	33.58	5.00	100.45	良	2500
3	周萍	29.63	32.70	33.53	5.00	100.85	良	2500
4	李雪	29.48	33.88	33.60	5.00	101.95	良	2500
5	谢想	29.68	32.30	33.48	5.00	100.45	良	2500
6	何健	29.53	33.75	33.03	5.00	101.30	良	2500
7							良 汇总	12500
8	赵凑	29.50	33.58	34.15	5.00	102.23	优	3500
9	王丹	29.20	33.65	35.75	5.00	103.60	优	3500
10	曾小凤	29.30	35.68	34.00	5.00	103.98	优	3500
11	万剑锋	29.65	35.20	34.85	6.00	105.70	优	3500
12	韩菁	29.63	34.45	33.98	5.00	103.05	优	3500
13	徐万民	29.33	34.30	34.73	5.00	103.35	优	3500
14							优 汇总	21000
15							总计	33500

图 4.32 直接创建分类汇总结果

3. 案例的结果分析

从汇总结果可以看出,优良评定为"良"的职工的年终奖金总额为 12,500,优良评定为"优"的职工的年终奖金总额为 21,000,总计年终奖金额为 33,500,实现了数据自动分类统计功能。

汇总结果可以分级显示,在图 4.32 中分类汇总结果表中,左侧上方有"1"、"2"、"3"三个按钮,可以实现多级显示,单击"1"按钮,仅显示列表中的列标题和总计结果。左侧"+"号和"-"号为折叠式操作按钮。

要取消分类汇总显示,可以先打开"分类汇总"对话框,单击"全部删除"按钮。

4.3.2 多重分类汇总

多重分类汇总是指依据两个或更多个分类项,对工作表中的数据进行分类汇总。下面以案例 4.10 为例来说明多重分类汇总的应用。

【案例 4.10】已知案例 4.9 员工的年度考评处理数据,再用多重分类汇总进行进一步的数据处理。

1. 案例的数据描述

在案例 4.9 分类汇总数据的基础上(见图 4.32),在已经按员工的"优良评定"分类,并按"年终奖"进行求和汇总的"年度考评表"表中，再对"年终奖"的平均值进行汇总。

2. 案例的操作步骤

(1) 打开已直接分类汇总的"年度考评表"，单击数据区域中的任意一个单元格，选择"数据"选项卡的"分级显示"组，单击"分类汇总"按钮。

(2) 打开"分类汇总"对话框，如图 4.33 所示，在"分类字段"下拉列表框中选择"优良评定"选项，在"汇总方式"下拉列表框中选择"平均值"选项。

(3) 在"选定汇总项"列表框中选中"年终奖"复选框，然后取消选中"替换当前分类汇总"复选框，单击"确定"按钮。

(4) 返回工作表，可看到按员工的"优良评定"情况进行分类，并按"年终奖"进行"求和"与"平均值"多重分类汇总的效果，如图 4.34 所示。

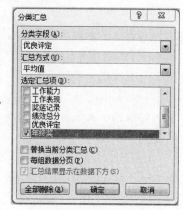

图 4.33 多重分类汇总对话框

1 2 3 4	A	B	C	D	E	F	G	H
1	姓名	假勤考评	工作能力	工作表现	奖惩记录	绩效总分	优良评定	年终奖
2	周龙	29.00	32.88	33.58	5.00	100.45	良	2500
3	周萍	29.63	32.70	33.53	5.00	100.85	良	2500
4	李雪	29.48	33.88	33.60	5.00	101.95	良	2500
5	谢想	29.68	32.30	33.48	5.00	100.45	良	2500
6	何健	29.53	33.75	33.03	5.00	101.30	良	2500
7							良 平均值	2500
8							良 汇总	12500
9	赵凌	29.50	33.58	34.15	5.00	102.23	优	3500
10	王丹	29.20	33.65	35.75	5.00	103.60	优	3500
11	曾小凤	29.30	35.68	34.00	5.00	103.98	优	3500
12	万剑锋	29.65	35.20	34.85	6.00	105.70	优	3500
13	韩菁	29.63	34.45	33.98	5.00	103.05	优	3500
14	徐万民	29.33	34.30	34.73	5.00	103.35	优	3500
15							优 平均值	3500
16							优 汇总	21000
17							总计平均值	3045.45455
18							总计	33500

图 4.34 多重分类汇总结果

3. 案例的结果分析

从汇总结果可以看出，优良评定为"良"的职工的年终奖金总额为 12,500，平均奖金金额为 2,500；优良评定为"优"的职工的年终奖金总额为 21,000，平均奖金金额为 3,500，总计年终奖金金额为 33,500，总计所有职工的平均奖金金额为 3,045.5，实现了数据多重分类汇总统计功能。

在原有分类汇总表的基础上进行多重分类汇总的关键是在再次设置"分类汇总"对话框时，取消上次汇总的"替换当前分类汇总"复选框，这样可以将多重分类汇总的结果在一个数据清单中显示出来。

若想取消分类汇总，选中数据区域中的任意一个单元格，选择"数据"选项卡的"分级显示"组，单击"分类汇总"按钮，在弹出的对话框中，单击"全部删除"按钮即可实现。

4.3.3 分类汇总函数

在用 Excel 进行数据管理时，经常会遇到很多复杂的汇总情况，可以考虑使用 Excel 中的分类汇总函数进行分类汇总，常见的分类汇总函数有 SUMIF、SUMIFS、SUMPRODUCT、DSUM 等。

1. SUMIF 函数实现单条件汇总求和

函数已在 3.3.1 小节介绍过，这里不再赘述。

2. SUMIFS 函数联合实现多条件汇总求和

对多条件单元格求和，其语法格式如下：

SUMIFS(sum_range,criteria_range1,criteria1,[criteria_range2, criteria2],...)

参数说明：

sum_range：必需，要求和的单元格区域。

criteria_range1：必需，与参数 criteria1 设置用于搜索某个区域是否符合特定条件的搜索对。一旦在该区域中找到了项，将计算 sum_range 中的相应值的和。

criteria1：必需，定义将计算 criteria_range1 中的哪些单元格的和的条件。例如，可以将条件输入为 32、">32"、B4、"苹果"或"32"等。

[criteria_range2, criteria2],...：是附加的区域及其关联条件。最多可以输入 127 个区域/条件对。

3. SUMPRODUCT 函数实现多条件汇总求和

在给定的几组数组中，将数组间对应的元素相乘，并返回乘积之和，其语法格式如下：

SUMPRODUCT(array1,[array2],[array3],...)

参数说明：

array1：必需，其相应元素需要进行相乘并求和的第一个数组参数。

array2,array3,…：为可选参数，最多 255 个数组参数，其相应元素需要进行相乘并求和。

注意，在使用函数时，数组参数必须具有相同的维数，否则，函数 SUMPRODUCT 将返回错误值"#VALUE"。

4. DSUM 函数进行数据库表格多条件汇总求和

对数据进行多条件累加，其语法格式如下：

DSUM(database,field,criteria)

参数说明：

database：必需，构成列表或数据库的单元格区域。数据库是包含一组相关数据的列表，其中包含相关信息的行为记录，而包含数据的列为字段。列表的第一行包含着每一列的标志项。

field：必需，指定函数所使用的数据列。列表中的数据列必须在第一行具有标志项。field 可以是文本，即两端带引号的标志项，如"树龄"或"产量"；此外，field 也可以是代表列表中数据列位置的数字：1 表示第一列，2 表示第二列等等。

criteria：必需，为一组包含给定条件的单元格区域。可以为参数 criteria 指定任意区域，只要它至少包含一个列标志和列标志下方用于设定条件的单元格。

【案例 4.11】已知员工销售商品的销售数据，使用 SUMIF 函数实现单条件分类汇总的数据处理。

1. 案例的数据描述

现有四个地区的 10 月份员工销售商品的销售情况，见表 4.7。试汇总电风扇的销售总额和各个地区的销售总额。

表 4.7　员工销售表

姓名	月份	销售地区	商品	单价	销售量	销售金额
李芳	10	西区	电风扇	3,966	5	19,830
朱益	10	南区	空调	3,588	5	17,940
陈韩	10	东区	冰箱	2,839	4	11,356
李墨翰	10	西区	微波炉	1,465	6	8,790
马峰	10	南区	洗衣机	1,986	5	9,930
周舟	10	北区	空调	3,588	4	14,352
王谦	10	北区	冰箱	2,839	6	17,034
周成	10	北区	洗衣机	1,986	5	9,930
张洁	10	北区	冰箱	2,839	5	14,195
程华杰	10	东区	空调	3,588	5	17,940
周颜	10	南区	电风扇	3,966	2	7,932
李兵	10	西区	洗衣机	1,986	6	11,916
赵祥	10	南区	冰箱	2,839	4	11,356
赵均	10	北区	空调	3,588	5	17,940

2.案例的操作步骤

(1) 新建一个 Excel 工作簿，命名为“SUMIF 函数单条件分类汇总”，将“sheet1”工作表重命名为“sumif 单条件汇总”工作表，并在表格中输入相应的文字和数据。

(2) 在 I2 单元格输入“电风扇销售总额”，I5 单元格输入“销售地区”，J5 单元格输入“销售总额”，I6:I9 单元格分别输入“东区”、“西区”、“南区”、“北区”，做好表格，准备计算汇总，如图 4.35 所示。

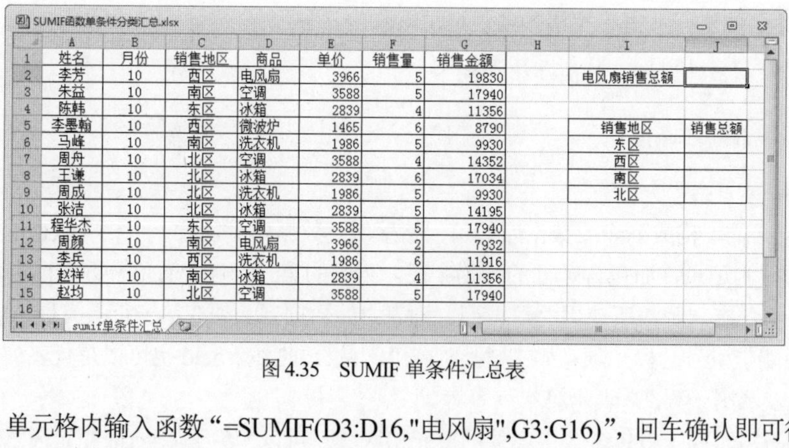

	A	B	C	D	E	F	G	H	I	J
1	姓名	月份	销售地区	商品	单价	销售量	销售金额			
2	李芳	10	西区	电风扇	3966	5	19830		电风扇销售总额	
3	朱益	10	南区	空调	3588	5	17940			
4	陈韩	10	东区	冰箱	2839	4	11356			
5	李墨翰	10	西区	微波炉	1465	6	8790		销售地区	销售总额
6	马峰	10	南区	洗衣机	1986	5	9930		东区	
7	周舟	10	北区	空调	3588	4	14352		西区	
8	王谦	10	北区	冰箱	2839	6	17034		南区	
9	周成	10	北区	洗衣机	1986	5	9930		北区	
10	张洁	10	北区	冰箱	2839	5	14195			
11	程华杰	10	东区	空调	3588	5	17940			
12	周颜	10	南区	电风扇	3966	2	7932			
13	李兵	10	西区	洗衣机	1986	6	11916			
14	赵祥	10	南区	冰箱	2839	4	11356			
15	赵均	10	北区	空调	3588	5	17940			
16										

图 4.35　SUMIF 单条件汇总表

(3) 在 J2 单元格内输入函数“=SUMIF(D3:D16,"电风扇",G3:G16)”，回车确认即可得到电风扇的总销售额。参数 D3:D16 为条件区域，参数"电风扇"为求和条件，参数 G3:G16 为求和区域。

(4) 在 J7 单元格内输入函数“=SUMIF($C$3:$C$16,I7,$G$3:$G$16)”，计算东区销售总额；在 J8 单元格内输入函数“=SUMIF($C$3:$C$16,I8,$G$3:$G$16)”计算西区销售总额；在 J9 单元格内输入函数“=SUMIF($C$3:$C$16,I9,$G$3:$G$16)”计算西区销售总额；在 J10 单元格内输入函数“=SUMIF($C$3:$C$16,I10,$G$3:$G$16)”计算西区销售总额。计算结果如图 4.36 所示。

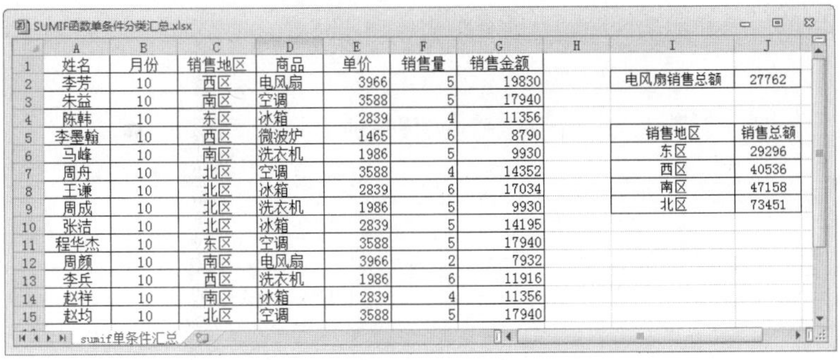

图 4.36　SUMIF 函数单条件分类汇总结果

3. 案例的结果分析

本案例利用 SUMIF 函数统计了电风扇销售总额以及各地区的销售总额，可以看出 SUMIF 函数在处理零散的数据汇总求和时的作用是非常明显的。

【案例 4.12】已知员工销售商品的销售数据，使用 SUMIFS 函数实现多条件分类汇总的数据处理。

1.案例的数据描述

现有四个地区的 10 月份员工销售商品的销售情况，见表 4.7。试汇总西区电风扇的销售额、南区销售数量大于等于 5 的销售额和北区周成负责的空调销售额。

2. 案例的操作步骤

(1) 新建一个 Excel 工作簿，命名为 "SUMIFS 函数多条件分类汇总"，将 "sheet1" 工作表重命名为 "sumifs 多条件汇总" 工作表，并在表格中输入相应的文字和数据。

(2) 在 I2 单元格输入 "西区电风扇销售总额"，I3 单元格输入 "南区销售数量大于等于 5 的销售额"，I4 单元格输入 "北区周成负责的空调销售额" 做好表格，准备计算汇总，如图 4.37 所示。

图 4.37　SUMIFS 多条件汇总表

(3) 在 J2 单元格内输入函数 "=SUMIFS(G2:G15,C2:C15,"西区",D2:D15,"电风扇")"，回车确认即可得到西区电风扇的总销售额 19830。参数 G2:G15 为要求和的单元格区域，参数 C2:C15 用于搜索销售地区列是否符合特定条件的搜索对。参数"西区"为销售地区的特定搜索条件；参数 D2:D15 用于搜索商品列是否符合特定条件的搜索对。参数"电风扇"为商品的特定搜索条件。

(4) 同样的设置方法，在 J3 单元格内输入函数 "=SUMIFS(G2:G15,C2:C15,"南区",F2:F15,">=5")" 回车确认即可得到南区销售数量大于等于 5 的销售额 27870；在 J4 单元格内输入函数 "=SUMIFS(G2:G15,C2:C15,"北区",A2:A15,"周成",D2:D15,"空调")"，回车确认即可得到北区周成负责的空调销售额 0，说明北区的周成并未销售空调。计算结果如图 4.38 所示。

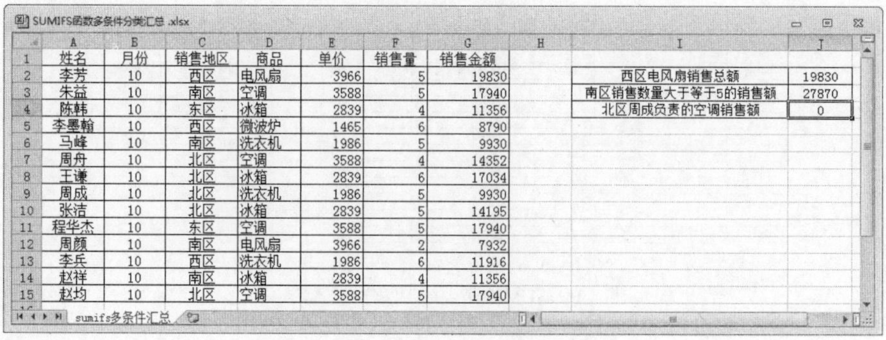

图4.38 SUMIFS 多条件汇总结果

3. 案例的结果分析

本案例要求汇总的数据均由多个条件构成，例如西区为销售地区、电风扇为商品，所以如果想汇总西区电风扇的销售额就要用到多条件汇总函数 SUMIFS。

【案例 4.13】已知商品的采购信息数据，使用 SUMPRODUCT 函数实现多条件分类汇总的数据处理。

1. 案例的数据描述

现有商品的采购信息表，包括商品名称、采购数量、单价以及折扣，见表 4.8。试计算采购商品的总花销。

表 4.8　商品采购信息表

商品名称	采购数量	单价	折扣
商品 01	15	10	0.02
商品 02	20	15	0.02
商品 03	35	5	0.01
商品 04	50	20	0.03
商品 05	82	58	0.02
商品 06	25	57	0.02
商品 07	100	12	0.08
商品 08	12	14	0.04
商品 09	35	21	0.02
商品 10	8	5	0.02
商品 11	4	6	0.05
商品 12	66	42	0.1
商品 13	58	21	0.02
商品 14	98	25	0.02
商品 15	54	62	0.02

2. 案例的操作步骤

(1) 新建一个 Excel 工作簿，命名为"SUMPRODUCT 多条件汇总"，并在表格中输入相应的文字和数据，如图 4.39 所示。

(2) 在 A17 单元格输入"总花销"，选中 B17:D17 单元格区域进行合并，为汇总计算做好准备。

(3) 在 B17 单元格内输入函数"=SUMPRODUCT(B2:B16,C2:C16,(1-D2:D16))"，回车确认后即可计算得到总花销额为 19059.69，计算结果如图 4.40 所示。参数 B2:B16 为采购数量数组；参数 C2:C16 为单价数组；参数(1-D2:D16)为打折后的数组。

图 4.39　SUMPRODUCT 多条件汇总　　　　　图 4.40　SUMPRODUCT 函数多条件汇总结果

3. 案例的结果分析

采购商品的总花销=每种商品的采购数量×单价×(1-折扣)。也就是我们应该做的是让"采购数量"、"单价"和"折扣"三个矩阵相乘。故本案例选择了 SUMPRODUCT 函数计算多条件汇总。

【案例 4.14】已知地产开发公司开发的楼盘销售信息数据，使用 DSUM 函数实现多条件分类汇总的数据处理。

1. 案例的数据描述

现有不同房地产开发公司开发的楼盘的开盘时间、房源类型、楼盘位置、开盘均价、总套数、已售套数信息的汇总表，见表 4.9。试汇总佳乐地产 2020 年开盘的楼盘销售量、佳乐地产与安宁地产 2020 年 9 月份已售房子总套数。

表 4.9　地产开发公司楼盘信息表

楼盘名称	房源类型	开发公司	楼盘位置	开盘均价	总套数	已售	开盘时间
都新家园一期	预售商品房	佳乐地产	锦城街 5 号	¥3,680.00	68	20	2019/12/1
金色年华庭院一期	预售商品房	安宁地产	晋阳路 452 号	¥4,500.00	200	50	2019/12/20
典居房一期	预售商品房	宏远地产	金沙路 10 号	¥6,800.00	100	32	2020/1/10
碧海花园一期	预售商品房	佳乐地产	西华街 12 号	¥5,000.00	120	35	2020/1/10
都新家园二期	预售商品房	都新房产	黄门大道 15 号	¥4,800.00	120	30	2020/3/1
云天听海佳园一期	预售商品房	佳乐地产	柳巷大道 354 号	¥5,000.00	90	45	2020/3/5
都市森林一期	预售商品房	宏远地产	荣华道 12 号	¥4,500.00	120	60	2020/3/22
都新家园三期	预售商品房	都新房产	黄门大道 16 号	¥5,200.00	100	10	2020/6/1
世纪花园	预售商品房	都新房产	锦城街 8 号	¥5 500.00	80	18	2020/9/1
都市森林二期	预售商品房	宏远地产	荣华道 13 号	¥5,000.00	100	55	2020/9/3

（续表）

楼盘名称	房源类型	开发公司	楼盘位置	开盘均价	总套数	已售	开盘时间
典居房二期	预售商品房	宏远地产	金沙路 11 号	¥6,200.00	150	36	2020/9/5
云天听海佳园二期	预售商品房	佳乐地产	柳巷大道 355 号	¥4,800.00	80	68	2020/9/8
碧海花园二期	预售商品房	佳乐地产	西华街 13 号	¥6,000.00	100	23	2020/9/10
金色年华庭院二期	预售商品房	安宁地产	晋阳路 453 号	¥4,800.00	100	48	2020/9/13
万福香格里花园	预售商品房	安宁地产	华新街 10 号	¥5,500.00	120	22	2020/9/15
典居房三期	预售商品房	宏远地产	金沙路 12 号	¥6,500.00	100	3	2020/12/3
金色年华庭院三期	预售商品房	安宁地产	晋阳路 454 号	¥5,000.00	100	70	2021/3/5
橄榄雅居三期	预售商品房	安宁地产	武青路 2 号	¥5,800.00	200	0	2021/3/20

2.案例的操作步骤

(1)新建一个 Excel 工作簿，命名为"DSUM 函数多条件汇总"，并在表格中输入相应的文字和数据，如图 4.41 所示。

图 4.41　DSUM 函数多条件汇总

(2) 在 J3:L4 区域设置条件区域，如图 4.42 所示，因为要统计佳乐地产 2020 年以来的已售房子总套数，所以 J3 单元格输入列标题"开发公司"，J4 输入值"佳乐地产"；K3 单元格输入列标题"开盘时间"，K4 输入值"≥2020/1/1"设置时间的起始值，L3 单元格输入列标题"开盘时间"，L4 输入值"≤2020/12/31"设置时间的终止值。

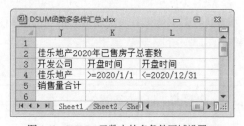

图 4.42　DSUM 函数中的多条件区域设置(1)

(3) 在 K5 单元格内输入函数"=DSUM(A1:H19,7,J3:L4)"或者输入函数"=DSUM(A1:H19,"已售",J3:L4)"，按 Enter 键确认后即可计算得到 2020 年佳乐地产的已售房子总套数为 171 套。参数 A1:H19 为构成列表的单元格区域；参数 7(或"已售")为计算的数据列数(或列标题)；参数 J3:L4 为多条件区域。

(4) 若要汇总佳乐地产与安宁地产 2020 年 9 月份已售房子总套数，则在 J9:L11 区域设置条件区域，如图 4.43 所示，因为要统计 2020 年 9 月份佳乐地产与安宁地产已售房子总套数，所以 J9 单元格输入列标题"开发公司"，J10 输入值"佳乐地产"，J11 输入值"安宁地产"；K9 单元格输入列标题"开盘时间"，K10 单元格输入值"≥2020/9/1"设置佳乐地产时间的起始值，L10 单元格输入列标题

"开盘时间"，L4 输入值"<=2020/9/30"设置佳乐地产时间的终止值；K11 输入值">=2020/9/1"设置安宁地产时间的起始值，L11 输入值"<=2020/9/30"设置安宁地产时间的终止值。

（5）在 K12 单元格内输入函数"=DSUM(A1:H19,7,J9:L11)"，按 Enter 键确认后即可计算得到佳乐地产与安宁地产 2020 年 9 月份已售房子总套数为 161 套，计算结果如图 4.44 所示。

图 4.43　DSUM 函数中的多条件区域设置(2)

图 4.44　DSUM 函数中的多条件汇总计算结果

3. 案例的结果分析

本案例分别使用列标题和列号汇总佳乐地产 2020 年开盘的楼盘销售量和佳乐地产与安宁地产 2020 年 9 月份已售房子总套数。使用 DSUM 可以对数据进行多条件累加，这种方式可以使条件的修改变得方便，因此，相对于 SUM 和 SUMIF 函数，DSUM 更加灵活。

4.4　合并计算

实际数据处理中，有时数据被存放到不同的工作表中，这些工作表可在同一个工作簿中，也可来源于不同的工作簿，它们格式基本相同，只是由于所表示的数据因为时间、部门、地点、使用者的不同而进行了分类，但到一定时间，还需要对这些数据表进行合并，将合并结果放到某一个主工作簿的主工作表中。

例如，一家企业集团，开始时为了分散管理的方便，分别将各个子公司的销售信息存放到了不同的工作簿中，最后年终可以采用多表合并的方式把各个工作簿中的信息再合并到一个主工作簿中。

4.4.1　按位置合并计算

按位置合并计算就是根据数据在工作表中的位置进行计算汇总。简单地说，就是将多个表格中处于相同位置的数据合并汇总到指定的新工作表中。

【案例 4.15】已知某肉制品公司的销售数据，将处于不同表中的数据按位置合并汇总。

1. 案例的数据描述

某肉制品公司现有上半年和下半年销售的各项数据，见表 4.10 和表 4.11。试统计出全年实体店、网店和直销销售的各项数据。

表4.10　某肉制品公司上半年销售情况

产品	实体店	网店	直销	合计
牛肉	¥50,000	¥30,303	¥59,000	¥139,303
猪肉	¥38,000	¥23,030	¥44,840	¥105,870
羊肉	¥60,000	¥36,364	¥70,800	¥167,164
马肉	¥23,000	¥13,939	¥27,140	¥64,079
鸡肉	¥80,000	¥48,485	¥94,400	¥222,885
鸭肉	¥50,000	¥30,303	¥59,000	¥139,303
鹅肉	¥30,000	¥18,182	¥35,400	¥83,582

表4.11　某肉制品公司下半年销售情况

产品	实体店	网店	直销	合计
鸡肉	¥52,500	¥31,818	¥61,950	¥146,268
鸭肉	¥39,900	¥24,182	¥47,082	¥111,164
牛肉	¥63,000	¥38,182	¥74,340	¥175,522
猪肉	¥24,150	¥14,636	¥28,497	¥67,283
羊肉	¥84,000	¥50,909	¥99,120	¥234,029
马肉	¥52,500	¥31,818	¥61,950	¥146,268
鹅肉	¥31,500	¥19,091	¥37,170	¥87,761

2. 案例的操作步骤

(1) 新建一个 Excel 工作簿，命名为"按位置合并计算"，建立"上半年"、"下半年"和"全年"3 张工作表，并在表格中输入相应的文字和数据，不同工作表之间的关系如图 4.45 所示。

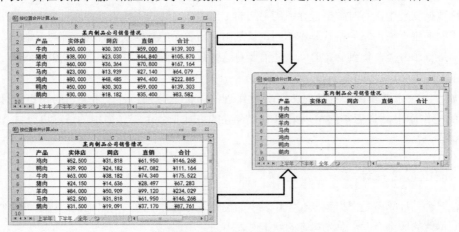

图 4.45　肉制品公司数据表一览

(2) 选择"全年"工作表中的 B3 单元格，在"数据"选项卡的"数据工具"组中单击"合并计算"按钮。

(3) 打开"合并计算"对话框，在"函数"下拉列表框中选择"求和"选项。单击"引用位置"文本框右侧的"收缩"按钮。

(4) 在工作簿中切换到"上半年"工作表，选择 B3:E9 单元格区域，单击"关闭"按钮。

(5) 在返回的对话框的"引用位置"文本框中便出现了选择的单元格区域地址，单击"添加"按钮。

(6) 在工作簿中单击"下半年"工作表标签，系统自动将该工作表中的相同单元格区域添加到对话框中。再次单击"添加"按钮。

(7) 标签位置中的"首行"和"最左列"两个复选框均不勾选，单击"确定"按钮确认设置，如图 4.46 所示。

(8) 此时"全年"工作表中便自动对所选两个工作表的数据进行了按位置求和计算，并显示在相应的位置，计算结果如图 4.47 所示。

图 4.46　按位置合并计算对话框的设置　　　　图 4.47　按位置合并计算结果

3. 案例的结果分析

本案例将"上半年"和"下半年"工作表中的数据按位置合并到了"全年"工作表中。当要合并的多张工作表的格式相同时，即可进行按位置合并，但存在一个问题如"上半年"和"下半年"工作表中的第三行数据一个是"牛肉"，而另一个是"鸡肉"，合并数据是不正确的，因此要求数据的行列数据应一一对应，保证合并的数据满足实际情况要求。

4.4.2　按类合并计算

值得注意的是，在案例 4.15 中，上半年和下半年两张工作表中的产品名称相对应的位置上并不一致，这样将导致计算结果的失误，比如上半年 B3 单元格的内容为牛肉在实体店的销售额，下半年 B3 单元格的内容为鸡肉在实体店的销售额，而按位置合并计算时并没有考虑到产品种类不同，只是进行了相应，位置上的简单求和。那么如何实现按产品类别进行汇总呢？

【案例 4.16】已知某肉制品公司的销售数据，将处于不同表中的数据按类别合并汇总。

1. 案例的数据描述

某肉制品公司现有上半年和下半年销售的各项数据，见表 4.10 和表 4.11。试按肉品种类统计出全年销售的各项数据。

2. 案例的操作步骤

(1) 新建一个 Excel 工作簿，命名为"按类合并计算"，建立"上半年"、"下半年"和"全年" 3 张工作表，并在表格中输入相应的文字和数据，如图 4.45 所示。

(2) 选择"全年"工作表中的 A2 单元格，在"数据"选项卡的"数据工具"组中单击"合并计算"按钮。

(3) 打开"合并计算"对话框，单击"引用位置"文本框右侧的"收缩"按钮。

(4) 在工作簿中切换到"上半年"工作表，选择 A2:E9 单元格区域，单击"关闭"按钮。

(5) 返回对话框单击"添加"按钮，然后引用下半年的数据区域，最后选中"首行"和"最左列"复选框，单击"确定"按钮确认设置，如图 4.48 所示。

(6) 返回"全年"工作表，按类别合并计算后的结果如图 4.49 所示。

图 4.48 按类别合并计算对话框的设置

图 4.49 按类别合并计算的结果

3. 案例的结果分析

本案例中，"全年"工作表的 B3 单元格中的数据来源于上半年工作表的 B3 单元格(上半年牛肉的实体店销售额)和下半年工作表的 B5 单元格(下半年牛肉的实体店销售额)的和，实现按类别合并计算。注意，按类别合并的对话框中的引用位置应该包含各数据表的行、列标题，并在标签位置勾选"首行"和"最左列"两个复选框，才能实现按类合并计算。

本章小结

本章主要涉及到数据排序、筛选、分类汇总等基本操作以及高级筛选在数据分析中的应用，函数在数据汇总中的应用，合并计算的分类，合并计算在数据分析中的应用等内容。旨在培养读者数据的排序、筛选、分类汇总、合并计算的基本操作能力和在数据分析中选择合适的数据管理方法的能力。本章的重点在于高级筛选在数据分析中的应用，函数在数据汇总中的应用，合并计算在数据分析中的应用。

习题 4

一、填空题

1. 在 Excel 按递增方式排序时，空格始终排在( )。

2. 筛选是显示满足条件的行，暂时隐藏不必显示的( )。

3. 在进行自动分类汇总之前，必须按分类列对数据清单进行( )，并且数据清单的第一行中必须有列标题。

4. 在 Excel 的高级筛选中，条件区域中同一行的条件是( )的关系。

5. 利用(　　)函数可以进行数据库表格多条件汇总。

二、选择题

1. 下列说法不正确的是(　　)。
   A. “排序”对话框可以选的排序方式只有升序和降序两种
   B. 单击“数据”选项卡的“排序”按钮，可以实现对工作表中的数据的排序功能
   C. 对工作表数据进行排序时，如果第一行包含列标题，可以使其排除在排序之外
   D. “排序”对话框中有“数据包含标题”复选框
2. 在 Excel 的自动筛选中，每个标题的下三角按钮都对应一个(　　)。
   A. 下拉菜单　　B. 对话框
   C. 窗口　　D. 工具栏
3. 使用“高级筛选”命令对数据表进行筛选时，在条件区域不同行中输入两个条件，表示(　　)。
   A. “非”的关系　　B. “与”的关系
   C. “或”的关系　　D. “异或”的关系
4. 在 Excel 的学生成绩表中，若要按照班级统计出某门课程的平均分，需要使用的方式是(　　)。
   A. 排序　　B. 分类汇总
   C. 合并计算　　D. 筛选
5. 以下函数不能实现汇总的是(　　)。
   A. SUMIF　　B. SUMIFS
   C. SUMPRODUCT　　D. LOOKUP

三、综合题

1. 对“楼盘销售信息表”工作簿中的数据进行管理，表格数据如图 4.50 所示。对楼盘数据按“开发公司”进行排序、筛选开盘均价大于或等于 5000 元的记录。

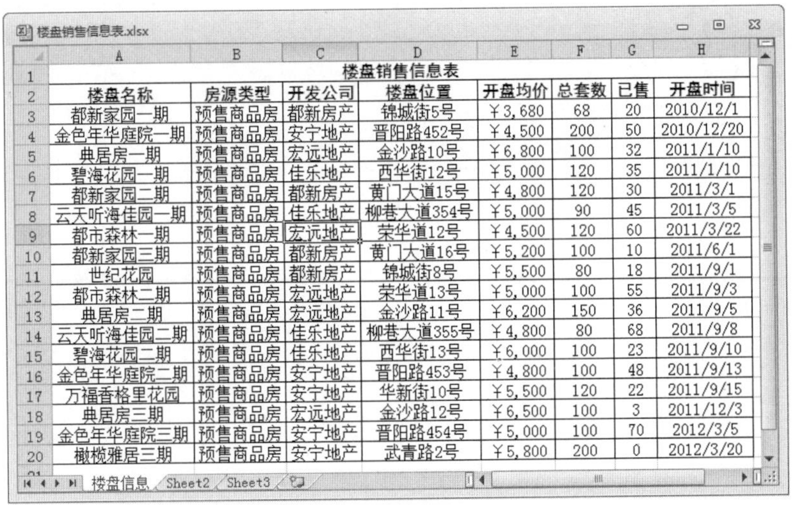

楼盘销售信息表.xlsx

	A	B	C	D	E	F	G	H
1	楼盘销售信息表							
2	楼盘名称	房源类型	开发公司	楼盘位置	开盘均价	总套数	已售	开盘时间
3	都新家园一期	预售商品房	都新房产	锦城街5号	￥3,680	68	20	2010/12/1
4	金色年华庭院一期	预售商品房	安宁地产	晋阳路452号	￥4,500	200	50	2010/12/20
5	典居房一期	预售商品房	宏远地产	金沙路10号	￥6,800	100	32	2011/1/10
6	碧海花园一期	预售商品房	佳乐地产	西华街12号	￥5,000	120	35	2011/1/10
7	都新家园二期	预售商品房	都新房产	黄门大道15号	￥4,800	120	30	2011/3/1
8	云天听海佳园一期	预售商品房	佳乐地产	柳巷大道354号	￥5,000	90	45	2011/3/5
9	都市森林一期	预售商品房	宏远地产	荣华道12号	￥4,500	120	60	2011/3/22
10	都新家园三期	预售商品房	都新房产	黄门大道16号	￥5,200	100	10	2011/6/1
11	世纪花园	预售商品房	都新房产	锦城街8号	￥5,500	80	18	2011/9/1
12	都市森林二期	预售商品房	宏远地产	荣华道13号	￥5,000	100	55	2011/9/3
13	典居房二期	预售商品房	宏远地产	金沙路11号	￥6,200	150	36	2011/9/5
14	云天听海佳园二期	预售商品房	佳乐地产	柳巷大道355号	￥4,800	80	68	2011/9/8
15	碧海花园二期	预售商品房	佳乐地产	西华街13号	￥6,000	100	23	2011/9/10
16	金色年华庭院二期	预售商品房	安宁地产	晋阳路453号	￥4,800	100	48	2011/9/13
17	万福香格里花园	预售商品房	安宁地产	华新街10号	￥5,500	120	22	2011/9/15
18	典居房三期	预售商品房	宏远地产	金沙路12号	￥6,500	100	3	2011/12/3
19	金色年华庭院三期	预售商品房	安宁地产	晋阳路454号	￥5,000	100	70	2012/3/5
20	橄榄雅居三期	预售商品房	安宁地产	武青路2号	￥5,800	200	0	2012/3/20

楼盘信息　Sheet2　Sheet3

图 4.50　楼盘销售信息表

2. 整理房产调查表数据，表格数据如图 4.51 所示。在“房价调查表”工作簿中使用数据排序功能对“每平米单价”按降序排序，然后筛选出“每平米单价”为 7,500～11,600 的所有记录。

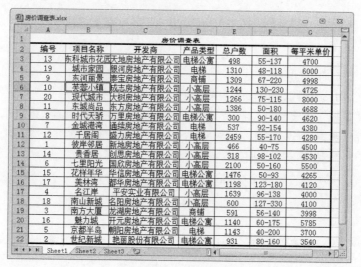

图4.51　房价调查表

3. 制作蛋糕年销售量统计表，原始数据如图 4.52 所示。根据"蛋糕年销量统计表"中"上半年"与"下半年"的销售数据合并计算全年的蛋糕销量，然后按"合计"进行升序排列，并筛选出销售合计超过 60,000 的蛋糕品种。

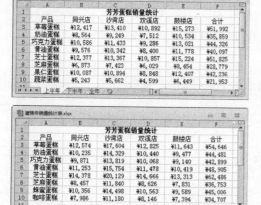

图4.52　蛋糕年销售量统计

第 5 章

数据图表化展现

在数据分析处理过程中，从人们对信息接收的效率来说，图表最优，表格次之，文字最弱。图表能够真实准确地展现数据，清晰表达信息，明确要表达的目标，将数据转化为直观、形象的可视化的图像、图形，让使用者更清晰、更有效率地处理复杂的数据，帮助使用者快速且直观地得到想要表现的内容，起到一图胜千言的效果。本章将要介绍如何通过图表的形式对数据进行展示，如何通过数据透视表和数据透视图对数据进行深入分析和汇总。

5.1 数据图表

图表是 Excel 分析数据的主要图形化工具之一，通过图表可以生成各种类型的图形，直观地显示数据，通过动态图表能够动态地对数据进行可视化操作。

5.1.1 图表的类型

图表按照不同的分类原则可以有多种分类方法。

1. 按图表与数据的关系分类

(1) 嵌入式图表

源数据与由此数据生成的图表在同一个工作表中。

(2) 独立图表

由数据生成的图表单独在一个新的工作表中，与源数据不在一个工作表中。

独立图表和嵌入图表只是图表所在的位置不同，没有其他的不同。

2. 按图表外观分类

不同版本的 Excel 分类不完全相同，在 Excel 2010 中提供了 11 种类型。

(1) 柱形图

柱形图利用柱子的高度，反映数据的差异，适用二维数据集(每个数据点包括两个值 x 和 y)，只有一个维度时，表示一段时间内的数据变化或显示各项之间的比较情况，柱形图的局限在于只适用中小规模的数据集。

(2) 折线图

折线图以曲线的上升或下降来表示统计数量的增减变化情况，不仅可以表示数量的多少，还可以反映数据的增减波动状态，适合二维的大数据集和多个二维数据集的比较，容易反应出数据变化的趋势。

(3) 饼图

饼图以图形的方式直接显示各个组成部分所占的比例，各数据系列的比率汇总为100%，适用简单的占比比例图，在不要求数据精细的情况，肉眼对面积大小不敏感。

(4) 条形图

条形图类似于柱形图旋转了90°。数据项标题较长的情况，用柱形图制图会无法完全呈现数据系列名称，采用条形图则可有效解决该问题，在制图前，可将数据进行降序排列，使得条形图呈现出数据的阶梯变化趋势，适于显示各个项目之间的比较情况。

(5) 面积图

面积图显示每个数值所占大小或百分比随时间或类别变化的趋势线，可强调某个类别较于系列轴上的数值的趋势线，适用于强调数量随时间而变化的程度，也可用于引起人们对总值趋势的注意。

(6) XY(散点图)

散点图是数据点在直角坐标系平面上的分布图，表示因变量随自变量而变化的大致趋势，据此可以选择合适的函数对数据点进行拟合，适用于显示若干数据系列中各数值之间的关系，判断两变量之间是否存在某种关联，对于处理值的分布和数据点的分簇，散点图都很理想。

(7) 股价图

股价图是一种随时间变化而数据不断发生变化的图形，反映了数据随时间变化的趋势，特别适用于股票交易的变化。

(8) 曲面图

曲面图是指通过XYZ三个维度的坐标交汇，形成对应的数据点，并且根据这组数据汇总生成的图表，适用于模拟绘制各种标准曲面方程的图像。

(9) 圆环图

圆环图是由两个或两个以上大小不一的饼图叠在一起，挖去中间的部分所构成的图形，这能够区分或表明某种关系，常用于对饼图的进一步美化。

(10) 气泡图

气泡图与散点图相似，不同之处在于气泡图允许在图表中额外加入一个表示大小的变量，数据可以绘制在气泡图中。

(11) 雷达图

雷达图又被称为戴布拉图、蜘蛛网图，用于分析某一事物在各个不同纬度指标下的具体情况，并将各指标点连接成图，适用于多维数据(四维以上)，且每个维度必须可以排序，数据点一般6个左右，数据点过多辨别起来存在困难。

在数据分析过程中，要根据数据的特点、分析的目标、解决的问题等多因素来选择适合的图表类型。

5.1.2 创建简单图表

创建图表的一般过程，首先选取数据区域，选取数据区域时，其所在的行标题、列标题一般情况下同步选取(也可以不选)，以便作为建立数据图表中的系列名称和图例名称，然后在"插入"选项卡的"图表"组中选择合适的图表类型，再按向导进行创建图表，在向导制作图表的最后一个步骤，选择"作为新工作表插入",可制作一个独立图表。创建完一个图表后,选中图表,在菜单中会出现"图表工具",包括"设计"、"布局"、"格式"三个功能,通过其中的命令可以修改美化图表。

在制作图表时选取数据区域非常重要,数据选取好坏对图表显示效果有很大的影响。选取数据时,通过鼠标和 SHIFT 键或 CTRL 键配合使用,能够快速地选取连续区域或不连续区域的数据。

在制作图表时可以利用快捷键快速建立图表,首先选取数据区域,利用 F11 功能键快速制作独立图表,或利用 Alt+F1 功能键快速制作嵌入式图表,这种方式建立的图表默认类型为柱形图。

【案例 5.1】已知光辉超市前 6 个月的月销售额,为了稳步提高超市的销售业绩,现要预测未来三个月的销售额。

1. 案例的数据描述

已知光辉超市前 6 个月的月销售额,保存在"趋势线图表制作.xlsx"文件中,销售额数据如图 5.1 所示,用趋势线法预测未来三个月的销售额。

2. 案例的操作步骤

(1) 打开"趋势线图表制作.xlsx"文件,用鼠标选取单元格区域 A2:B11,按 Alt+F1 功能键生成一个嵌入式柱形图图表,如图 5.2 所示。

图 5.1 光辉超市销售额数据

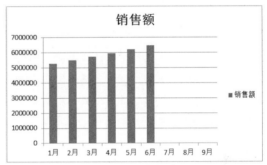

图 5.2 柱形图图表

(2) 选中图表在"图表工具"的"布局"选项卡的"分析"组中,单击"趋势线"弹出趋势线列表,如图 5.3 所示,单击"线性趋势线"命令,在图表中添加趋势线,如图 5.4 所示。

图 5.3 趋势线列表

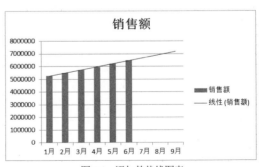

图 5.4 添加趋势线图表

(3) 右击"趋势线",在弹出的快捷菜单中选择"设置趋势线格式…"命令,在"设置趋势线格式"对话框中,设置"线性"趋势预测,选中"显示公式"复选框,如图 5.5 所示。公式就在趋势线上显示，根据显示的公式，求出未来三个月的准确销售额。

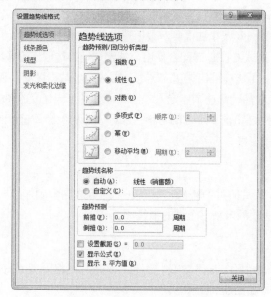

图 5.5 "设置趋势线格式"对话框

3. 案例的结果分析

本案例中在柱形图上添加了线性趋势线，从柱形图中可看出光辉超市 1～6 月份月销售额稳步增长，如果按这样的趋势发展，通过趋势线图我们能够很好地预测出未来三个月的销售额，这说明销售额仅仅依据现有数据的趋势计算出来，不排除突发事件和不可预测因素的影响。对将来的业绩情况提供了很好的技术支持。

5.1.3 创建复杂图表

在数据分析过程中数据的特点多样且情况复杂，单一的图表类型很难满足实际的需求，需要制作一些复杂图表来反映数据的特点，下面介绍几种复杂图表。

1. 组合图表

在同一个图表中绘制两种及两种以上的图表类型，以不同的图形来显示数据，可以在图表中显示多组数据，显示效果不同，适合进行两组及以上数据的对比。

2. 双轴图表

当两组数据值差别特别大时，主轴刻度以数值大的数据为准，数值小的数据在图形上很难分辩，显示效果不明显，数值小的数据的刻度可以设置在次轴上，以便获得更好的显示效果，适合两组数据数值差别很大的情况。

3. 复合饼图

复合饼图是饼图的一种，可以从主饼图中提取部分数值，将其组合到旁边的另一个饼图中，适合总分数据的显示。

【案例 5.2】已知 2019 年某公司经营数据，对比年初目标销售额与实际销售额，分析该公司的

2019 年的经营状况。

1. 案例的数据描述

已知 2019 年某公司经营数据，保存在"组合图表.xlsx"文件中，经营数据如图 5.6 所示，用组合图表分析目标销售额与实际销售额的关系。

2. 案例的操作步骤

(1) 打开"组合图表.xlsx"文件，用鼠标选取单元格区域 A2:C14，选择"插入"→"图表"→"柱形图"命令，弹出的柱形图列表如图 5.7 所示，选择二维柱形图中的第一种柱形图"簇状柱形图"，生成的柱形图图表如图 5.8 所示。

(2) 在"系列"中选中实际销售额数据柱或在"图例"中选中实际销售额，右键弹出的快捷菜单如图 5.9 所示，单击"更改系列图表类型(Y)"命令，弹出"更改图表类型"对话框，如图 5.10 所示，选择折线图中的第四种折线图"带数据标记的折线图"并单击"确定"按钮，生成两种图表类型的数据图表，如图 5.11 所示。

图 5.6　2019 年某公司经营数据

图 5.7　柱形图列表

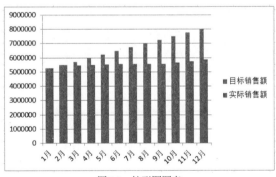

图 5.8　柱形图图表

图 5.9　快捷菜单

3. 案例的结果分析

本案例中绘制了柱形图和折线图两种类型的图表，目标销售额和实际销售额数据显示非常清晰，一目了然，年初目标销售额预计能够增长而实际上没有太大增长，实际销售额没有达到预期效果，只是在 9～12 月份之间略有增长。

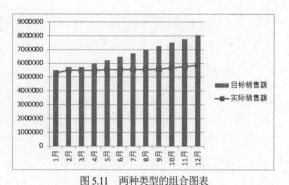

图 5.10　"更改图表类型"对话框　　　　　　　　图 5.11　两种类型的组合图表

【**案例 5.3**】已知 2019 海尔冰箱销售和市场占比数据，根据数据分析海尔冰箱生产与市场占比的关系。

1. 案例的数据描述

已知海尔冰箱 2019 前 8 个月销售数量和市场占比数据，保存在"双轴图表.xlsx"文件中，数据如图 5.12 所示，用双轴图表分析数据。

2. 案例的操作步骤

(1) 打开"双轴图表.xlsx"文件，用鼠标选取单元格区域 A2:C10，选择"插入"→"图表"→"柱形图"命令，选择二维柱形图中的第一种柱形图"簇状柱形图"，生成的柱形图图表如图 5.13 所示。

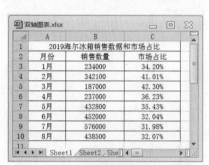

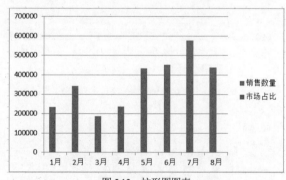

图 5.12　8 个月销售数量和市场占比数据　　　　图 5.13　柱形图图表

(2) 在"图例"中选中市场占比，右键弹出快捷菜单，单击"设置数据系列格式"命令，弹出"设置数据系列格式"对话框，如图 5.14 所示，选择系列绘制在"次坐标轴(S)"选项按钮，单击"关闭"按钮，生成双轴图表，如图 5.15 所示。

(3) 在"系列"中选中市场占比数据柱或在"图例"中选中市场占比，右键弹出快捷菜单，单击"更改系列图表类型(Y)"命令，弹出"更改图表类型"对话框，选择折线图中的第五种折线图"带数据标记的堆积折线图"，单击"确定"按钮，生成的双轴组合图表如图 5.16 所示。

3. 案例的结果分析

本案例中销售数量与市场占比数据差别非常大，放在同一个图表中很难清晰辨别，从图 5.13 中市场占比很难看到，更改数据轴后市场占比与销售数量数据重叠。从图 5.15 可以看出，再次更改图表类型后能够清晰地观察数据，从图 5.16 中能够看出在销售淡季海尔冰箱销售数量虽然不高但市场占比很高，说明海尔冰箱很受欢迎，在销售旺季销售数量大幅增加但市场占比有一定下降并趋于平稳，很可能是需求量增加产能不足造成的。

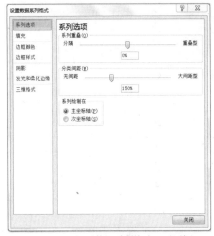

图 5.14 "设置数据系列格式"对话框

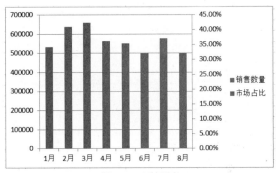

图 5.15 双轴图表

【案例 5.4】已知某代理商 6 个月的销售数据，根据数据分析该代理商销售情况。

1. 案例的数据描述

已知某代理商 6 个月的销售数据，保存在"复合饼图.xlsx"文件中，销售数据如图 5.17 所示，用复合饼图分析数据。

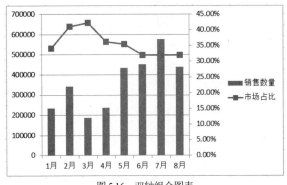

图 5.16 双轴组合图表

图 5.17 某代理商 6 个月的销售数据

2. 案例的操作步骤

(1) 打开"复合饼图.xlsx"文件，用鼠标选取单元格区域 A2:B11，选择"插入"→"图表"→"饼图"命令，弹出饼图列表，如图 5.18 所示，选择二维饼图中的第三种饼图"复合饼图"，生成复合饼图，如图 5.19 所示。

(2) 在右侧的子饼图右键快捷菜单中，单击"设置数据系列格式"命令，弹出"设置数据系列格式"对话框，把系列选项的第二绘图区包含最后一个(E)的值设为 4，如图 5.20 所示。单击"关闭"按钮。重新选中右侧的子饼图右键弹出快捷菜单，单击"添加数据标签(B)"命令添加上数据标签，最终生成的复合饼图如图 5.21 所示。

图 5.18　饼图列表

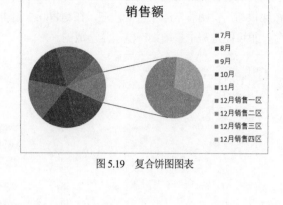

图 5.19　复合饼图图表

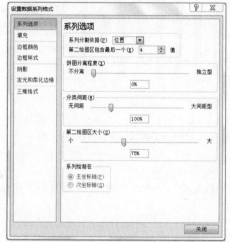

图 5.20　设置"设置数据系列格式"对话框

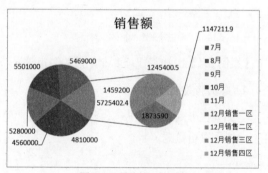

图 5.21　最终的双轴图表

3. 案例的结果分析

本案例中 7～11 月份是汇总数据，而 12 月份的数据又分为四个部分，从图 5.21 中可以看出子图是由 12 月份的四个地区的销售数据构成的，最后汇总到母图中形成 12 月份数据，复合图表非常适合分总数据的描述。

5.1.4　动态图表

动态图表是指数据图表的数据源可以根据需要进行动态变化，从而使得数据图表也作相应变化。常规图表往往是静态的，在选择相应的数据后自动生成，演示时固定不变，一般不会遇到变化较多的数据，但在数据分析中有时会遇到变化较多的数据，用常规图表很难表现数据，动态图表能够不断随着数据的变化而变化，更能有效地展现数据。

动态图表绘制方法一般通过三种方式实现。

第一，利用有关函数设置动态数据区域。

第二，通过定义数据区域名称，并引入辅助数据区域。

第三，利用动态控件(动态控件在开发工具中非默认的，可以通过"文件"→"选项"→"自定义功能区"→"开发工具加载")链接图表中的引用数据，以便实现用户数据的自助选择。

动态图表绘制完成并使用时，更改数据后有时不能自动更新，可通过功能键 F9 进行更新。

在 Excel 2010 中提供了一些制作动态图表的函数，下面就本节使用但前面没有讲过的函数进行说明。

1. INDEX 函数

返回表格或区域中的值或值的引用，其语法格式如下：

INDEX(array, row_num, [column_num])

参数说明：

array：要返回值的单元格区域或数组。

row_num：返回值所在的行号。

column_num：返回值所在的列号。

2. CELL 函数

返回所引用单元格的格式、位置或内容等信息，其语法格式如下：

CELL(info-type, reference)

参数说明：

info-type：是一个文本值，用于指定所要获取的单元格信息类型，可以为 format(格式)、width(宽度)、address(地址)、col(列号)、row(行号)、contents(内容)、color(颜色)、type(类型)等。

reference：指定需要获取相关信息的单元格，如果省略则将 info-type 中指定的信息返回给最后更改的单元格。

3. COLUMN 函数

返回单元格的列值，其语法格式如下：

COLUMN(reference)

reference：需要得到其列标的单元格或单元格区域，如果省略，则假定为是对函数 COLUMN 所在单元格的引用。

【案例 5.5】已知某商场 2019 年各类商品全年销售情况，用动态图表分析该商场各类商品全年销售情况。

1. 案例的数据描述

已知某商场 2019 年各类商品 4 个季度销售情况数据，保存在"动态数据区域图表.xlsx"文件中，如图 5.22 所示，分析各类商品 4 个季度销售情况。

2. 案例的操作步骤

(1) 打开"动态数据区域图表.xlsx"文件，将单元格 B2:F2 复制到 B12:F12 中，在单元格 B13 中输入公式"=INDIRECT(ADDRESS(CELL("row"),COLUMN(B3)))"，并将公式粘贴至 F13 中，选中单元格 B6，按 F9 功能键刷新，单元格 B13:F13 获得单元格 B6:F6 数据，如图 5.23 所示，单元格 B13:F13 根据鼠标位置不同获得不同的数据，生成动态数据区域。

	A	B	C	D	E	F
1	某商场2019年各类商品4个季度销售情况					
2	编号	部门	一季度	二季度	三季度	四季度
3	BM01	家电部	67	82	98	61
4	BM02	服装部	31	17	20	14
5	BM03	洗化部	18	18	68	96
6	BM04	文具部	18	56	53	59
7	BM05	玩具部	74	73	38	32
8	BM06	家具部	32	31	17	20
9	BM07	图书部	12	18	56	53
10	BM08	食品部	34	74	73	38

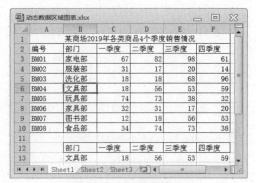

图 5.22　某商场 2019 年各类商品 4 个季度销售情况

	A	B	C	D	E	F
1	某商场2019年各类商品4个季度销售情况					
2	编号	部门	一季度	二季度	三季度	四季度
3	BM01	家电部	67	82	98	61
4	BM02	服装部	31	17	20	14
5	BM03	洗化部	18	18	68	96
6	BM04	文具部	18	56	53	59
7	BM05	玩具部	74	73	38	32
8	BM06	家具部	32	31	17	20
9	BM07	图书部	12	18	56	53
10	BM08	食品部	34	74	73	38
11						
12		部门	一季度	二季度	三季度	四季度
13		文具部	18	56	53	59

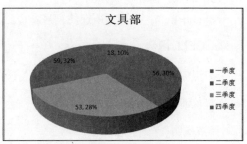

图 5.23　动态数据区域

(2) 选择单元格 B12:F13，选择“插入”→“图表”→“饼图”命令，在饼图列表中选择三维饼图中的第一种饼图“三维饼图”。进行相关参数的修改，最终生成的动态三维饼图如图 5.24 所示，随着鼠标位置变化按 F9 键刷新，三维饼图的数据跟随变化。

图 5.24　动态三维饼图

3. 案例的结果分析

本案例中绘制了动态三维饼图，制件了一个动态数据区域，通过公式“=INDIRECT(ADDRESS(CELL("row"),COLUMN(B3)))”能够不断地获得鼠标位置的数据，使三维饼图不断地变化，更方便直观地观察各类商品 4 个季度销售情况数据变化情况。

【案例 5.6】已知 2020 年永青化妆品公司某产品销售数据汇总，用动态图表分析该产品销售数据。

1. 案例的数据描述

已知 2020 年永青化妆品公司某产品前 6 个月销售数据，保存在“index 函数辅助区域动态图表.xlsx”文件中，销售数据如图 5.25 所示，用 INDEX 函数设计辅助区域制作动态图表分析某产品前 6 个月销售数据。

	A	B	C	D	E	F	G
1	2020年永青化妆品公司某产品前6个月销售数据						
2	月份	目标销售额	总销售额	广告费	社会网络费	总销量	单价
3	1月	5280000	5280000	1056000	239400	2640000	2
4	2月	5500000	5501000	950400	105600	2750500	2
5	3月	5729000	5469000	739200	316800	2734500	2
6	4月	5968000	5480000.9	528000	528000	2884211	1.9
7	5月	6217000	5532999.5	316800	739200	2912105	1.9
8	6月	6476000	5554000.2	316800	739200	2923158	1.9

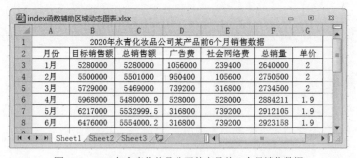

图 5.25　2020 年永青化妆品公司某产品前 6 个月销售数据

2. 案例的操作步骤

(1) 打开“index 函数辅助区域动态图表.xlsx”文件，单击“开发工具”(开发工具是非默认的，通过“文件”→“选项”→“自定义功能区”→“开发工具加载”)→“控件”→“插入”命令，弹出“表单控件”列表，如图 5.26 所示。单击第一排第二列组合框，在 A10 单元格画出组合框控件，右击组合框控件,弹出"设置控件格式"对话框,在"控制"选项卡的"数据源区域(I):"输入"$A$3:$A$8",在"单元格链接(C):"输入"$A$11",如图 5.27 所示,单击"确定"按钮,在组合框中选择某个月份,则单元格 A11 中就显示对应的数字。

图 5.26 "表单控件"列表

(2) 在单元格 A9 中输入公式"=INDEX(A3:A8,$A$11)",并将公式粘贴至 G9 中,就获得单元格 A11 中数字所对应月份的数据,最终的辅助区域设计效果如图 5.28 所示。

图 5.27 设置"设置控件格式"对话框

图 5.28 辅助区域设计效果

(3) 选择单元格 A1:G1 和 A9:G9,选择"插入"→"图表"→"柱形图"命令,在柱形图列表中选择"簇状柱形图",生成的动态柱形图如图 5.29 所示,当在组合框中选择不同月份时,图表也随之变化。

3. 案例的结果分析

本案例中绘制了动态柱形图,通过组合框和 INDEX 函数设计了数据辅助区域,随着组合框选取不同月份数据,则在数据辅助区域和图表区域显示对应的月份数据,方便按月份观察销售数据。

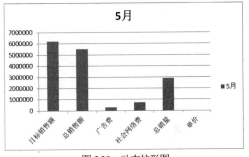

图 5.29 动态柱形图

【案例 5.7】已知某物业管理企业 2016~2019 年各项管理费用情况,用动态图表分析该企业管理费用情况。

1. 案例的数据描述

已知某物业管理企业 2016~2019 年各项管理费用,保存在"VLOOKUP 函数和复选框的动态图表.xlsx"文件中,各项管理费用如图 5.30 所示,用 VLOOKUP 函数和复选框制作动态图表并分析各年管理费用情况。

	工资	福利费	差旅费	办公费	电话费	招待费	折旧费	水电费	保险费	用车费	其他
2016年	25.6	7	7	0.6	1.4	2.4	15	3	3		0.5
2017年	34	10	5.6	1.2	2	3.3	20	3.6	3	2	0.6
2018年	35	12	6	1.5	2.8	4	25	5	5	3.3	1
2019年	38	13	7	2	4	4.5	30	6	6.4	5	1.1

2016-2019年各项管理费用(单位:万元人民币)

图 5.30 2016~2019 年各项管理费用

2. 案例的操作步骤

(1) 打开"VLOOKUP 函数和复选框的动态图表.xlsx"文件，在单元格 B8:E8 分别输入"2016年"、"2017 年"、"2018 年"、"2019 年"，在单元格 B9:E9 都输入"TRUE"，在单元格 B10 中输入公式"=IF($B$9=TRUE,VLOOKUP($B$8,$3:$6,ROW( )-8,FALSE),"")"，在单元格 C10 中输入公式"=IF($C$9=TRUE,VLOOKUP($C$8,$3:$6,ROW( )-8,FALSE),"")"，在单元格 D10 中输入公式"=IF($D$9=TRUE,VLOOKUP($D$8,$3:$6,ROW( )-8,FALSE),"")"，在单元格 E10 中输入公式"=IF($E$9=TRUE,VLOOKUP($E$8,$3:$6,ROW( )-8,FALSE),"")"，并将单元格 B10:E10 的公式粘贴至 B20:E20 中，在其他相应单元格中输入相应文字，最后生成的动态数据区域如图 5.31 所示。

(2) 选择单元格 A8:E8 和 A10:E20，选择"插入"→"图表"→"柱形图"命令，在柱形图列表中选择"簇状柱形图"，生成的柱形图如图 5.32 所示。

VLOOKUP函数和复选框的动态图表.xlsx

	A	B	C	D	E
7					
8	年份	2016年	2017年	2018年	2019年
9	复选框值	TRUE	TRUE	TRUE	TRUE
10	工资	25.6	34	35	38
11	福利费	7	10	12	13
12	差旅费	5	5.6	6	7
13	办公费	0.6	1.2	1.5	2
14	电话费	1.4	2	2.8	4
15	招待费	2.4	3.3	4	4.5
16	折旧费	15	20	25	30
17	水电费	2	3.6	5	6
18	保险费	2	3	5	6.4
19	用车费	1	2	3.3	5
20	其他	0.5	0.6	1	1.1

Sheet1 Sheet2 Sheet3

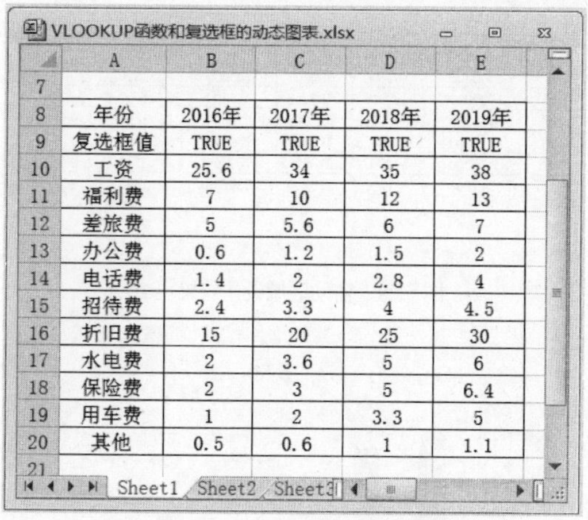

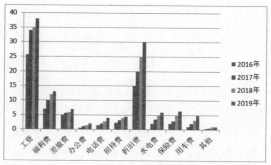

图 5.31 2016～2019 年各项管理费用

图 5.32 柱形图

(3) 单击"开发工具"→"控件"→"插入"命令，弹出"表单控件"列表，单击第一排第三列复选框，在图表的适当位置画出复选框控件，选中复选框将复选框标题改为"2016"，右击复选框弹出"设置控件格式"对话框，在"控制"选项卡上的"单元格链接(L):"输入"$B$9"，如图 5.33 所示，单击"确定"按钮，再分别添加 3 个复选框，复选框标题分别改为"2017"、"2018"、"2019"，"单元格链接(L):"分别输入"$C$9"、"$D$9"、"$E$9"，如图 5.34 所示，根据需要自主选择要显示的数据，如选中 2017 和 2019，不选 2016 和 2018，动态数据区域和图表如图 5.35 所示。

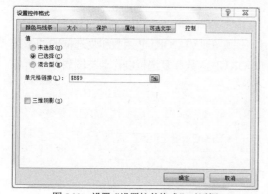

图 5.33 设置"设置控件格式"对话框

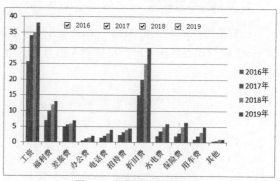

图 5.34 设置复选框的柱形图

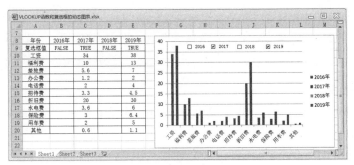

图 5.35 设置复选框的柱形图

3. 案例的结果分析

本案例中用 VLOOKUP 函数和复选框制作动态图,从图 5.34 中能够看出,通过复选框控制要显示的数据,这样更方便满足数据分析中对特定数据的分析,更有利于对不同数据进行处理。

5.2 数据透视表

数据透视表是一种让用户可以根据不同的分类、不同的汇总方式,快速查看各种形式的数据汇总报表,具有处理一维数据和二维数据的能力,透视也就是有转化数据的能力,方便实现数据转换功能,能够深入分析数据。数据透视表具有交互功能,可以快速合并和比较大量数据,可以通过旋转行和列查看源数据的不同汇总方式,可以显示感兴趣区域的明细数据,还可以对数据子集进行筛选、排序、分组和有条件地设置格式。数据透视表的内容还可以通过数据透视图进行可视化展现。

5.2.1 数据透视表组成

一个完整的数据透视表由以下四部分构成:

(1) 报表筛选,添加字段到报表筛选区,可以使该字段包含在数据透视表的筛选区域中,以便对其独特的数据项进行筛选。

(2) 列标签,添加一个字段到列标签区域,可以在数据透视表顶部显示来自该字段的独特的值。

(3) 行标签,添加一个字段到行标签区域,可以沿数据透视表左边的整个区域显示来自该字段的独特的值。

(4) 数值,添加一个字段到"数值"区域,可以使该字段包含在数据透视表的值区域中,并使用该字段中的值进行指定的计算。

Excel 2010 提供了 7 种在"数值"区域数据的显示方式,分别是总计的百分比、列汇总的百分比、行汇总的百分比、百分比、父行汇总的百分比、父列汇总的百分比、父级汇总的百分比,用户可根据数据的特点选择合适的显示方式。

5.2.2 创建数据透视表

创建数据透视表的一般过程是首先将光标定位到数据区域,然后在"插入"菜单的"表格"选项卡中选择数据透视表,在"创建数据透视表"对话框中选择数据区域和存放数据透视表的位置,根据数据分析的需要选择字段列表中字段并拖拽到报表筛选、列标签、行标签、数值等区域,创建完一个数据透视表后，选中数据透视表后在菜单中会出现"数据透视表工具"，包括"选项"、"布局"两个功能，通过其中的命令可以修改、美化数据透视表，当然也可以通过右键快捷菜单实现。

【案例5.8】已知某产品2017～2019年的海外销售数据，用数据透视表分析各销售人员的销售情况。

1. 案例的数据描述

已知某产品2017～2019年的海外销售有800个订单，保存在"一维数据透视表.xlsx"文件中，部分数据如图5.36所示，做如下分析：

(1) 各销售人员的订单金额之和。

(2) 插入计算字段名称"标识"，完成：订单金额大于100,000，显示1；否则，显示0。

(3) 各销售人员的订单的最高值、最低值、平均值、订单个数。

2. 案例的操作步骤

(1) 打开"一维数据透视表.xlsx"文件，光标定位到数据上，选择"插入"→"表格"→"数据透视表"命令，打开"创建数据透视表"对话框，选择现有工作表选项按钮，在位置(L):输入"Sheet1!$G$1"，如图5.37所示。单击"确定"按钮，将数据透视表字段列表中的"销售人员"字段拖动到行标签中，将"订单金额"字段拖到的"销售人员"字段拖到行标签中，将"订单金额"字段拖到∑数值中，如图5.38所示。

(2) 选中单元格H1，单击"数据透视表工具"→"选项"→"工具"→"域、项目和集"命令，弹出列表。在列表中单击"计算字段"命令，弹出"插入计算字段"对话框，在名称(N):输入"标识"，在公式(M):输入"=if(订单金额>100000,1,0)"，如图5.39所示，单击"确定"按钮。

图5.36 某产品2017～2019海外销售部分数据

图5.37 设置"创建数据透视表"对话框

图5.38 设置数据透视表字段列表

(3) 选中数据透视表,将"订单金额"字段拖动到∑数值中拖动 3 次,将"订单 ID"字段拖动到∑数值中,右击单元格 J1,弹出快捷菜单,单击"值字段设置(N)"命令,弹出"值字段设置"对话框,如图 5.40 所示,选择"平均值",单击"确定"按钮,依次对单元格 K1:M1 设置成"最大值"、"最小值"、"计数",生成的最终数据透视表如图 5.41 所示。

图 5.39　设置"插入计算字段"对话框

图 5.40　"值字段设置"对话框

图 5.41　最终数据透视表

3.案例的结果分析

本案例中用数据透视表分析了各销售人员的销售情况,从图 5.40 中能够看出,分析数据采用的是一维数组方式,获得了各销售人员的订单金额之和、平均值、最大值、最小值、订单数量,订单金额之和大于 100,000 的标识为 1,否则为 0。

【案例 5.9】已知 2019 年永清化妆品公司面膜前六个月产品销售情况,用数据透视表分析前六个月产品销售情况。

1. 案例的数据描述

已知面膜前六个月产品销售情况,保存在"二维数据透视表.xlsx"文件中,数据如图 5.42 所示,分析每个月各地区的销售情况。

2. 案例的操作步骤

(1) 打开"二维数据透视表.xlsx"文件,将光标定位到数据上,选择"插入"→"表格"→"数据透视表"命令,打开"创建数据透视表"对话框,选择现有工作表选项按钮,在位置(L):输入"Sheet1!$G$1",单击"确定"按钮,将数据透视表字段列表中的"月份"字段拖动到行标签中,将"销售地区"字段拖动到列标签中,将"销售数量"和"销售额"字段拖动到∑数值中,如图 5.43 所示,生成的数据透视表如图 5.44 所示。

图 5.42　前六个月面膜产品销售情况数据　　　　图 5.43　设置数据透视表字段列表

图 5.44　数据透视表

(2) 右击单元格 I4，在弹出的快捷菜单中的"值显示方式(A)"
的列表中选择"总计的百分比(G)"，如图 5.45 所示，设置总计百
分比后的数据透视表如图 5.46 所示。

3. 案例的结果分析

本案例中用数据透视表分析了2019年永清化妆品公司面膜前
六个月产品销售情况，分析数据采用的是二维数组方式，从图 5.44
与图 5.46 对比能够看出用总计百分比更直观，销售三区的销售情
况最好，各月份每个地区销售比较稳定且变化不大。

图 5.45　设置"插入计算字段"对话框

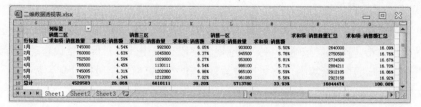

图 5.46　设置总计百分比后的数据透视表

5.2.3　数据透视表分组

对数据透视表中的数据进行分组，可以帮助显示要分析的数据的子集。

(1) 数字组合

等步长自动组合，选中行标签中的任意单元格，右击创建组；自己修改步长值。

按不等步长组合，选中多个数据(按下 Ctrl 见可以选择不连续的多个单元格)右击创建组，手动更改名称。

(2) 时间组合

按月组合，如果跨年度必须选中年月。

按季度组合，如果跨季度必须选中年。

按日组合最灵活，可以任意选择天数，以实现按周组合。

【案例 5.10】以案例 5.8 中的某产品 2017～2019 海外销售数据为数据源，用数据透视表分组方法分析销售情况。

1. 案例的数据描述

将"一维数据透视表.xlsx"文件中的数据复制到"数据透视表分组.xlsx"文件中，用"订单 ID"和"订单金额"作一个数据透视表，"订单日期"和"订单金额"作一个数据透视表，如图 5.47 所示，对数据透视表进行如下分组：

(1) 定长分组；

(2) 不定长分组；

(3) 步长为年月分组。

2. 案例的操作步骤

(1) 右击单元格 G2，在弹出的快捷菜单中单击"创建组"命令，弹出"组合"对话框，将"步长(B)"设为 50，如图 5.48 所示，单击"确定"按钮，生成长度为 50 的定长分组，如图 5.49 所示。

(2) 右击单元格 G2，在弹出的快捷菜单中单击"取消组合"命令，取消上步的定长分组。右击单元格 G2: G121，在弹出的快捷菜单中单击"创建组"命令，出现"数据组 1"，修改成"分组一"，重复上述操作将数据分成不定长的四个组，如图 5.50 所示。

图 5.47　两个数据透视表效果

图 5.48　设置"组合"对话框

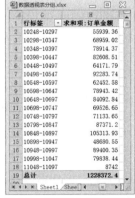

图 5.49　长度为 50 的定长分组

(3) 右击单元格 J2，在弹出的快捷菜单中单击"创建组"命令，弹出"组合"对话框，将"步长(B)"设为"月、年"，如图 5.51 所示，单击"确定"按钮，生成年月分组，如图 5.52 所示。

图 5.50　不定长的四个分组　　　　图 5.51　设置"分组"对话框　　　　图 5.52　年月分组

3. 案例的结果分析

本案例中对数据透视表进行了定长分组、不定长分组、年月分组操作，在数据分析处理过程中进行数据分类时可采取分组方法。

5.2.4　数据透视图

数据透视图是数据透视表的图表化，其制作方法有两种：

(1) 先制作数据透视表，然后再对数据透视表作图表，与制作普通图表没有什么差别。

(2) 直接制作数据透视图，制作时自动生成数据透视表。

【案例 5.11】已知某学校信息表数据，用数据透视图分析职称与性别的状况。

1. 案例的数据描述

已知某学校信息表数据，保存在"数据透视图.xlsx"文件中，数据如图 5.53 所示，直接制作数据透视图并分析。

2. 案例的操作步骤

打开"数据透视图.xlsx"文件，将光标定位到数据上选择"插入"→"表格"→"数据透视图"命令，打开"创建数据透视表"对话框，选择现有工作表选项按钮，在位置(L):输入"Sheet1!$A$13"，单击"确定"按钮，在现有工作表中出现数据透视表和图表两个区域，将数据透视表字段列表中的"职称"字段拖到行标签中，将"性别"字段拖到列标签中，将"姓名"字段拖到∑数值中，生成的数据透视表和数据透视图如图 5.54 所示，数据透视图中带有筛选按钮，图表内容可以随筛选的结果而变化。

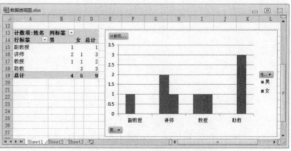

图 5.53　某学校信息表数据　　　　　　　图 5.54　数据透视表和数据透视图

3. 案例的结果分析

本案例中用数据透视图分析数据之间的关系，在制作数据透视图时直接生成了数据透视表，在数据分析中利用数据图表化更直观更便于分析。

本章小结

本章主要介绍了数据图表化方法，Excel 提供了图表、数据透视表、数据透视图等基本操作及在数据分析中的应用技巧，具体包括图表的类型、各类图表的创建、数据透视表组成、分组、数据透视图制作方法等内容，通过应用实例根据数据的不同特点来选择不同的图表化方法。

习题 5

一、填空题

1. 按图表与数据的关系，图表可分为独立图表和(　　　)。

2. 在图表类型中，(　　　)以曲线的上升或下降来表示统计数量的增减变化情况，不仅可以表示数量的多少，还可以反映数据的增减波动状态。

3. 在制作图表时可以利用快捷键快速地建立图表，(　　　)功能键快速制作嵌入式图表。

4. 当两组数值差别特别大时，主轴刻度以数值大的数据为准，数值小的数据的刻度以次轴为准，称这种图表为(　　　)。

5. 在动态图表中，可以通过(　　　)功能键刷新获得变化的图表。

6. (　　　)是一种让用户可以根据不同的分类、不同的汇总方式、快速查看各种形式的数据汇总报表，具有处理一维数据和二维数据的能力。

二、选择题

1. 在图表类型中，(　　　)用于分析某一事物在各个不同维度指标下的具体情况，并将各指标点连接成图。

  A. 气泡图　　　　　　　B. 雷达图　　　　　　　C. 股价图　　　　　　　D. 散点图

2. 在图表类型中，(　　　)以图形的方式直接显示各个组成部分所占的比例，各数据系列的比率汇总为 100%，适用简单的占比比例图。

  A. 折线图　　　　　　　B. 条形图　　　　　　　C. 饼图　　　　　　　D. 柱形图

3. 两种及两种以上的图表类型在同一个图表中绘制，以不同的图形来显示数据，且可以在图表中显示多组数据的图表是(　　　)。

  A. 双轴图表　　　　　　B. 复合饼图　　　　　　C. 动态图表　　　　　　D. 组合图表

4. 下列 Excel 2010 提供的函数中，能够返回由文本字符串指定的引用的函数是(　　　)。

  A. INDIRECT(　　)　　　　　　　　　　B. ADDRESS(　　)

  C. INDEX(　　)　　　　　　　　　　　　D. CELL(　　)

5. 数据透视表由四部分构成，其中(　　　)可以使放到该位置的字段包含在数据透视表的值区域中，并使用该字段中的值进行指定的计算。

    A. 报表筛选   B. 列标签   C. 行标签   D. 数值

6. 在制作图表时可以利用快捷键快速地建立图表，其中利用(　　)功能键能快速制作独立图表。

    A. F1   B. Alt+ F1   C. F11   D. Alt+ F11

三、综合题

1. 某班一次数学和计算机的考试成绩见表 5.1，请用散点图分析学生的学习情况。

表 5.1　数学和计算机的考试成绩

学号	数学	计算机
2019011003	84.4	84.6
2019011004	69	80.3
2019011005	78.8	71.6
2019011006	79	61.7
2019011008	92	86
2019011009	76.2	88.3
2019011010	66.8	71.4
2019011011	79.2	36.5
2019011012	75.1	76.6
2019011014	80.3	75.5
2019011015	81.8	71.3
2019011016	72.9	65.8
2019011017	59.6	86.5
2019011018	76.6	56.6
2019011019	84.8	60.3

2. 某公司的各季度销售计划、销售实额、完成度数据见表 5.2，请选择合适的图表类型分析公司的销售情况。

表 5.2　各季度销售计划、销售实额、完成度数据

季度	销售计划	销售实额	完成度
一季度	644	624	96.89%
二季度	585	604	103.25%
三季度	765	823	107.58%
四季度	723	782	108.16%

3. 某公司的各分公司的各项管理费用数据见表 5.3，请用 CHOOSE 函数和组合框建立动态图表，分析公司管理费用情况。

表5.3　各分公司的各项管理费用数据

分公司	招待费	礼品费	差旅费	办公费	书报费
第 1 分公司	26	68	12	45	3
第 2 分公司	45	20	13	42	4
第 3 分公司	56	99	18	21	5
第 4 分公司	23	23	21	56	7
第 5 分公司	45	67	23	78	8
第 6 分公司	34	78	28	34	3

4. 某公司六个月的不同销售地区的数据见表 5.4，请用数据透视图分析各月份不同销售地区的销售情况。

表5.4　六个月的不同销售地区的数据

月份	销售地区	销售数量	销售额
9 月	销售一区	803,000	806,000
9 月	销售二区	645,000	490,000
9 月	销售三区	992,000	984,000
10 月	销售一区	745,500	891,000
10 月	销售二区	760,000	520,000
10 月	销售三区	945,000	1,090,000
11 月	销售一区	653,000	906,000
11 月	销售二区	752,500	505,000
11 月	销售三区	1,029,000	1,058,000
12 月	销售一区	586,100	1,873,590
12 月	销售二区	668,000	459,200
12 月	销售三区	830,111	147,210
1 月	销售一区	465,100	833,690
1 月	销售二区	545,005	415,509
1 月	销售三区	202,000	283,800
2 月	销售一区	261,080	826,052
2 月	销售二区	850,078	425,148
2 月	销售三区	412,000	302,800

❀ 第6章 ❀
抽样与参数估计

抽样推断是在抽样调查的基础上,利用样本的实际数据计算样本指标,并据以推算总体相应数量特征的一种统计分析方法。在实际工作中,不可能、也没有必要每次都对总体的所有单位进行全面调查。在很多情况下,只需抽取总体的一部分单位作为样本,通过分析样本的实际资料,来估计和推断总体的数量特征,以达到对数据总体的认识。比如,要检验某种工业产品的质量,我们只需从中抽取一小部分产品进行检验,并用计算出来的合格率来估计全部产品的合格率,或是根据合格率的变化来判断生产线是否出现了异常。

抽样推断的应用场景主要包括:无法进行或没必要进行全面调查时,使用抽样法可以对总体有较好的认识;使用抽样法对全面调查的结果加以补充或修正;抽样法可用于对产品质量进行实时控制;抽样法可以对假设进行检验,降低实验成本。

抽样推断包括两大核心内容,参数估计和假设检验。两者都是根据样本资料,运用科学的统计理论和方法,对总体特征做出判断,其中参数估计是对所要研究的总体参数进行合乎数理逻辑的推断,而假设检验是对先前提出的某个假设进行检验,以判断真伪。

本章主要介绍统计抽样方法中的简单随机抽样和周期抽样,并介绍如何利用 Excel 的函数和工具进行抽样以及如何对总体特征指标进行参数估计。

6.1 抽样

抽样推断首先要抽取样本,根据抽取的原则不同,随机抽样方法分为简单随机抽样和周期抽样(等距抽样)。简单随机抽样又叫纯随机抽样,是最简单、最普遍的抽样组织方法,每次抽取时总体中的个体被抽到的概率完全相同。周期抽样法是对呈现一定的周期循环特征的总体数据按照周期值来选择抽样单位的固定间隔,然后按照这个固定间隔来抽取样本,使得选取的抽样单位也具有周期区间的性质,因此保留了总体样本的周期性,是一种非常适合于周期循环性总体样本的抽样方法。如铁路的月客流量,每年的暑假和春节前后都会出现波峰。再如冷饮的销售量,夏季销量很大,而冬季销量较小。对具有周期循环特征的数据使用随机抽样法会破坏样本的周期性,导致总体样本信息缺失,也就无法准确分析总体样本的特征。

在 Excel 中,抽样可以通过三种方法实现:

(1) 通过随机数函数抽取随机数实现简单随机抽样。

(2) 通过"随机数发生器"工具产生随机函数,实现简单随机抽样。

(3) 通过抽样分析工具产生随机数实现简单随机抽样,还可以使用抽样分析工具产生周期数实现周期抽样。

6.1.1　随机数函数抽样

Excel 提供了 RAND( )函数与 RANDBETWEEN( )函数产生随机数，通过在单元格中直接输入公式或者通过"插入函数"命令均可实现。

1. RAND 函数

产生 0～1(不包含 1)的平均分布随机小数，每次计算工作表时都将返回一个新的随机小数。每次编辑函数单元格后都会返回一个新的数值，即随单元格计算而改变。其语法格式如下：

RAND( )

该函数无参函数。

如果要使用函数 RAND( )产生一组随机数，并且不随单元格计算而改变，可以在编辑栏中输入"=RAND( )"，并保持编辑状态，然后按 F9 键，将公式永久性地改为随机数，但只能逐个单元格永久性更改。如果要将一组随机数公式永久性地改为随机数，可以全部选中复制之后，在"粘贴选项"或"选择性粘贴"中选择"粘贴数值"项中的 123 "值(v)"，这样就复制随机数公式产生的数值，而不是公式复制。

例如，公式"=RAND( )*(b-a+1)+a"生成 a 与 b 之间(即闭区间$[a,b]$)的随机数，如果想得到整数，就用"=INT(RAND( )*(b-a+1)+a)"，也可将输出结果的单元格区域设置单元格为数值格式，小数位数为 0 显示整数。

2. RANDBETWEEN 函数

产生介于两个指定数之间的一个随机数，每次计算工作表时都将返回一个新的随机整数。单元格编辑状态按 F9 键，将公式永久性地改为随机数。其语法格式如下：

RANDBETWEEN(bottom,top)

参数说明：

bottom：函数返回的最小整数。

top：函数返回的最大整数。

例如，RANDBETWEEN(a,b)生成 a 与 b 之间(即闭区间$[a,b]$)的随机整数。

6.1.2　随机数发生器抽样

Excel 的加载项"数据分析"中的"随机数发生器"提供了产生随机数的功能。"数据分析"项需要通过加载宏添加到"数据"选项卡。"随机数发生器"属于加载项"数据分析"中的基本功能之一，利用此功能可以产生多种类型和条件的随机数，实现简单随机抽样。

加载"数据分析"项的方法是选择"文件"→"选项"命令，弹出"Excel 选项"对话框，如图 6.1(a)所示。单击图 6.1(a)中的"加载项"，如图 6.1(b)所示。单击"转到"按钮，弹出"加载宏"对话框，如图 6.2(a)所示。选择"分析工具库"复选框，如图 6.2(b)所示，单击"确定"按钮，将"数据分析"项加载到"数据"选项卡中，如图 6.3 所示。

(a) 常规选项卡   (b) 加载项选项卡

图 6.1　Excel 选项

(a) 未选择可用加载宏   (b) 选择分析工具库

图 6.2　加载宏

图 6.3　数据选项卡加载数据分析项

　　"随机数发生器"工具的使用方法是选择"数据"→"数据分析"命令，弹出"数据分析"对话框，选择"分析工具"框中"随机数发生器"选项，如图 6.4 所示。单击"确定"按钮，弹出"随机数发生器"对话框，如图 6.5 所示。

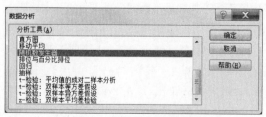 

图 6.4　"数据分析"对话框   图 6.5　"随机数发生器"对话框

"随机数发生器"对话框中的"变量个数"表示生成随机数的列数;"随机数个数"为随机数种子,是该组随机数的编号,在需要重复试验的时候,保证生成一样的随机数,0 或空白时每次都会产生不同的随机数;"分布"可以产生不同分布的随机数,简单随机抽样选择"均匀"分布。

6.1.3 抽样分析工具随机抽样

当总体太大而不能进行处理或绘制时,可以选用具有代表性的样本。Excel 给用户提供了"抽样"分析工具实现随机抽样,"抽样"分析工具以数据源区域为总体,从而为其创建一个样本。

"抽样"分析工具属于加载项"数据分析"中的基本功能之一。选择"数据"→"数据分析"命令,弹出"数据分析"对话框,如图 6.4 所示,在"分析工具"中选择"抽样"选项,单击"确定"按钮,弹出"抽样"对话框,如图 6.6 所示。

图 6.6 "抽样"对话框

"抽样"对话框中"输入"项中"输入区域"表示准备抽样的总体数据源区域,如果输入区域包括行标题或者列标题,要复选"标志";"抽样方法"选择"随机"项,"样本数"表示随机抽取样本的个数。

6.1.4 抽样分析工具周期抽样

"抽样"分析工具除了可以用来进行随机抽样外,还可以进行周期抽样。如果确认数据源区域中的数据是周期性的,就可以对一个周期中特定时间段中的数值进行采样,以更好地反映总体样本的特征。

使用抽样分析工具周期抽样方法:在图 6.6 中"抽样方法"选择"周期"项,"间隔"确定周期性数据的周期值。例如,如果数据源区域包含每年各个月的销售量数据,则以"12"为周期进行采样,将在输出区域中生成与数据源区域中相同月份的数值。

6.1.5 抽样分析案例

【案例 6.1】对学生编号使用随机数函数进行简单随机抽样。

1. 案例的数据描述

大学生科技节刚刚结束,学校想从未获得奖项的 50 名学生中随机抽取 5 名学生作为科技节参与奖,学生编号从 001 至 050,分别使用 Excel 的 RAND 函数和 RANDBETWEEN 函数随机选出 5 名学生的编号。

2. 案例的操作步骤

(1) 新建 Excel 工作簿,命名为"对学生编号进行简单随机抽样",在数据表中输入相关数据,并设计好输出结果区域,如图 6.7 所示。

(2) 使用 RAND 函数随机抽取 5 名学生编号。单击单元格 D7，并在单元格中输入公式 "=INT(RAND( )*(50-1+1)+1)"（或者 "=INT(RAND( )*($C$3-1+1)+1)"），按回车键得到随机抽取的一名学生编号，然后拖拽 D7 填充柄向下复制公式至 D11，即可得到随机抽取的 5 名学生编号，如图 6.8 所示。

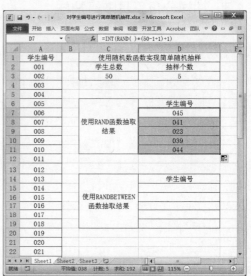

图 6.7　使用随机数函数实现简单随机抽样原始文档　　　　图 6.8　使用 RAND 函数的简单随机抽样结果

(3) 使用 RANDBETWEEN 函数随机抽取 5 名学生编号。单击单元格 D15，在单元格中输入公式 "=RANDBETWEEN(1,50)"，按回车键得到随机抽取的一名学生编号，然后拖拽 D15 填充柄向下复制公式至 D19，即可得到随机抽取的 5 名学生编号，如图 6.9 所示。

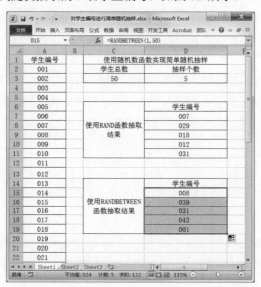

图 6.9　使用 RANDBETWEEN 函数的简单随机抽样结果

(4) 函数抽样也可以通过"插入函数"命令实现，以 RANDBETWEEN 函数为例。RANDBETWEEN 函数"函数参数"对话框如图 6.10(a)所示。在"Bottom"后的空白框中输入"1"，在"Top"后的空白框中输入"50"，如图 6.10(b)所示。单击"确定"按钮即可得到一个抽样结果，然后复制公式至其他单元格即可。

(a) Bottom 输入最小整数　　　　　　　　　(b) Top 输入最大整数

图 6.10　"函数参数"对话框

3. 案例的结果分析

在本案例中使用 Excel 自带的 RAND 函数和 RANDBETWEEN 函数对参加大学生科技节未获奖学生进行了简单随机抽样，从图中可以看出，输出的结果均是介于 0～50 之间的整数，对单元格格式设置为自定义"000_"，如图 6.11 所示，便可以当作学生编号的抽样结果。RAND 函数中引用学生总数 50 单元格要注意使用绝对引用$C$3，否则相对引用 C3，公式复制后将出现错误。每编辑一次函数单元格，将自动更新一组随机数。

图 6.11　设置单元格格式"自定义"格式

【案例 6.2】在音乐会现场使用随机数发生器进行幸运观众的随机抽样。

1. 案例的数据描述

学校音乐会演出，主持人准备从现场 500 名师生中随机抽取 10 名作为幸运观众，请使用随机抽样发生器抽出这 10 名幸运观众。

2. 案例的操作步骤

(1) 新建 Excel 工作簿，命名为"音乐会幸运观众简单随机抽样"，在单元格 A1 中输入"采用随机数发生器进行音乐会幸运观众抽样"，如图 6.12 所示。

(2) 打开"随机数发生器"对话框，如图 6.13 所示。对该对话框做以下设置：在"变量个数"文本框中输入"1"；在"随机数个数"文本框中输入"10"；单击"分布"后的下拉箭头按钮，选择"均匀"选项；在"参数"下的"介于"文本框中输入"1"和"500"；在"输出选项"中选中"输出区域"，并单击其后的折叠按钮(或者单击输入框)，选中 A2 单元格，如图 6.13 所示。

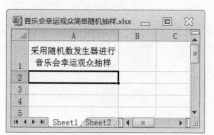

图 6.12　音乐会幸运观众简单随机抽样—原始文档

图 6.13　设置"随机数发生器"对话框

(3) 在图 6.13 中，单击"确定"按钮，在工作表 A2:A11 区域自动输入 10 个随机数，如图 6.14(a) 所示。

(4) 选中单元格区域 A2:A11，设置单元格格式为"数值"，并将"小数位数"设为 0，居中显示，如图 6.14(b)所示。

(a) 小数显示

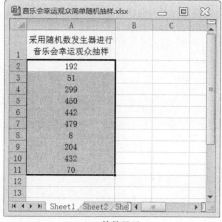

(b) 整数显示

图 6.14　使用随机数发生器抽取随机数

3. 案例的结果分析

该案例采用数据分析工具中的随机数发生器进行随机抽样，产生均匀分布的 1 至 500 之间的随机数作为幸运观众号。该工具不但简单易用，而且能够产生多类分布的随机数，在分析各种不同分布对应的分布图时也会用到。用户可以根据实际情况选择合适的分布。

【案例 6.3】使用抽样工具对 31 个地区资本形成总额进行随机抽样。

1. 案例的数据描述

2019 年我国 31 个地区的资本形成总额数据见表 6.1，要求使用抽样工具随机抽出 8 个样本。

表6.1　2019年我国内地31个地区的资本形成总额(单位：亿元)

地区	北京	天津	上海	江苏	浙江	安徽	福建	江西
总额	5456.2	5569.9	6866.0	17671.9	10707.3	5064.2	6969.7	4313.4
地区	河北	山西	内蒙古	辽宁	吉林	黑龙江	山东	河南
总额	9414.8	5060.7	7645.4	9562.0	6164.5	5117.8	18200.0	13394.1
地区	云南	西藏	陕西	甘肃	青海	宁夏	新疆	贵州
总额	3846.6	470.6	5537.2	2046.0	928.2	1438.8	2679.8	2230.5
地区	湖北	湖南	广东	广西	海南	重庆	四川	
总额	6957.0	6893.4	15069.0	5915.8	1054.2	3958.6	7836.6	

2. 案例的操作步骤

(1) 新建Excel工作簿，命名为"对31个地区资本形成总额的随机抽样"，将表6.1中地区和总额数据输入到工作表中。

(2) 打开"抽样"对话框，如图6.6所示。对该对话框做以下设置：单击"输入区域"后的折叠按钮，选中区域B1:B32；输入区域的第一行是标题，因此勾选"标志"复选框；在"抽样方法"一栏中选择"随机"选项，"样本数"设置为"8"；在"输出选项"中选中"输出区域"，并单击其后的折叠按钮，选中C2单元格，如图6.15所示。

(3) 单击"确定"按钮，输出的结果如图6.16所示。

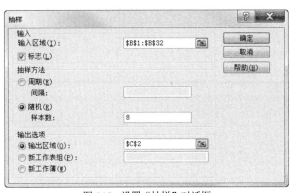

图6.15　设置"抽样"对话框

图6.16　使用抽样工具抽样结果

3. 案例的结果分析

该实例采用数据分析工具中的抽样分析工具进行随机抽样。抽样分析工具是从已知总体中抽取指定数量的样本,相对而言,该工具比随机数发生器操作起来更为简便,但是随机数发生器能够产生多种分布的随机数,所以抽样分析工具和随机数发生器的功能侧重点不同,用户可以根据实际需要选择最佳的抽样工具。"抽样"对话框中,输入区域和输出区域可以不单击折叠按钮后选择区域,而是单击折叠按钮前的文本编辑区后选择区域。

【案例6.4】使用抽样工具对社会消费品零售总额进行周期抽样。

1. 案例的数据描述

2012年5月份至2018年4月份我国社会消费品零售总额数据(由于数据较多,对2013年8月份至2017年12月份的数据进行了隐藏处理)如图6.17所示,使用周期抽样法从中抽取样本,查看每年相同月份的零售情况。例如,春节前后,人们的消费需求较其他月份大幅提高,社会消费品零售总额随之增加,因此月社会零售总额有着明显的周期循环特征,故对该样本总体进行周期抽样。

2. 案例的操作步骤

(1) 新建Excel工作簿,命名为"社会消费品零售总额的周期抽样"工作簿,将图6.17中社会消费品零售总额数据输入到工作表中。

(2) 打开"抽样"对话框,如图6.6所示。对该对话框做以下设置:单击"输入区域"编辑文本框,选中区域B2:B73;输入区域的第一行不是标题,因此不勾选"标志"复选框;在"抽样方法"一栏中选择"周期"选项,"周期"代表样本总体的循环周期,该实例是对社会消费品零售总额的月度数据进行抽样,而其以年为周期,即周期是12,所以设置"间隔"为"12";在"输出选项"中选择"输出区域",单击其后的编辑文本框,并单击C3单元格,如图6.18所示。

图6.17 社会消费品零售总额数据

图6.18 周期抽样对话框

(3) 单击"确定"按钮,按12为周期,抽取2006年至2011年每年4月份的零售总额周期抽样,结果如图6.19所示。

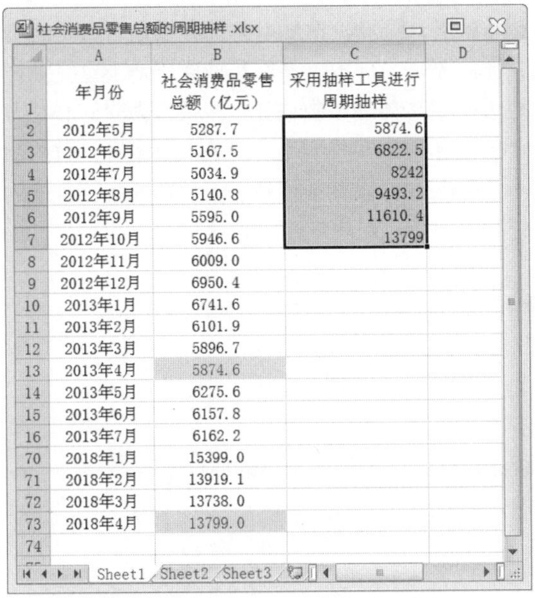
社会消费品零售总额的周期抽样.xlsx

	A	B	C	D
1	年月份	社会消费品零售总额（亿元）	采用抽样工具进行周期抽样	
2	2012年5月	5287.7	5874.6	
3	2012年6月	5167.5	6822.5	
4	2012年7月	5034.9	8242	
5	2012年8月	5140.8	9493.2	
6	2012年9月	5595.0	11610.4	
7	2012年10月	5946.6	13799	
8	2012年11月	6009.0		
9	2012年12月	6950.4		
10	2013年1月	6741.6		
11	2013年2月	6101.9		
12	2013年3月	5896.7		
13	2013年4月	5874.6		
14	2013年5月	6275.6		
15	2013年6月	6157.8		
16	2013年7月	6162.2		
70	2018年1月	15399.0		
71	2018年2月	13919.1		
72	2018年3月	13738.0		
73	2018年4月	13799.0		
74				

Sheet1 Sheet2 Sheet3

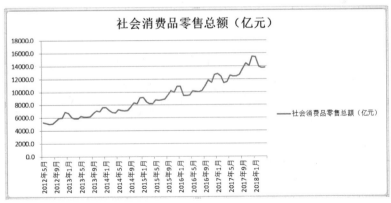

图 6.19　社会消费品零售总额周期抽样结果

3. 案例的结果分析

本案例中如果对该数据绘制折线图并添加趋势线，如图 6.20 所示，则可以一目了然地看出社会消费品零售总额呈现周期循环特征。因此对该总体应采用周期抽样，以准确反映样本总体的周期性特征。

虽然我国社会消费品各月份零售总额不尽相同，与其他月份相比春节前后总额更大，但我国社会消费品零售总额是逐年同比增长的，从抽样结果很容易发现这一点，这也与向上倾斜的趋势线描述的结果一致。

图 6.20　社会消费品各月份零售总额折线图

6.2 参数估计

参数估计是用样本统计量去估计总体的参数的一种情况，即利用抽样调查取得的样本指标估计和推断总体指标或总体参数的一种统计推断方法。根据从总体中抽取的随机样本来估计总体分布中未知参数的过程。由于估计时的条件不同，例如，总体分布是否为正态分布，总体方差是否已知，用于构造估计量的样本是大样本还是小样本，是重复抽样还是不重复抽样，不同情况下对总体均值估计的方法也有所不同。对于两个总体的参数估计，主要有两个总体的均值之差($\mu_1-\mu_2$)、两个总体的方差比σ_1^2/σ_2^2等。参数估计要处理两个问题，一是求出未知参数的估计量；二是在一定信度(可靠程度)下指出所求的估计量的精度。信度一般用概率表示，如可信程度为95%；精度用估计量与被估参数(或待估参数)之间的接近程度或误差来度量。

6.2.1 参数估计的基本概念

1. 估计量与估计值

(1) 估计量

用来估计总体参数的统计量称为估计量。常用的估计量有：

① 样本均值$\bar{x} = \frac{1}{n}\sum_{i=1}^{n} x_i$ 是总体均值的估计量；

② 样本方差(或样本标准差)$s^2 = \frac{1}{n-1}\sum_{i=1}^{n}(x_i - \bar{x})^2$ 为总体方差(或总体标准差)的估计量；

③ 样本比率$\tilde{p} = \frac{a}{n}$为总体比率的估计量，其中a为样本中具有规定特征的单位数。

(2) 估计值

用来估计总体参数时计算出来的估计量的具体数值称为估计值，也就是样本估计量的具体观察值。例如，100个男生的平均身高，即样本均值$\bar{x}$是一个估计量，假如$\bar{x}$=1.72米，那么这个1.72就是一个估计值。

2. 点估计与区间估计

参数估计的方法分为点估计和区间估计两种。下面分别介绍两种参数估计方法：

(1) 点估计

点估计就是用样本统计量$\hat{\theta}$的某个取值直接作为总体参数θ的估计值，即直接用样本指标的某个取值作为总体指标的估计值，亦称为定值估计。例如，用样本均值$\bar{x}$作为总体均值μ的估计值，用样本的方差s^2作为总体方差σ^2的估计值等。如：随机抽出10个男同学测出平均身高为1.72米，我们就用1.72作为全体男同学平均身高的一个估计值，这就是总体均值的点估计方法。

点估计的优点在于它能够明确地估计总体参数，但一般该值不一定会等于总体参数的真值。我们无从知道它估计值与真值的误差以及估计可靠性如何，而区间估计则可弥补这种不足。

(2) 区间估计

区间估计是根据样本统计量给出总体参数值的可能区间的方法，即在一定的概率保证下，用以点估计值为中心的一个区间范围来估计总体指标值的一种估计方法。为了使推算的结果可信，可以设置一个区间，使推断的结果包括在这一范围内，这一区间称为置信区间，其中区间的最小值称为置信下限，最大值称为置信上限。而置信区间中包含总体参数真值的概率$p=1-\alpha$，称为置信概率，也称作置信水平或置信系数，其含义是：构造置信区间的步骤重复多次，置信区间中包含总体参数真值的次数所占的比率。

例如，从总体中抽取样本构造置信区间，有95%的区间包含了总体参数的真值，则95%这个数值就被称为置信水平。

一般来说，当样本量给定时，置信区间的宽度随着置信系数的增大而增大，随着置信系数的减小而减小，这是因为区间比较大时，才能使包含参数真值的概率较大；而当置信水平固定时，置信区间的宽度随样本量的增大而减小，显然，较大的样本所提供的有关总体的信息比较小的样本多。

3. 估计量的标准特点

在对总体参数做出估计时，并非所有的估计量都是优良的。对于点估计量来说，一个好的估计量有如下三个标准。

(1) 无偏性

无偏性是指样本统计量的期望值等于该统计量所估计的总体参数。若以 θ 表示被估计的总体参数，$\hat{\theta}$ 表示 θ 的无偏估计量，则有 $E(\hat{\theta}) = \theta$。

(2) 一致性

当样本容量 n 增大时，如果估计量越来越接近总体参数的真值，就称这个估计量为一致估计量。估计量的一致性是从极限意义上讲的，它适用于大样本的情况。如果一个估计量是一致估计量，那么采用大样本则更加可靠。

(3) 有效性

有效性的概念是指估计量的离散程度。对给定的样本容量而言，如果两个估计量都是无偏的，其中方差较小的估计量相对来说更有效。

6.2.2　总体方差已知情况下的总体均值区间估计

当总体方差已知且服从正态分布时，样本均值 $\bar{x}$ 的抽样分布仍为正态分布，其数学期望为总体均值 μ，方差为 σ^2/n。而样本均值经过标准化以后的随机变量则服从标准正态分布，即：

$$z = \frac{\bar{x} - \mu}{\sigma / \sqrt{n}} \sim N(0,1) \tag{6-1}$$

根据式(6-1)可以得出总体均值 μ 所在的 $(1-\alpha)$ 置信水平下的置信区间为：

$$\bar{x} \pm z_{\alpha/2} \frac{\sigma}{\sqrt{n}} \tag{6-2}$$

其中，$\bar{x} - z_{\alpha/2} \frac{\sigma}{\sqrt{n}}$ 称为置信下限，$\bar{x} + z_{\alpha/2} \frac{\sigma}{\sqrt{n}}$ 称为置信上限；α 是事先所确定的总体均值不包括在置信区间的概率；$1-\alpha$ 称为置信水平。

在很多情况下，我们遇到的总体为非正态分布，但根据中心极限定理，当样本容量 n 足够大时，无论总体服从什么分布，样本均值 $\bar{x}$ 的抽样分布将近似服从正态分布。因此，仍可以利用公式(6-2)近似估计。

对于服从正态分布或者大样本容量的总体，在 Excel 2010 中提供了 CONFIDENCE.NORM 函数用来计算 $z_{\alpha/2} \frac{\sigma}{\sqrt{n}}$。

CONFIDENCE.NORM 函数返回置信区间为某一范围的值，语法格式如下：

CONFIDENCE.NORM(alpha,standard_dev,size)

参数说明：

alpha：计算置信度的显著水平参数。置信度等于 100*(1-alpha)%，即如果 alpha 为 0.05，则置信度为95%(本书中全部采用这一数据)。如果 alpha≤0 或 alpha≥1，则函数 CONFIDENCE.NORM 返回错误值#NUM!。

standard_dev：数据区域的总体标准偏差，此时为 $\frac{\sigma}{\sqrt{n}}$ 且已知。如果 standard_dev≤0，则函数 CONFIDENCE.NORM 返回错误值#NUM!。

size：样本容量。如果 size<1，则函数 CONFIDENCE.NORM 返回错误值#NUM!。

如果任意参数为非数值型，则函数 CONFIDENCE.NORM 返回错误值 #VALUE!。置信区间为一个值区域，样本均值 $\bar{x}$ 位于该区域的中间，置信区间为 $\bar{x}\pm$CONFIDENCE.NORM。

6.2.3　总体方差未知且为小样本情况下的总体均值区间估计

总体方差未知且为小样本时，我们可以计算样本标准差 s，并用它来代替总体标准差 σ。但此时新的统计量不再服从正态分布，而是服从自由度为(n-1)的 t 分布：

$$t=\frac{\bar{x}-\mu}{s/\sqrt{n}}\sim t(n-1) \tag{6-3}$$

因此，在小样本情况下，我们可借用 t 分布来估计总体均值。根据 t 分布建立的总体均值 μ 在 $1-\alpha$ 的置信水平下的置信区间为：

$$\bar{x}\pm t_{\alpha/2}\frac{s}{\sqrt{n}} \tag{6-4}$$

式中，$t_{\alpha/2}$ 是自由度为(n-1)时，t 分布中右侧面积为 $\alpha/2$ 的 t 值。

对于总体方差未知且为小样本下的均值估计，Excel 提供了 T.INV.2T 函数用于计算 $t_{\alpha/2}$。T.INV.2T 函数返回 t 分布的双尾区间点，函数的语法格式如下：

T.INV.2T(probability,deg_freedom)

参数说明：

probability：对应于双尾 t 分布的概率。如果 probability≤0 或 probability>1，则函数 T.INV.2T 返回错误值#NUM!。

deg_freedom：样本的自由度。如果 deg_freedom<1，则函数 T.INV.2T 返回错误值#NUM!。

如果其中任何一个参数为非数值型，则函数 T.INV.2T 返回错误值#VALUE!。置信区间为一个值区域，样本均值 $\bar{x}$ 位于该区域的中间，置信区间为 $\bar{x}\pm$T.INV.2T*$s/\sqrt{n}$。

6.2.4　总体方差未知且为大样本情况下的总体均值区间估计

当总体方差未知且为大样本时，即样本容量大于 30 时为大样本，可用标准正态分布近似地当作 t 分布。因此，在实际工作中，只有在小样本的情况下，才应用 t 分布，而对于大样本，则通常采用正态分布来构造总体均值的置信区间。另外，根据中心极限定理，从非正态总体中抽样时，只要能够抽取大样本，那么，样本均值的抽样分布就会服从正态分布。

因为总体方差未知，所以用样本标准差$s / \sqrt{n}$代替总体标准差$\sigma / \sqrt{n}$。这时，总体均值在$1-\alpha$的置信水平下的置信区间为：

$$\bar{x} \pm z_{\alpha/2} \frac{s}{\sqrt{n}} \tag{6-5}$$

这里仍然利用 Excel 提供的 CONFIDENCE.NORM 函数来计算$z_{\alpha/2} \frac{s}{\sqrt{n}}$，置信区间为$\bar{x} \pm$CONFIDENCE.NORM。

6.2.5　总体方差的区间估计

在实际问题中，有时不仅需要了解总体的均值，还需要知道总体水平的波动程度，这就需要对总体方差进行估计。

由抽样分布的知识可知，样本方差服从自由度为$(n-1)$的X^2分布。因此，用X^2分布构造总体方差的置信区间。给定一个显著性水平α，由于$\frac{(n-1)s^2}{\sigma^2} \sim X^2(n-1)$，于是有$X_{1-\alpha/2}^2 \leqslant \frac{(n-1)s^2}{\sigma^2} \leqslant X_{\alpha/2}^2$，从而可以推出总体方差$\sigma^2$在$(1-\alpha)$置信水平下的置信区间为：

$$\frac{(n-1)s^2}{X_{\alpha/2}^2} \leqslant \sigma^2 \leqslant \frac{(n-1)s^2}{X_{1-\alpha/2}^2} \tag{6-6}$$

对于总体方差的估计，Excel 分别提供了 CHISQ.INV 函数和 CHISQ.INV.RT 函数用于计算给定概率的X^2分布的左尾和右尾区间点$X_{1-\alpha/2}^2$和$X_{\alpha/2}^2$。

1. CHISQ.INV 函数

返回给定概率的X^2分布的左尾区间点。其语法格式如下：

CHISQ.INV(probability,deg_freedom)

参数说明：

probability：对应于X^2分布的左尾概率。如果 probability<0 或 probability>1，则函数将返回错误值#NUM!。

deg_freedom：样本的自由度。如果 deg_freedom<1，则函数将返回错误值#NUM!。

如果其中任何一个参数为非数值型，则函数将返回错误值#VALUE!。

2. CHISQ.INV.RT 函数

返回给定概率的X^2分布的右尾区间点。其语法格式如下：

CHISQ.INV.RT(probability,deg_freedom)

参数说明：

probability：对应于X^2分布的右尾概率。

deg_freedom：样本的自由度。

6.2.6 两个总体均值之差的区间估计

总体均值估计可以估计单个总体平均值，若要比较两个总体平均水平的高低，就需要使用总体均值之差的估计。

设两个总体的均值分别为μ_1和μ_2，从两个总体中分别抽取样本量为n_1和n_2的两个随机样本，其样本均值分别为$\bar{x}_1$和$\bar{x}_2$。估计两个总体均值之差$(\mu_1-\mu_2)$的估计量显然是两个样本的均值之差$(\bar{x}_1-\bar{x}_2)$。对于两个总体均值之差的估计，需要考虑两个样本是独立样本还是匹配样本，是大样本还是小样本等情况。如果一个样本中的元素与另一个样本中的元素相互独立，则两个样本为独立样本；否则为匹配样本。本节主要介绍两样本为独立且大样本的情况下均值之差的区间估计。

如果两个总体都服从正态分布或两个总体不服从正态分布但两个样本都为大样本，根据抽样分布的知识可知，两个样本均值之差$(\bar{x}_1-\bar{x}_2)$的抽样分布服从期望值为$(\mu_1-\mu_2)$、方差为$\dfrac{\sigma_1^2}{n_1}+\dfrac{\sigma_2^2}{n_2}$的正态分布，而两个样本均值之差经标准化后服从标准正态分布，即：

$$z=\frac{(\bar{x}_1-\bar{x}_2)-(\mu_1-\mu_2)}{\sqrt{\dfrac{\sigma_1^2}{n_1}+\dfrac{\sigma_2^2}{n_2}}}\sim N(0,1) \tag{6-7}$$

(1) 当两个总体的方差σ_1^2和σ_2^2都已知时，两个总体均值之差$(\mu_1-\mu_2)$在$(1-\alpha)$置信水平下的置信区间为：

$$(\bar{x}_1-\bar{x}_2)\pm z_{\alpha/2}\sqrt{\frac{\sigma_1^2}{n_1}+\frac{\sigma_2^2}{n_2}} \tag{6-8}$$

(2) 当两个总体的方差σ_1^2和σ_2^2未知时，可用两个样本方差s_1^2和s_2^2来代替，这时，两个总体均值之差$(\mu_1-\mu_2)$在$(1-\alpha)$置信水平下的置信区间为：

$$(\bar{x}_1-\bar{x}_2)\pm z_{\alpha/2}\sqrt{\frac{s_1^2}{n_1}+\frac{s_2^2}{n_2}} \tag{6-9}$$

6.2.7 两个总体方差比的区间估计

两个总体均值之差的估计用于比较两个总体平均水平的高低，若要比较两个总体的稳定性、精度等需要使用总体方差比的区间估计。例如，比较两台机器生产的产品性能稳定性，比较不同测量工具的精度等。

由于两个样本方差比的抽样分布服从F分布，因此可用F分布来构造两个总体方差比的置信区间。由于$\dfrac{s_1^2}{s_2^2}\cdot\dfrac{\sigma_2^2}{\sigma_1^2}\sim F(n_1-1,n_2-1)$，于是有$F_{1-\alpha/2}\leqslant\dfrac{s_1^2}{s_2^2}\cdot\dfrac{\sigma_2^2}{\sigma_1^2}\leqslant F_{\alpha/2}$，从而两个总体方差比在$(1-\alpha)$置信水平下的置信区间为：

$$\frac{s_1^2/s_2^2}{F_{\alpha/2}}\leqslant\frac{\sigma_1^2}{\sigma_2^2}\leqslant\frac{s_1^2/s_2^2}{F_{1-\alpha/2}} \tag{6-10}$$

其中，$F_{\alpha/2}$和$F_{1-\alpha/2}$是分子自由度为(n_1-1)和分母自由度为(n_2-1)的F分布上侧面积为$\alpha/2$和

$(1-\alpha/2)$的分位数。

对于总体方差比的估计，Excel 分别提供了 F.INV 函数和 F.INV.RT 函数用于计算给定概率的 F 分布的左尾和右尾区间点 $F_{1-\alpha/2}$ 和 $F_{\alpha/2}$。

1. F.INV 函数

返回给定概率的 F 分布的左尾区间点，其语法格式如下：

F.INV(probability,deg_freedom1,deg_freedom2)

参数说明：

probability：对应于 F 分布的左尾概率。如果 probability<0 或 probability>1，则函数将返回错误值#NUM!。

deg_freedom1：分子的自由度。

deg_freedom2：分母的自由度。如果 deg_freedom1<1 或 deg_freedom2<1，则函数将返回错误值 #NUM!。

如果其中任何一个参数为非数值型，则函数将返回错误值#VALUE!。

2. F.INV.RT 函数

返回给定概率的 F 分布的右尾区间点。其语法格式如下：

F.INV.RT(probability,deg_freedom1,deg_freedom2)

参数说明：

probability：对应于 F 分布的右尾概率。

deg_freedom1：分子的自由度。

deg_freedom2：分母的自由度。

在 Excel 中，用于返回两组数据的左、右尾 F 概率分布的函数是 F.DIST 函数和 F.DIST.RT 函数，即与 F.INV 函数和 F.INV.RT 函数互为反函数。

6.2.8　参数估计案例

【案例 6.5】在总体方差已知的总体均值估计情况下，对某企业生产车间采购原材料平均重量进行区间估计。

1. 案例的数据描述

某企业生产车间采购负责人希望估计购入的一批 2000 包原材料的平均重量，已知原材料的总体标准差为 9kg，对随机抽取的 100 个样本称重后所计算出的每包平均值为 48kg。试在 95%的置信水平下对该批原材料的平均重量进行区间估计。

2. 案例的操作步骤

(1) 新建 Excel 工作簿，命名为"总体方差已知的原材料平均重量的区间估计"，将相关文字和数据输入到工作表中，如图 6.21 所示。下面依据 6-2 公式 $\bar{x}\pm z_{\alpha/2}\dfrac{\sigma}{\sqrt{n}}$ 计算置信上限与置信下限，求出该批原材料在 95%的置信水平下的平均重量区间估计。

(2) 通过 CONFIDENCE.NORM 函数计算 $z_{\alpha/2}\dfrac{\sigma}{\sqrt{n}}$。单击单元格 B6，选择工具栏中的"公式"→"函数库"→"插入函数"命令，弹出"插入函数"对话框，在"或选择类别"下拉菜单中选择"统计"，在"选择函数"下拉菜单中选择"CONFIDENCE.NORM"函数，如图 6.22 所示。单击"确定"按钮，弹出"函数参数"对话框，在 Alpha 文本框中输入显著性水平(事先所确定的总体均值不包括在置信区间的概率 5%，1-置信水平)"1-B5"，在 Standard_dev 文本框中输入已知的总体标准差"B4"，在 Size 文本框中输入样本个数"B2"，如图 6.23 所示。单击"确定"按钮，会得到 $z_{\alpha/2}\dfrac{\sigma}{\sqrt{n}}$ 的计算结果为 1.763967586，如图 6.24 所示。

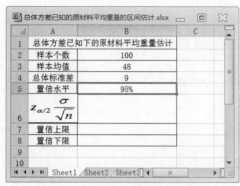

图 6.21　原材料平均重量估计原始数据

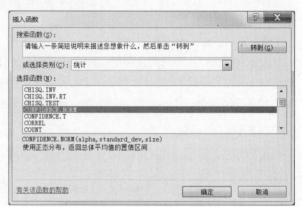

图 6.22　"插入函数"对话框

图 6.23　"函数参数"对话框

图 6.24　CONFIDENCE.NORM 函数的结果

(3) 计算置信上限与置信下限。单击单元格 B7, 输入公式 "=B3+B6", 按回车键即可得到置信上限为 49.76396759; 单击单元格 B8, 并输入公式 "=B3-B6", 按回车键即可得到置信下限为 46.23603241, 最终结果如图 6.25 所示。

(a) 置信上限   (b) 置信下限

图 6.25 原材料平均重量估计结果

3. 案例的结果分析

通过插入 "CONFIDENCE.NORM" 函数, 我们对该实例进行了总体均值估计, 从计算结果可以得出, 该企业有 95%的把握认为购入的这批原材料的平均重量为 46.23603241kg～49.76396759kg。

虽然本例的数据说明中并未说明总体是否服从正态分布, 但因为样本容量较大(为 2000), 亦可以按照正态分布的情况进行估计。

【案例6.6】总体方差未知且为小样本下对某企业生产车间生产产品平均重量的区间估计。

1. 案例的数据描述

某企业生产车间负责人希望估计生产的一批产品的平均重量, 该批产品的总体方差未知, 对随机抽取的 21 个样本称重后的结果见表 6.2。试在 95%的置信水平下对该批产品的平均重量进行区间估计。

表 6.2 随机抽取 21 个产品的重量   (单位: 千克)

55	58	55	53	59	58	35
54	58	56	57	58	54	36
55	58	61	54	56	57	41

2. 案例的操作步骤

(1) 新建 Excel 工作簿, 命名为 "总体方差未知且小样本的产品平均重量的区间估计", 将相关文字和数据输入到工作表中, 如图 6.26 所示。下面依据 6-4 公式 $\bar{x} \pm t_{\alpha/2}\dfrac{s}{\sqrt{n}}$ 计算置信上限与置信下限, 求出该批产品在 95%的置信水平下的平均重量区间估计。

(2) 计算样本均值。单击单元格 C3，输入公式"=AVERAGE(A2:A25)"，按回车键即可得到抽取的 21 个样本的平均重量为 53.71428571kg。

(3) 计算样本标准差。单击单元格 C4，输入公式"=STDEV.S(A2:A25)"，按回车键即可得到抽取的 21 个样本重量的标准差为 7.198214064。

(4) 通过 T.INV.2T 函数计算 $t_{\alpha/2}$。单击单元格 C6，输入"= T."，显示相关函数如图 6.27(a)所示，双击选择"T.INV.2T"函数，进行函数参数编辑，如图 6.27(b)所示。也可双击编辑栏"插入函数"按钮 f_x 弹出"函数参数"对话框，在"Probability"文本框中输入事先所确定的总体均值不包括在置信区间的概率"1-C5"，在"Deg_freedom"文本框中输入自由度样本个数减 1"C2-1"，如图 6.28 所示。

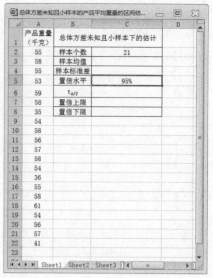

图 6.26　总体方差未知且小样本的产品数据

(a) 函数输入提示

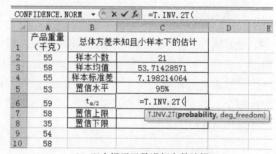

(b) 双击提示函数进行参数编辑

图 6.27　T.INV.2T 函数

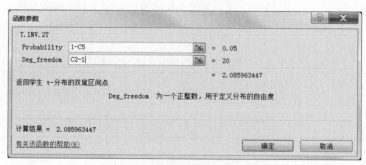

图 6.28　T.INV.2T "函数参数"对话框

(5) 计算置信上限与置信下限。单击单元格 C7，输入公式"=C3+C6*C4/SQRT(C2)"，按回车键即得置信上限为 56.99087347；同样，单击单元格 C8，输入公式"=C3-C6*C4/SQRT(C2)"，按回车键即得置信下限为 50.43769796。其中，C6*C4/SQRT(C2)相当于公式 $t_{\alpha/2}\dfrac{s}{\sqrt{n}}$。

3. 案例的结果分析

在该案例中，虽然总体方差未给定，但采用了可计算的样本方差来代替，然后又通过插入

"T.INV.2T"函数，对该企业生产的这批产品的平均重量进行了估计。从计算结果可以得出，该企业生产车间负责人有95%的把握认为生产的这批产品的平均重量为50.43769796kg～56.99087347kg。

【案例6.7】在总体方差未知且为大样本情况下，对某电器公司销售人员日均销量进行区间估计。

1．案例的数据描述

某电器公司管理人员希望估计销售部门的销售情况，日均销量的总体方差未知，从中随机抽取的40名销售人员日均销量见表6.3。试在95%的置信水平下对销售部门的日均销量进行区间估计。

表6.3　40名销售人员的日均销量　　　　　　　　　　（单位：台）

84	83	72	97	84	73	68	78
60	76	73	79	84	82	70	77
79	75	80	90	76	70	77	61
79	82	91	85	76	89	100	74
84	97	86	82	90	94	82	84

2．案例的操作步骤

(1) 新建 Excel 工作簿，命名为"总体方差未知且大样本的日均销量的区间估计"，将相关文字和数据输入到工作表中(13 行至 38 行设置隐藏)，如图 6.29 所示。下面依据 6-5 公式 $\bar{x} \pm z_{\alpha/2} \dfrac{s}{\sqrt{n}}$ 计算置信上限与置信下限，求出该电器公司销售人员在 95%的置信水平下的日均销量区间估计。

(2) 设置单元格格式。因为电器销售数量为离散型，首先将单元格格式设为整数。选中单元格 C3、C8 和 C9，右击鼠标，选择菜单中的"设置单元格格式"命令，弹出"设置单元格格式"对话框。选择"数字"选项卡，在"分类"列表中选定"数值"选项，并将"小数位数"设为"0"，表示要采取整数格式，最后单击"确定"按钮。

图6.29　销售人员日均销量数据

(3) 计算样本数量。单击单元格 C2，输入公式"=COUNT(A2:A41)"，按回车键即可得到抽取样本的数量为 40 台。

(4) 计算样本均值。单击单元格 C3，输入公式"=AVERAGE(A2:A41)"，按回车键即可得到抽取的 40 个样本的平均销售量为 81 台。

(5) 计算样本标准差。单击单元格 C4，输入公式"=STDEV.S(A2:A51)"，按回车键即可得到抽取的 40 个样本销量的标准差为 8.96。

(6) 计算 $z_{\alpha/2} \dfrac{\sigma}{\sqrt{n}}$。单击单元格 C6，通过"插入函数"命令打开"CONFIDENCE.NORM"函数"函数参数"对话框，在"Alpha"文本框中输入概率"1-C5"，在"Standard_dev"文本框中输入标准差"C4"，在"Size"文本框中输入样本数量"C2"，如图 6.30(a)所示。单击"确定"按钮，会得

到 $z_{\alpha/2}\dfrac{\sigma}{\sqrt{n}}$ 的计算结果为2.78，如图6.30(b)所示。

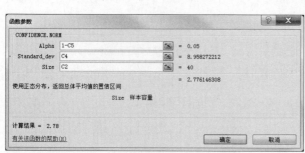

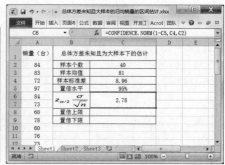

(a) "函数参数"对话框　　　　　　　(b) 函数计算结果

图6.30　CONFIDENCE.NORM 函数

(7) 计算置信上限与置信下限。单击单元格 C8，输入公式"=C3+C6"，按回车键即可得到置信上限为88.53；单击单元格 C9，输入公式"=C3-C6"，按回车键即可得到置信下限为83.47，最终结果如图6.31所示。

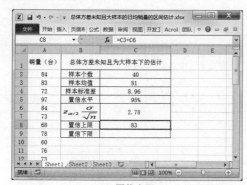

(a) 置信上限　　　　　　　　　　(b) 置信下限

图6.31　销售日均置信区间计算结果

3. 案例的结果分析

在该案例中，因为总体方差未知，所以首先通过计算样本方差以代替总体方差进行均值估计，然后通过插入"CONFIDENCE.NORM"函数得到销售部门日均销量的区间范围。从计算结果可以得出，该公司有95%的把握认为销售部门的日均销量介于78～83台之间。

【案例6.8】使用总体方差对某食品生产企业生产食品的重量方差进行区间估计。

1. 案例的数据描述

某食品生产企业以生产袋装食品为主，每天的产量在2500袋左右。按照规定，每袋的重量应为200g。为对产品质量进行监测，企业质检部门定期对产品进行抽检，以分析每袋食品的重量是否符合要求。现从某天生产的一批食品中随机抽取24袋，并测得重量见表6.4所示。试在95%的置信水平下对该袋装食品的重量方差进行区间估计。

表 6.4　随机抽取的 25 袋食品的重量　　　　　　（单位：克）

202.8	193.3	201.4	236.8	198.5	212.5
195.4	205	197.8	216.6	208.6	202
223.5	202.2	202	200	201.6	200.5
207.5	215.6	195	202.6	208.8	201

2. 案例的操作步骤

(1) 新建 Excel 工作簿，命名为"食品重量总体方差的区间估计"，将相关文字和数据输入到工作表中，如图 6.32 所示。下面依据 6-6 公式

$$\frac{(n-1)s^2}{X_{\alpha/2}^2} \leqslant \sigma^2 \leqslant \frac{(n-1)s^2}{X_{1-\alpha/2}^2}$$ 计算置信上限与置信

下限，求出该食品生产企业在 95% 的置信水平下的对所生产袋装食品的重量方差进行区间估计。

(2) 计算样本个数。单击单元格 C2，并输入公式"=COUNT(A2:A25)"，按回车键即可得到抽取样本的个数为 24。

(3) 计算样本均值。单击单元格 C3，并输入公式"=AVERAGE(A2:A25)"，按回车键即可得到抽取的 24 个样本的平均重量为 205.5g。

(4) 计算样本标准差。单击单元格 C4，并输入公式"=STDEV.S(A2:A25)"，按回车键即可得到抽取的 24 个样本重量的标准差为 9.848015323。

(5) 通过 CHISQ.INV.RT 函数计算给定概率的分布 X^2 的右尾区间 $X_{\alpha/2}^2$。使用"插入函数"命令，

图 6.32　食品重量总体方差估计原始数据

打开"CHISQ.INV.RT"函数的"函数参数"对话框，在"Probability"文本框中输入"(1-C5)/2"，在"Deg_freedom"文本框中输入"C2-1"，如图 6.33(a)所示，按回车键得到计算结果为 38.07563，如图 6.33(b)所示。

(a) "函数参数"对话框

(b) 函数计算结果

图 6.33　CHISQ.INV.RT 函数

(6) 通过 CHISQ.INV 函数计算给定概率的分布 X_2 的左尾区间 $X_{1-\alpha/2}^2$。打开 "CHISQ.INV" 函数的 "函数参数" 对话框,在 "Probability" 文本框中输入概率(1-置信度)/2 "(1-C5)/2",在 "Deg_freedom" 文本框中输入自由度 $n-1$ "C2-1",如图 6.34(a)所示,按回车键得到计算结果为 11.68855192,如图 6.34(b)所示。

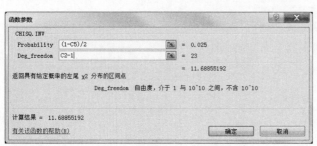

| (a) "函数参数" 对话框 | (b) 函数计算结果 |

图 6.34　CHISQ.INV 函数

(7) 计算置信上限和置信下限。单击单元格 C10,输入公式 "=(C2-1)*C4^2/C8",(C2-1)表示自由度,C4 表示样本标准差,C8 表示 $X_{1-\alpha/2}^2$,相当于计算公式 $\dfrac{(n-1)s^2}{X_{1-\alpha/2}^2}$,得到置信上限为 190.8378684;同样,单击单元格 C11,并输入公式 "=(C2-1)*C4^2/C6",相当于计算公式 $\dfrac{(n-1)s^2}{X_{\alpha/2}^2}$,得到置信下限为 58.58388934。计算结果如图 6.35 所示。

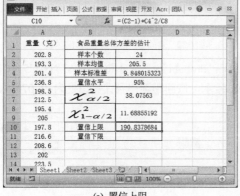

| (a) 置信上限 | (b) 置信下限 |

图 6.35　食品的重量方差置信区间计算结果

3. 案例的结果分析

对总体方差的区间估计是用 X^2 分布构造的。在本案例中,首先利用 Excel 提供的 CHISQ.INV 函数和 CHISQ.INV.RT 函数分别计算给定概率 X^2 分布的左尾和右尾区间点。然后,借助构造的 X^2 分布公式 $\dfrac{(n-1)s^2}{X_{\alpha/2}^2} \leq \sigma^2 \leq \dfrac{(n-1)s^2}{X_{1-\alpha/2}^2}$ 计算出袋装食品重量方差的区间范围。从计算结果可以得出,该食品生产企业有 95%的把握可以认为其生产的袋装食品总体重量方差为 58.58388934～190.8378684，如果对方差求算术平方根，则易得袋装食品总体重量标准差为 7.654011323～13.814408。

【案例 6.9】在两样本为独立且大样本情况下，对某地区两所中学学生中考数学分数的均值之差进行区间估计。

1. 案例的数据描述

某地区教育委员会希望估计当地 A、B 两所中学学生中考语文平均分数之差，为此从两所中学独立地各抽取了 50 名考生的分数。表 6.5 和表 6.6 分别是从 A、B 两所中学抽取的样本数据。试在 95%的置信水平下估计 A、B 两所中学学生中考语文平均分数之差。

表 6.5　从 A 中学随机抽取的 50 名考生的语文分数

75	78	82	82	90	88	82	84	97	64
80	91	92	89	80	89	61	85	71	90
86	94	94	81	88	88	90	77	79	96
84	81	86	77	79	78	80	97	98	91
98	97	86	98	80	87	74	91	79	78

表 6.6　从 B 中学随机抽取的 50 名考生的语文分数

70	90	90	60	75	76	64	85	80	84
88	75	76	76	80	70	61	89	95	90
79	78	60	88	60	88	97	60	60	97
60	85	80	86	99	95	75	69	99	69
86	95	69	90	64	85	60	85	76	90

2. 案例的操作步骤

(1) 新建 Excel 工作簿，命名为"两所中学学生中考语文分数的均值之差的估计"，将相关文字和数据输入到工作表中(隐藏了 12 行到 49 行)，如图 6.36 所示。下面依据 6-9 公式 $(\overline{x}_1 - \overline{x}_2) \pm z_{\alpha/2}\sqrt{\dfrac{s_1^2}{n_1} + \dfrac{s_2^2}{n_2}}$ 计算置信上限与置信下限，求出两所中学学生在 95%的置信水平下的中考语文分数均值之差进行区间估计。

图 6.36　两所中学学生中考语文分数均值之差的估计

(2) 计算两所中学语文成绩样本均值。单击单元格 D4，输入公式"=AVERAGE(A2:A51)"，按回车键即可得到从 A 中学抽取的 50 个样本分数的均值为 85；然后拖拽填充柄复制公式至单元格 E4，得到从 B 中学抽取的 50 个样本的平均分数为 79。

(3) 计算样本均值之差$(\overline{x}_1-\overline{x}_2)$。单击单元格 D5，并输入公式"=D4-E4"，按回车键即可得到两个样本均值之差为 6。

(4) 计算样本标准差。单击单元格 D6，并输入公式"=STDEV.S(A2:A51)"，按回车键即可得到从 A 中学抽取的 40 个样本分数的标准差为 8.447581468；然后将公式复制至 E6，得到从 B 中学抽取的 50 个样本分数的标准差为 12.18959074。

(5) 使用 NORM.S.INV 函数计算标准正态分布的区间点 $z_{\alpha/2}$。单击单元格 D8，打开"NORM.S.INV"函数的"函数参数"对话框，在"Probability"文本框中输入概率(1-置信度)"(1-D7)/2"，如图 6.37(a)所示，按回车键得到 $z_{\alpha/2}$ 计算结果为-1.959963985，如图 6.37(b)所示。

(a)"函数参数"对话框　　　(b) 函数计算结果

图 6.37　NORM.S.INV 函数

(6) 计算置信上限和置信下限。单击单元格 D9，输入公式"=D5-D8*SQRT(D6^2/D3+E6^2/ E3)"，D5 表示两个样本均值之差，D8 表示 $z_{\alpha/2}$，D6、E6 分别表示取自 A、B 中学的样本标准差，D3、E3 分别表示取自 A、B 中学的样本个数，相当于计算公式 $(\overline{x}_1-\overline{x}_2)-z_{\alpha/2}\sqrt{\dfrac{s_1^2}{n_1}+\dfrac{s_2^2}{n_2}}$，得到置信上限为 9.790766945；同样，在 D9 中输入公式"=D5+D8*SQRT(D6^2/D3+E6^2/E3)"，得到置信下限为 1.569233055。结果如图 6.38 所示。

(a) 置信上限　　　(b) 置信下限

图 6.38　两所中学学生中考语文分数均值之差置信区间计算结果

3. 案例的结果分析

从计算结果可以看出，当地教育委员会有 95%的把握可以认为，A、B 两所中学学生中考语文分数均值之差为 1.569233055 分～9.790766945 分，而且 A 中学学生在中考中语文成绩更好。

【案例 6.10】使用总体方差比的区间估计对某药企车间两台机器生产的冲剂重量的方差比进行区间估计。

1. 案例的数据描述

某企业是一家药品生产企业，为专门生产一种冲剂购进了两台不同型号的机器，为比较型号 1 和型号 2 机器的性能，各从两台机器生产的冲剂中随机抽取 18 袋，测得重量见表 6.7 所示。试在 95%的置信水平下对两台机器所生产的冲剂重量方差比进行估计。

表 6.7　两台机器生产的冲剂重量　　(单位：克)

型号 1	5.28	5.16	5.25	5.34	5.3	5.34	5.33	5.28	5.27
	5.2	4.3	5.29	5.3	5.05	5.28	5.22	4.19	5.38
型号 2	5.2	5.12	5.48	5.25	5.28	5.45	4.95	5.35	5.16
	5.28	5.75	5.22	5.38	5.5	4.98	5.9	5.22	5.7

2. 案例的操作步骤

(1) 新建 Excel 工作簿，命名为“两台机器生产的冲剂重量的方差比区间估计”，将相关文字和数据输入到工作表中，如图 6.39 所示。下面依据 6-10 公式 $\dfrac{s_1^2/s_2^2}{F_{\alpha/2}} \leqslant \dfrac{\sigma_1^2}{\sigma_2^2} \leqslant \dfrac{s_1^2/s_2^2}{F_{1-\alpha/2}}$ 计算置信上限与置信下限，求出两台机器在 95%的置信水平下生产的冲剂重量的方差比进行区间估计。

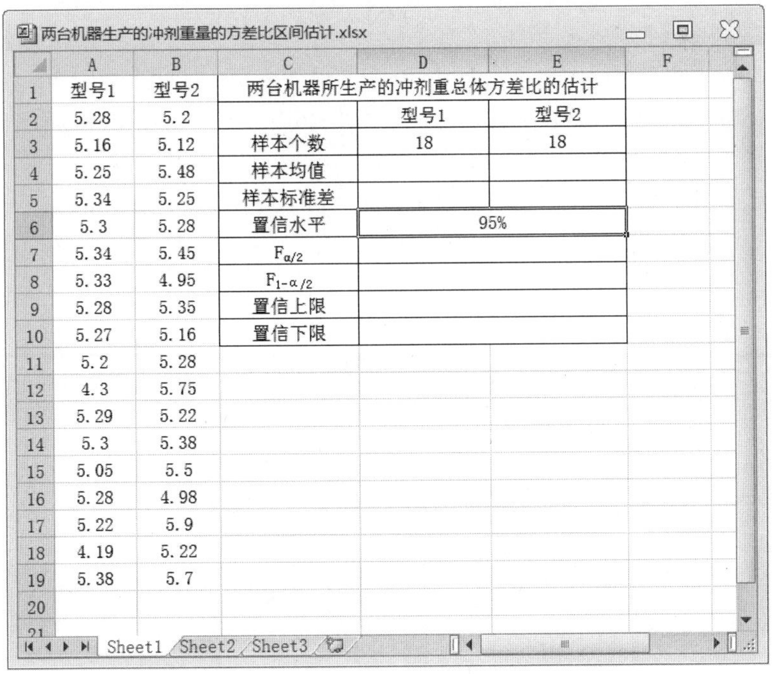

	A	B	C	D	E
1	型号1	型号2	两台机器所生产的冲剂重总体方差比的估计		
2	5.28	5.2		型号1	型号2
3	5.16	5.12	样本个数	18	18
4	5.25	5.48	样本均值		
5	5.34	5.25	样本标准差		
6	5.3	5.28	置信水平	95%	
7	5.34	5.45	$F_{\alpha/2}$		
8	5.33	4.95	$F_{1-\alpha/2}$		
9	5.28	5.35	置信上限		
10	5.27	5.16	置信下限		
11	5.2	5.28			
12	4.3	5.75			
13	5.29	5.22			
14	5.3	5.38			
15	5.05	5.5			
16	5.28	4.98			
17	5.22	5.9			
18	4.19	5.22			
19	5.38	5.7			

图 6.39　两台机器生产的冲剂重量的方差比区间估计

(2) 计算样本均值。单击单元格 D4，并输入公式 "=AVERAGE(A2:A19)"，按回车键即可得到从型号 1 机器生产的冲剂中抽取的 18 袋冲剂重量的均值为 5.15g；然后将公式复制至单元格 E4，得到从型号 2 机器生产的冲剂中抽取的 18 袋冲剂重量的均值为 5.34g。

(3) 计算样本标准差。单击单元格 D5，并输入公式 "=STDEV.S(A2:A19)"，按回车键即可得到从型号 1 机器生产的冲剂中抽取的 18 袋冲剂重量的标准差为 0.339428586；然后将公式复制至 E5，得到从型号 2 机器生产的冲剂中抽取的 18 袋冲剂重量的标准差为 0.253952417。

(4) 使用 F.INV.RT 函数计算给定概率的 F 分布的右尾区间点 $F_{\alpha/2}$。单击单元格 C7，打开 "F.INV.RT" 函数的 "函数参数" 对话框，在 "Probability" 中输入 F 分布概率 "(1-D6)/2"，在 "Deg_freedom1" 中输入分子(型号 1 机器)自由度 "D3-1"，在 "Deg_freedom2" 中输入分母(型号 2 机器)自由度 "E3-1"，如图 6.40(a)所示，单击 "确定" 按钮，即得到 $F_{\alpha/2}$ 计算结果为 2.67330038，如图 6.40(b)所示。

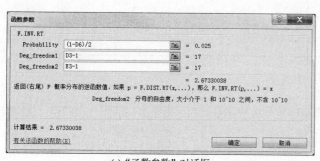

(a) "函数参数" 对话框　　　　(b) 函数计算结果

图 6.40　F.INV.RT 函数

(5) 使用 F.INV 函数计算给定概率的 F 分布的左尾区间点 $F_{1-\alpha/2}$。打开 "F.INV" 函数的 "函数参数" 对话框，在 "Probability" 中输入 F 分布概率 "(1-D6)/2"，在 "Deg_freedom1" 中输入分子(型号 1 机器)自由度 "D3-1"，在 "Deg_freedom2" 中输入分母(型号 2 机器)自由度 "E3-1"，如图 6.41(a)所示，单击 "确定" 按钮，即得到 $F_{\alpha/2}$ 计算结果为 0.374069449，如图 6.41(b)所示。

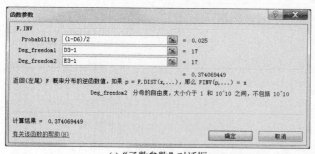

(a) "函数参数" 对话框　　　　(b) 函数计算结果

图 6.41　F.INV 函数

(6) 计算置信上限和置信下限。单击单元格 D9,输入公式 "=D5^2/E5^2/D8",D5 和 E5 分别表示取自型号 1 和型号 2 机器的样本标准差,D8 表示 $F_{1-\alpha/2}$,相当于计算公式 $\dfrac{s_1^2/s_2^2}{F_{1-\alpha/2}}$,得到置信上限为 4.775731345;同样,在 D10 中输入公式 "=D5^2/E5^2/D7",相当于计算公式 $\dfrac{s_1^2/s_2^2}{F_{\alpha/2}}$,得到置信下限为 0.66825831。结果如图 6.42 所示。

(a) 置信上限　　　　　　　　　　　(b) 置信下限

图 6.42　两台机器生产的冲剂重量的方差比置信区间计算结果

3. 案例的结果分析

本案例是通过 F 分布来构造总体方差比统计量的。F 分布在比较两个数据集的变化程度或稳定性中很常用。从计算结果可以看出,该药品生产企业有 95%的把握可以认为,两台机器所生产的冲剂重量总体方差比为 0.66825831～4.775731345,因为上限离 1 更远,显然型号 1 机器所生产的冲剂重量总体方差更大,也就是说型号 2 机器所生产的冲剂重量更稳定,性能更好。

本章小结

本章主要介绍了统计抽样和参数估计,统计抽样在实际工作中应用非常广泛,参数估计在统计推断中占据重要地位。统计抽样中介绍了最常见的两种抽样方法——随机抽样和周期抽样,并通过案例详细描述如何利用 Excel 所提供的函数功能、随机数发生器和抽样分析工具来实现统计抽样。参数估计中,点估计由于只涉及根据公式直接计算的问题,而不涉及具体的软件操作,所以本章重点介绍了区间估计。区间估计中主要介绍了一个总体的均值区间估计,包括总体方差已知、总体方差未知且为小样本和总体方差未知且为大样本下的均值区间估计,总体方差的区间估计,以及两个总体参数的区间估计,包括总体均值之差和总体方差比的区间估计。通过案例详细描述各种估计的置信区间计算的公式和操作步骤,尤其是涉及函数参数的运用,并对案例结果进行分析。

习题 6

一、填空题

1. 使用"抽样"分析工具除了可以进行随机抽样外，还可以进行(　　)抽样。

2. Excel 的加载项"数据分析"中的(　　)提供了随机数产生的功能，利用此功能可以产生多种类型和条件的随机数。

3. 参数估计是根据从(　　)中抽取的样本估计总体分布中包含的未知参数的方法。

4. (　　)是统计量中的一个具体数值，也就是样本估计量的具体观察值。

5. (　　)就是用样本统计量的某个取值直接作为总体参数的估计值，亦称为定值估计。

6. (　　)是在一定的概率保证下，用以点估计值为中心的一个区间范围来估计总体指标值的一种估计方法。

7. (　　)是指样本统计量的期望值等于该统计量所估计的总体参数。

8. 当样本容量 n 增大时，如果估计量越来越接近总体参数的真值时，就称这个估计量为(　　)估计量。

9. 有效性的概念是指(　　)的离散程度。

二、选择题

1. 在 Excel 中，不能实现抽样的方法是(　　)。

A. 随机数函数　　　　B. 抽样函数　　　　C. 随机数发生器　　　　D. 抽样分析工具

2. 在 Excel 中，生成 1 与 100 之间(即闭区间[1,100])的随机数不正确的公式是(　　)。

A. = RAND( )*(100-1+1)+1　　　　　　B. = RANDBETWEEN(1,100)

C. = RAND( )*100+1　　　　　　　　　D. = RAND( )*100

3. 在 Excel 中，加载项"数据分析"加载到(　　)选项卡中。

A. 插入　　　　B. 数据　　　　C. 公式　　　　D. 加载

4. 在 Excel 中，添加加载项"数据分析"是在(　　)菜单或选项卡设置"Excel 选项"。

A. 插入　　　　B. 数据　　　　C. 文件　　　　D. 加载

5. 在 Excel 中，"Excel 选项"对话框"加载项"中选择"分析工具库"后单击(　　)命令按钮能打开"加载宏"对话框。

A. 插入　　　　B. 确定　　　　C. 转到　　　　D. 加载

6. 估计量的标准特点不包括(　　)。

A. 无偏性　　　　B. 可估性　　　　C. 一致性　　　　D. 有效性

7. 对总体参数进行估计时相对应的样本统计量称为估计量，常用的估计量不包括(　　)。

A. 样本均值　　　　B. 样本比率　　　　C. 样本差值　　　　D. 样本方差(标准差)

8. 置信区间最小值称为置信下限，最大值称为置信上限，而置信区间中包含总体参数真值的概率描述不对的是(　　)。

A. 置信真值　　　　B. 置信水平　　　　C. 置信系数　　　　D. 置信概率

三、综合题

1. 某村为了解本村养牛专业户的养牛情况，准备从该村 35 户中随机抽取 5 户，然后对所抽取的养牛专业户进行全面调查。按要求完成下列内容：

(1) 采用随机数函数从该村 35 户中抽出 5 户；

(2) 采用随机数发生器从该村 35 户中抽出 5 户；

(3) 采用抽样分析工具从该村 35 户中抽出 5 户。

2. 我国自 2014 年 1 月份至 2018 年 12 月份的 31 个省份地区的居民消费价格指数见表 6.8。按要求完成下列内容：

(1) 采用简单随机抽样法抽取 10 个样本数据；

(2) 采用抽样分析工具对以上数据进行周期抽样。

表 6.8 我国 31 个省份地区居民的消费价格指数

统计年月份	居民消费价格指数	统计年月份	居民消费价格指数	统计年月份	居民消费价格指数
2014 年 1 月	100.5	2015 年 9 月	105.2	2017 年 5 月	102.5
2014 年 2 月	100.8	2015 年 10 月	104.2	2017 年 6 月	102.3
2014 年 3 月	101.4	2015 年 11 月	102.1	2017 年 7 月	102.5
2014 年 4 月	100.8	2015 年 12 月	101	2017 年 8 月	102.8
2014 年 5 月	100.7	2016 年 1 月	100.7	2017 年 9 月	102.6
2014 年 6 月	101	2016 年 2 月	98.9	2017 年 10 月	103.4
2014 年 7 月	102.1	2016 年 3 月	99	2017 年 11 月	104.3
2014 年 8 月	103.5	2016 年 4 月	98.6	2017 年 12 月	104.7
2014 年 9 月	103.7	2016 年 5 月	98.3	2018 年 1 月	104.8
2014 年 10 月	104.4	2016 年 6 月	98.2	2018 年 2 月	105.3
2014 年 11 月	105.3	2016 年 7 月	97.6	2018 年 3 月	105.5
2014 年 12 月	105	2016 年 8 月	97.2	2018 年 4 月	105.8
2015 年 1 月	105.3	2016 年 9 月	97.5	2018 年 5 月	105.5
2015 年 2 月	106.6	2016 年 10 月	97.7	2018 年 6 月	106.2
2015 年 3 月	106	2016 年 11 月	98.7	2018 年 7 月	106.4
2015 年 4 月	106.5	2016 年 12 月	99.4	2018 年 8 月	106.6
2015 年 5 月	106.3	2017 年 1 月	100	2018 年 9 月	106.5
2015 年 6 月	106.1	2017 年 2 月	101	2018 年 10 月	105.9
2015 年 7 月	106.3	2017 年 3 月	100.9	2018 年 11 月	104.6
2015 年 8 月	105.5	2017 年 4 月	101.8	2018 年 12 月	104.4

3. 某药厂用自动包装机装药，每包重量服从正态分布。某日开工后随机抽查 10 包的重量见表 6.9。试在 95% 的置信水平下按要求完成下列内容：

(1) 平均每包药重量的置信区间，若总体标准差为 5.8 克；

(2) 平均每包药重量的置信区间，若总体标准差未知。

表6.9　某药厂随机抽查 10 包药的重量　　　　　　　　　　　　　　（单位：克）

106	92	94	95	103
102	90	93	98	107

4. 某保险公司从投保人中随机抽取 30 人，每位投保人的年龄见表 6.10 所示。已知投保人员年龄近似服从正态分布。试在 95%的置信水平下按要求完成下列内容：

(1) 全体投保人的平均年龄的置信区间，若总体标准差为 7.6 岁；

(2) 全体投保人的平均年龄的置信区间，若总体标准差未知。

表6.10　某保险公司对投保人年龄的随机抽样　　　　　　　　　　　（单位：岁）

36	44	40	48	50	43
34	39	45	42	46	54
34	28	39	49	38	48
31	33	44	34	27	36
45	32	39	39	23	35

5. 为估计两种设备组装产品所需时间的差异，分别对两种不同的设备各随机抽查 10 件产品组装所需的时间见表 6.11。假定两种设备组装产品的时间服从正态分布。试在 95%的置信水平下，估计两种不同的设备组装产品所需平均时间差值的置信区间。

表6.11　两种设备组装产品所需时间抽样　　　　　　　　　　　　　（单位：分钟）

设备 1	14.3	18.4	15.9	9.9	7.9
	17.5	8.9	8.7	8.7	12
设备 2	11.1	11.9	11.6	6.4	13.3
	13.7	10.9	7.5	10.1	5.6

6. 人民群众到政务大厅办理业务时往往需要排队等待，而等待时间的长短与很多因素有关，比如，政务大厅的工作人员办理业务的速度、群众等待排队的方式等。为缩短等待时间，提高服务质量，政务大厅分别对两种排队方式进行了试验。第一种排队方式是：所有群众都进入一个等待队列；第二种排队方式是：群众在三个业务窗口处列队三排等待。为比较哪种排队方式使群众等待的时间更短，政务大厅随机抽取了 12 名群众，并记录了他们在办理业务时的等待时间，见表 6.12。试在 95%的置信水平下按要求完成下列内容：

(1) 求第一种排队方式等待时间与第二种排队方式等待时间方差比的置信区间；

(2) 根据(1)的计算结果，如果你是政务大厅管理人员，你将会采用哪种排队方式？

表6.12　政务大厅对人民群众排队等待时间的抽查　　　　　　　　　（单位：分钟）

排队方式 1	5.2	5.5	4.7	4.5	5.6	5.6
	5	4.5	4.6	4.4	5.6	5.3
排队方式 2	5.6	6.3	4.1	2.1	7.7	6.4
	4.6	3.6	3.7	3.3	7.2	5.6

第7章

方差分析

在统计学中，当需要对两个以上总体均值进行检验时，即需要检验两个以上的总体是否具有相同的均值时，需要使用方差分析。方差分析(analysis of variance，简称 ANOVA)，又称"变异数分析"，是 R.A.Fisher 发明的，用于两个及两个以上样本均数差别的显著性检验。一个复杂的事物，其中往往有许多因素互相制约又互相依存。方差分析的目的是通过数据分析找出对该事物有显著影响的因素，各因素之间的交互作用，以及显著影响因素的最佳水平等。方差分析是在可比较的数组中，把数据间的总的"变差"按各指定的变差来源进行分解的一种技术。对变差的度量，采用离差平方和。方差分析方法就是从总离差平方和分解出可追溯到指定来源的部分离差平方和，这是一个很重要的思想。

按照总体均值仅受一个因素影响还是两个因素影响，方差分析可分为单因素方差分析和双因素方差分析。

7.1 单因素方差分析

7.1.1 单因素方差分析原理

单因素方差是用来研究一个控制变量的不同水平是否对观测变量产生了显著影响。这里，由于仅研究单个因素对观测变量的影响，因此称为单因素方差分析。

例如，研究学历对工资收入的影响问题就可以通过单因素方差分析得到答案。问题中的观测变量是工资收入，控制变量是学历。方差分析认为，观测变量值的变动会受控制变量和随机变量两方面的影响。据此，单因素方差分析将观测变量总的离差平方和分解为组间离差平方和和组内离差平方和两部分，用数学形式表述为：$SST=SSA+SSE$。通过比较观测变量总离差平方和各部分所占的比例，推断控制变量是否给观测变量带来了显著影响。

1. 单因素方差分析的数据结构

与单因素方差分析对应的是单因素试验。考虑一个因素 A 有 r 个水平，分析这 r 个不同水平对所考察的观察值指标 Y 的影响，我们可以在实验时使其他因素保持不变，而只让因素 A 改变，这样的试验叫做单因素试验，所进行的方差分析被称为单因素方差分析。

假设因素 A 共有 r 个水平，r 表示单因素的分类数目，每个水平的样本容量为 n，则共有 $n*r$ 个观察值，单因素试验的结果以 r 行 n 列表示，构成单因素分析的数据结构见表 7.1。

表7.1 单因素方差分析的数据结构

水平 r \ 观测值 j		1	2	······	n
因素 A	水平1	x_{11}	x_{12}	······	x_{1n}
	水平2	x_{22}	x_{22}	······	x_{2n}
	⋮	⋮	⋮	⋮	⋮
	水平 r	x_{r1}	x_{r2}	······	x_{rn}

2. 单因素方差分析的步骤

(1) 建立检验假设

首先提出假设。设因素 A 有不同水平 $A_1, A_2, \ldots, A_r$，各水平对应的总体服从正态分布，在水平 A_r 进行 n_r 次试验，假定所有试验都是独立的，因为在水平 A_r 下的样本观测值与总体服从相同的分布，如果因素 A 对试验结果影响不显著，则所有样本观测值就可以看作是来自同一总体，即各自变量取值分类组的均值相等。

原假设 $H_0 : \mu_1 = \mu_2 = \cdots = \mu_r$，即因素 A 对观测变量无显著影响，多个样本总体均值相等。

备择假设 $H_1 : \mu_1, \mu_2, \ldots, \mu_r$，不全相等，即因素 A 对观测变量有显著影响，多个样本总体均值不相等或不全等。

(2) 构造检验统计量

我们令 $\bar{x}_i$ 为第 i 个水平 (A_i) 的样本均值，则第 i 总体的样本均值的计算公式为：

$$\bar{x}_i = \frac{1}{n_i} \sum_{j=1}^{n_i} x_{ij} \quad (i = 1, 2, \ldots, k) \tag{7-1}$$

其中：n_i 为第 i 个总体的样本观察值个数，x_{ij} 为第 i 个总体的第 j 个观察值。我们令 $\bar{\bar{x}}$ 为全部观察值的总均值，则所有数据的总均值的计算公式为：

$$\bar{\bar{x}} = \frac{\sum_{i=1}^{r} \sum_{j=1}^{n_i} x_{ij}}{\sum_{i=1}^{r} n} = \frac{\sum_{i=1}^{r} n_i \bar{x}_i \cdot}{\sum_{i=1}^{r} n} \tag{7-2}$$

在单因素方差分析中，离差平方和有三个：

一是总离差平方和，也称总平方和(sum of squares for total，SST)，反映全部实验数据之间的离散状况，是全部观察值与总平均值的离差平方和。其计算公式为：

$$SST = \sum_{i=1}^{r} \sum_{j=1}^{n_i} \left(x_{ij} - \bar{\bar{x}} \right)^2 \tag{7-3}$$

二是组间离差平方和，也称因素 A 平方和(sum of squares for factor A，SSA)，反映各个总体的样本均值之间的差异程度，即每组数据均值和总平均值之间的离差平方和。其计算公式为：

$$SSA = \sum_{i=1}^{r} \sum_{j=1}^{n_i} \left(\bar{x}_i \cdot - \bar{\bar{x}} \right)^2 = \sum_{i=1}^{r} n_i \left(\bar{x}_i \cdot - \bar{\bar{x}} \right)^2 \tag{7-4}$$

三是组内离差平方和，也称误差项离差平方和(sum of squares for error，SSE)，反映每个样本各观测值之间的离散状况，即组内数据和组内平均值之间的随机误差。其计算公式为：

$$SSE = \sum_{i=1}^{r} \sum_{j=1}^{n_i} \left(x_{ij} - \overline{x}_i. \right)^2 \tag{7-5}$$

由于各样本的独立性，使得变差具有可分解性，即总离差平方和等于误差项离差平方和加上水平项离差平方和，用公式表达为：

$$SST = SSE + SSA \tag{7-6}$$

构造 F 检验统计量：

$$F = \frac{MSA}{MSE} = \frac{SSA / (r-1)}{SSE / (n-r)} \tag{7-7}$$

其中，MSA 为组间均方，MSE 为组内均方。计算均方和是为了消除观察值大小对离差平方和大小的影响，计算方法是用离差平方和除以相应的自由度。

在原假设 H_0 成立的情况下，检验统计量 $F = \dfrac{MSA}{MSE} \sim F(r-1, n-r)$，即 F 统计量服从分子自由度为 $(r-1)$、分母自由度为 $(n-r)$ 的 F 分布。

(3) 做出推断结果

一种方法，根据显著水平 α 计算出临界值 $F_\alpha (r-1, n-r)$，如果 $F \geqslant F_\alpha$，拒绝原假设 H_0，说明均值之间差异显著，说明因素 A 对观察值有显著影响；如果 $F < F_\alpha$，拒绝原假设 H_0，说明均值之间差异显著，说明因素 A 对观察值有显著影响。

另一种方法，利用 F 值计算出 P 值，当 $P < \alpha$ 时，拒绝 H_0，表明均值之间有差异显著，即因素 A 对观察值有显著影响；当 $P \geqslant \alpha$ 时，则接受原假设 H_0，表明均值之间无差异显著，即因素 A 对观察值无显著影响。

7.1.2 单因素方差分析案例

在 Excel 中用户可以通过"数据"选项卡"数据分析"工具中"方差分析：单因素方差分析"分析工具对单因素试验数据进行单因素方差分析。如果学会了方差分析工具对数据进行方差分析，则可以避免计算总离差平方和(SST)、组间离差平方和(SSA)、组内离差平方和(SSE)以及组间均方(MSA)和组内均方(MSE)，再接着计算出检验所需统计量的统计值，然后将此统计值与给定的显著性水平 α 下的临界值 F_α 比较，做出拒绝或接受原假设的判断等步骤，极大地提高工作效率。

由于方差分析工具并不是 Excel 的自有工具，因此用户在 Excel 中使用方差分析工具进行方差分析之前，需要先加载方差分析工具。加载数据分析工具的具体操作步骤如下：

(1) 选择"文件"选项卡，再单击"选项"按钮，弹出"Excel 选项"对话框。

(2) 在弹出的"Excel 选项"对话框中选择"加载项"选项卡，在可用"加载项"列表中单击选择"分析工具库"，然后单击"转到"按钮，如图 7.1 所示。

(3) 随即弹出"加载宏"对话框，如图 7.2 所示，在"可用加载宏"列表中勾选"分析工具库"，然后单击"确定"按钮进行加载。

(4) 若用户是第一次使用此功能，系统会弹出对话框提示用户此功能需要安装，单击"是"按钮即可。

图7.1 Excel 选项对话框

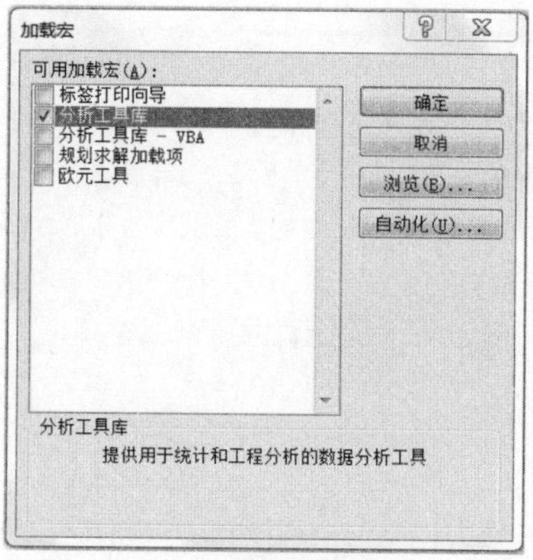

图7.2 加载宏对话框

(5) 安装完毕后重启计算机，单击"数据"选项卡，在"数据"选项卡的右侧已含有"数据分析"项，说明"数据分析"已加载成功。

【案例 7.1】不同型号设备与产品产量的单因素方差分析。

1. 案例的数据描述

为提高产品的生产效率，某零件厂引进 A、B、C、D 四种不同型号的机器设备同时进行生产，在当月随机抽取了 8 天作为样本数据，并统计了每个型号的机器设备每天所生产的数量，数据见表 7.2。通过样本数据比较 A、B、C、D 四种不同型号的机器设备对该厂生产的产品产量是否有显著影响。

表7.2 四种不同型号的设备每天生产的产品数量 （单位：件）

天　数	1	2	3	4	5	6	7	8
设备 A	1651	1550	1680	1750	1650	1599	1800	1750
设备 B	1600	1609	1700	1641	1720	1580	1760	1650
设备 C	1532	1640	1620	1680	1740	1460	1660	1818
设备 D	1640	1520	1570	1700	1600	1510	1700	1600

2. 案例的操作步骤

(1) 新建一个 Excel 工作簿，命名为"不同型号设备与产品产量的单因素方差分析"，并在表格中输入相应的文字和数据，如图 7.3 所示。

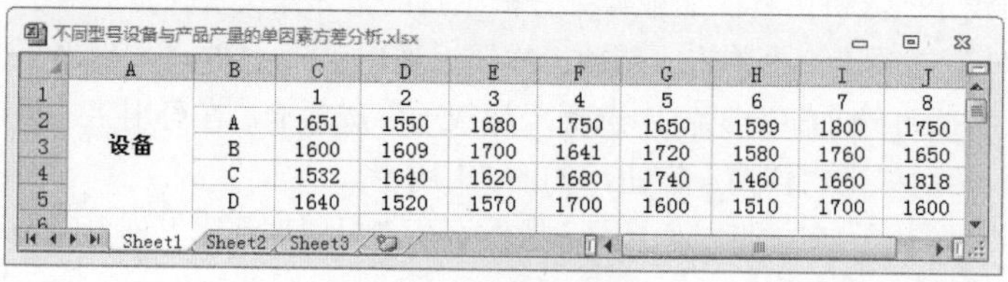

图7.3 编辑数据表

(2) 选择"数据"选项卡，单击"数据分析"按钮，随即弹出"数据分析"对话框，在"分析工具"一栏中选择"方差分析：单因素方差分析"选项，如图 7.4 所示。

（3）然后单击"确定"按钮，弹出"方差分析：单因素方差分析"对话框，在"方差分析：单因素方差分析"对话框中，单击"输入区域"后的折叠按钮，选中单元格区域 B2:J5；因为输入区域的数据是按行排列的，所以"分组方式"选择"行"；因为"输入区域"包含标志项，所以选中"标志位于第一列"复

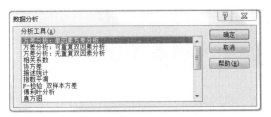

图 7.4　数据分析工具对话框

选框，显著性水平 α 默认为 0.05；单击"输出区域"单选按钮，单击右侧文本框后的折叠按钮，并选中单元格 A7，如图 7.5 所示。最后单击"确定"按钮，即可得到四种型号设备与产品产量的单因素方差分析结果，如图 7.6 所示。

图 7.5　"方差分析：单因素方差分析"对话框

图 7.6　单因素方差分析的输出结果

3. 案例的结果分析

图 7.6 显示的是对该实例进行单因素方差分析的输出结果。第一个表 SUMMARY 是关于各样本的一些描述性统计量，它可以作为方差分析的参考信息。第二个表是方差分析结果，其中 SS 表示平方和，df 为自由度，MS 表示均方，F 为检验的统计量，P-value 为用于检验的 P 值，F crit 为给定显著性水平 α 下的临界值。

从前面的分析我们知道，在进行决策时，可以将统计量 F 的统计值与给定的显著性水平 α 下的临界值 F_α 比较，也可以直接利用方差分析表中的 P 值与显著性水平 α 的值进行比较。从输出结果可看出，计算的 F 值为 1.0662，小于临界值 2.94669，同时 P 值为 0.3792，明显大于显著性水平 0.05，说明接受原假设，即可得出结论：A、B、C、D 四种不同型号的机器设备对该厂产品的产量没有显著影响。

在该实例中，产品产量是要检验的因素，四种不同型号的机器设备可看作是该因素的四种水平，因此这是一个单因素四种水平的实验。因为方差分析结果显示，这四种型号的机器设备对产品产量并没有显著影响，因此可以选择其他条件最优越（如价格最低）的型号的机器设备。

方差分析表是一种默认的方差分析的表现形式，以表格形式表示方差分析结果，简单明了，如图 7.6 所示的方差分析的最终输出结果便是以方差分析表的结果给出的，见表 7.3 所示列出了方差分析表的构成。

表 7.3　方差分析表

方差来源	离差平方和 SS	df	均方和 MS	F	P 值	F 临界值
组间	SSA	$r-1$	$MSA=SSA/(r-1)$	MSA/ MSE		
组内	SSE	$n-1$	$MSE=SSE/(n-1)$			
总方差	SST	$n-1$				

7.2 双因素方差分析

双因素方差分析可以用来分析两个因素的不同水平对结果是否有显著影响，以及两因素之间是否存在交互效应。一般运用双因素方差分析法，先对两个因素的不同水平的组合进行设计试验，要求每个组合下所得到的样本的含量都是相同的。

在研究实际问题的过程中，有时需要考虑两个因素对实验结果的影响。例如饮料销售，除了关心饮料颜色之外，我们还想了解销售地区是否影响销售量，如果在不同的地区，销售量存在显著的差异，就需要分析原因。采用不同的销售策略，使该品牌饮料在市场占有率高的地区继续深入人心，保持领先地位；在市场占有率低的地区，进一步扩大宣传，让更多的消费者了解、接受该产品。若把饮料的颜色看作影响销售量的因素 A，饮料的销售地区则是影响因素 B。对因素 A 和因素 B 同时进行分析，就属于双因素方差分析的内容，双因素方差分析是对影响因素进行检验，究竟是一个因素在起作用，还是两个因素都起作用，或是两个因素的影响都不显著。

双因素方差分析根据两个因素之间是否存在交互效应而分为两种类型，一种是无重复的双因素方差分析，它假定因素 A 和因素 B 的效应之间是相互独立的，不存在相互关系，也称无交互作用的双因素方差分析；另一种是有重复的方差分析，它假定 A、B 两个因素不是独立的，而是相互起作用的，并且两个因素共同起作用的结果不是其各自作用的简单相加，而是会产生一个新的效应，也称有交互作用的双因素方差分析。

下面将分别讨论如何在 Excel 中利用数据分析工具的方差分析选项实现这两种类型的双因素方差分析。

7.2.1 无重复的双因素方差分析

无重复的双因素方差分析，它假定因素 A 和因素 B 的效应之间是相互独立的，不存在相互关系，也称无交互作用的双因素方差分析，与无重复的双因素方差分析对应的是无重复的双因素试验。

1. 无重复的双因素方差分析的数据结构

在无重复的双因素试验中，试验的结果同时受两个因素的影响，这两个因素分别称为行因素 A 和列因素 B，设因素 A 共有 n 个水平，因素 B 共有 k 个水平，则无重复的双因素试验的结果以 n 行 k 列表示，这 $n\times k$ 个总体中的每一个总体都服从正态分布，其数据结构见表7.4。

表 7.4 无重复的双因素方差分析的数据结构

i ＼ j		列因素 B				
		B_1	B_2	$\cdots$	B_k	均值
行因素 A	A_1	x_{11}	x_{12}	$\cdots$	x_{1k}	$\bar{x}_{1\bullet}$
	A_2	x_{21}	x_{22}	$\cdots$	x_{2k}	$\bar{x}_{2\bullet}$
	$\vdots$	$\vdots$	$\vdots$	$\vdots$	$\vdots$	$\vdots$
	A_n	x_{n1}	x_{n2}	$\cdots$	x_{nk}	$\bar{x}_{n\bullet}$
	均值	$\bar{x}_{\bullet 1}$	$\bar{x}_{\bullet 2}$	$\cdots$	$\bar{x}_{\bullet k}$	

2. 无重复的双因素方差分析的步骤

(1) 提出假设

在水平 (A_i, B_j) 下的试验结果 X_{ij} 服从 $N(\mu_{ij}, \sigma^2)$，$i = 1, 2, \ldots, n; j = 1, 2, \ldots, k$，这些试验结果相互独立。在方差分析中，若用 μ 表示均值，则 $\mu_{1\bullet}$、$\mu_{2\bullet}$、$\cdots$、$\mu_{n\bullet}$ 分别表示行因素 A 分类组的均值；$\mu_{\bullet 1}$、$\mu_{\bullet 2}$、$\cdots$、$\mu_{\bullet k}$ 分别表示列因素 B 分类组的均值，那么在无重复的双因素方差分析中要检验的假设有两个，即分别对行因素 A 列因素 B 提出假设：

① 对行因素 A 的假设：

原假设 $H_{01} : \mu_{1\bullet} = \mu_{2\bullet} = \ldots = \mu_{n\bullet}$，即行因素 A 对观测变量无显著影响；

备择假设 $H_{11} : \mu_{1\bullet}$、$\mu_{2\bullet}, \ldots,$ $\mu_{n\bullet}$，不全相等，即行因素 A 对观测变量有显著影响。

② 对列因素 B 的假设：

原假设 $H_{02} : \mu_{\bullet 1} = \mu_{\bullet 2} = \ldots = \mu_{\bullet k}$，即列因素 B 对观测变量无显著影响；

备择假设 $H_{12} : \mu_{\bullet 1} = \mu_{\bullet 2}, \ldots,$ $\mu_{\bullet k}$，不全相等，即列因素 B 对观测变量有显著影响。

(2) 构造检验统计量

令 $\bar{x}_i$ 为行因素 A 的第 i 个水平下各观察值的平均值，则其计算公式为：

$$\bar{x}_{i\bullet} = \frac{1}{k} \sum_{j=1}^{k} x_{ij} \, (i = 1, 2, \ldots, n) \qquad (7\text{-}8)$$

令 $\bar{x}_j$ 为列因素 B 的第 j 个水平下各观察值的平均值，则其计算公式为：

$$\bar{x}_{\bullet j} = \frac{1}{n} \sum_{i=1}^{n} x_{ij} \, (j = 1, 2, \ldots, k) \qquad (7\text{-}9)$$

$\bar{\bar{x}}$ 为全部 $n \times k$ 个样本数据的总平均值，则其计算公式为：

$$\bar{\bar{x}} = \frac{1}{nk} \sum_{i=1}^{n} \sum_{j=1}^{k} x_{ij} \, (i = 1, 2, \ldots, n; j = 1, 2, \ldots, k) \qquad (7\text{-}10)$$

在双因素方差分析中，总离差平方和 SST 反映全部观察值的离散状况，是全部观察值与总平均值的离差平方和。其计算公式为：

$$SST = \sum_{i=1}^{n} \sum_{j=1}^{k} (x_{ij} - \bar{\bar{x}})^2 \, (i = 1, 2, \ldots, n; j = 1, 2, \ldots, k) \qquad (7\text{-}11)$$

双因素方差分析也要对总离差平方和 SST 进行分解，SST 分解为以下三个部分：

① 行因素 A 的离差平方和 SSA，反映因素 A 的组间差异，其计算公式为：

$$SSA = \sum_{i=1}^{n} \sum_{j=1}^{k} (x_{i\bullet} - \bar{\bar{x}})^2 = \sum_{i=1}^{k} k(\bar{x}_{i\bullet} - \bar{\bar{x}})^2 \qquad (7\text{-}12)$$

② 列因素 B 的离差平方和 SSB，反映因素 B 的组间差异，其计算公式为：

$$SSB = \sum_{i=1}^{n} \sum_{j=1}^{k} (\bar{x}_{\bullet j} - \bar{\bar{x}})^2 = \sum_{i=1}^{n} k(\bar{x}_{\bullet j} - \bar{\bar{x}})^2 \qquad (7\text{-}13)$$

③ 随机误差项平方和 SSE，反映观察值的组内差异，其计算公式为：

$$SSE = \sum_{i=1}^{n}\sum_{j=1}^{k}(x_{ij} - \overline{x}_{i\bullet} - \overline{x}_{\bullet j} + \overline{\overline{x}})^2 = \sum_{i=1}^{n}k(\overline{x}_{\bullet j} - \overline{\overline{x}})^2 \qquad (7\text{-}14)$$

其中，$SSE = SST - SSA - SSB$。

构造检验行因素 A 的统计量计算公式：

$$F_A = \frac{SSA/(n-1)}{SSE/(n-1)(k-1)} = \frac{MSA}{MSE} \qquad (7\text{-}15)$$

构造检验列因素 B 的统计量计算公式：

$$F_B = \frac{SSB/(n-1)}{SSE/(n-1)(k-1)} = \frac{MSB}{MSE} \qquad (7\text{-}16)$$

MSA 为行因素的均方和，MSB 为列因素的均方和，MSE 为误差项的均方和。

在行因素 A 的原假设成立的情况下，检验统计量 $F_A = \dfrac{MSA}{MSE} \sim F(n-1,(n-1)(k-1))$，即 F 统计量服从分子自由度为 $(n-1)$、分母自由度为 $(n-1)(k-1)$ 的 F 分布。

在列因素 B 的原假设成立的情况下，检验统计量 $F_B = \dfrac{MSB}{MSE} \sim F(k-1,(n-1)(k-1))$，即 F 统计量服从分子自由度为 $(k-1)$、分母自由度为 $(n-1)(k-1)$ 的 F 分布。

(3) 做出推论结果

双因素分析中也有两种方法用来判定是否接受原假设。

一种方法，将统计量的值 F 与给定的显著性水平 α 下的临界值 F_α 进行比较，做出是否接受原假设的结论。若行因素 A，满足 $F_A \geqslant F_\alpha(n-1,(n-1)(k-1))$，则拒绝原假设 H_{01}，表明均值之间有显著差异，即行因素 A 对观察值有显著影响；若满足 $F_A < F_\alpha(n-1,(n-1)(k-1))$，则接受原假设 H_{01}，表明均值之间的差异不显著，即行因素 A 对观察值无显著影响。若列因素 B，满足 $F_B \geqslant F_\alpha(k-1,(n-1)(k-1))$，则拒绝原假设 H_{02}，表明列因素 B 对观察值有显著影响；若满足 $F_B < F_\alpha(k-1,(n-1)(k-1))$，则接受原假设 H_{02}，表明列因素 B 对观察值无显著影响。

另一种方法，利用 F 值计算出 P 值，做出是否接受原假设的结论。当 $P>a$ 时，拒绝原假设 H_0；当 $P<a$ 时，接受原假设 H_0。拒绝行因素原假设表明行因素均值之间的差异是显著的，即行因素 A 对观察值有显著影响，反之亦然；拒绝列因素原假设表明列因素均值之间的差异是显著的，即所检验的列因素 B 对观察值有显著影响，反之亦然。

7.2.2 无重复的双因素方差分析案例

【案例7.2】不同品种及化肥对小麦生长影响的无重复双因素方差分析。

1. 案例的数据说明

为了解三种不同化肥对小麦生长影响的差异，选择四种不同品种的小麦作为样本进行试验，分别测得其小麦产量，见表 7.5。试通过样本数据分析不同品种化肥与不同品种小麦的生长有无显著差异(假定其产量增加量服从正态分布，且方差相同；$\alpha = 0.05$)。

表 7.5　不同品种小麦及化肥的小麦产量　　　　　　　　　　　　(单位: 公斤)

小麦品种	小麦产量		
	化肥 A$((NH_4)_2SO_4)$	化肥 B(NH_4NO_2)	化肥 C$(Ca(NO_3)_2)$
品种 1	21.1	18.1	19.4
品种 2	24	22.3	21.7
品种 3	14.2	13.3	12.3
品种 4	31.5	31.4	27.5

2. 案例的操作步骤

(1) 新建 Excel 工作簿, 命名为 "不同品种及化肥对小麦生长影响的无重复双因素方差分析", 并将数据和相关文字输入到工作表中, 如图 7.7 所示。

(2) 提出假设。

提出行因素原假设: 不同品种的小麦对其产量无显著影响; 备择假设: 不同品种的小麦对其生长有显著影响。

提出列因素原假设: 不同化肥对小麦的产量无显著影响; 备择假设: 不同化肥对小麦的产量有显著影响。

(3) 单击 "数据" 选项卡中 "数据分析" 按钮, 随即弹出 "数据分析" 对话框, 在 "分析工具" 一栏中选择 "方差分析: 无重复双因素分析" 分析工具, 如图 7.8 所示, 单击 "确定" 按钮, 随即弹出 "方差分析: 无重复双因素分析" 对话框。

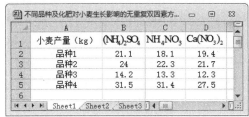

图 7.7　编辑数据表

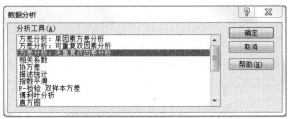

图 7.8　"数据分析" 对话框

(4) 在 "方差分析: 无重复双因素分析" 对话框中, 单击 "输入区域" 后的折叠按钮, 然后选中单元格区域 A1:D5; 因为 "输入区域" 包含标志项, 所以选中 "标志" 复选框, 显著性水平 α 默认为 0.05; 单击 "输出区域" 单选按钮, 单击右侧文本框后的折叠按钮, 选中单元格 A7, 如图 7.9 所示。最后单击 "确定" 按钮, 即可得到不同品种小麦及化肥对小麦的产量无重复双因素方差分析结果, 如图 7.10 所示。

3. 案例的结果分析

图 7.10 显示的是对该案例进行无重复双因素方差分析的输出结果。第一个表 SUMMARY 是关于各样本的一些描述性统计量, 它可以作为方差分析的参考信息。第二个表是方差分析结果, 其中 *SS* 表示平方和, *df* 为自由度, *MS* 表示均方, *F* 为检验的统计量, *P- value* 为用于检验的 *P* 值, *F crit* 为给定显著性水平 α 下的临界值。

我们可以将统计量 *F* 的统计值与给定的显著性水平 *F* 的临界 F_α 比较, 来判定自变量对因变量是否有显著影响, 也可以直接利用方差分析表中的 *P* 值与显著性水平 α 的值进行比较。

图 7.9 "方差分析:无重复双因素分析"对话框

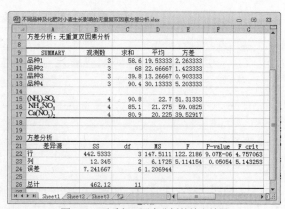

图 7.10 无重复双因素分析的输出结果

从输出结果可以看出,对于不同品种的小麦(即行因素)的检验,其 F 值为 122.2186 明显大于 F 临界值 4.757063,同时 P 值为 9.07E-06,小于显著水平 0.05,说明应该拒绝行因素的原假设,即得出结论:不同品种的小麦对其产量有显著影响。对于不同化肥(即列因素)的检验,其 F 值为 5.114154,小于 F 临界值 5.143253,同时 P 值为 0.05054,大于显著水平 0.05,说明应该接受列因素的原假设,即得出结论:不同的化肥对小麦产量无显著影响。

7.2.3 可重复的双因素方差分析

在双因素方差分析中,如果两个因素不是独立的,而是相互起作用的,并且这两个因素共同作用的结果会对因变量产生一种新的效应,就需要考虑交互作用对因变量的影响,此时的方差分析被称为可重复的双因素方差分析,又称有交互作用的双因素方差分析。比如,服装销售量除了品牌和地区对销售量的单独影响外,两个因素的搭配还会对服装销售量产生一种新的影响效应。简单来说,可重复的双因素方差分析就是用来分析影响某一特定观察值的两个不同因素之间关系的一种方法。

1. 可重复的双因素方差分析的数据结构

可重复的双因素方差分析的数据结构见表 7.6。

表 7.6 可重复的双因素方差分析的数据结构

j / i		列 因 素 B			
		B_1	$\cdots$	B_k	均值
行因素 A	A_1	$x_{111}, x_{112}, \ldots, x_{11t}$	$\cdots$	$x_{1k1}, x_{1k2}, \ldots, x_{1kt}$	$\bar{x}_{1\bullet\bullet}$
	A_2	$x_{211}, x_{212}, \ldots, x_{21t}$	$\cdots$	$x_{2k1}, x_{2k2}, \ldots, x_{2kt}$	$\bar{x}_{2\bullet\bullet}$
	$\vdots$	$\vdots$	$\vdots$	$\vdots$	$\vdots$
	A_n	$x_{n11}, x_{n12}, \ldots, x_{n1t}$	$\cdots$	$x_{nk1}, x_{nk2}, \ldots, x_{nkt}$	$\bar{x}_{n\bullet\bullet}$
	均值	$\bar{x}_{\bullet 1 \bullet}$	$\cdots$	$\bar{x}_{\bullet k \bullet}$	

设两个因素分别是 A 和 B,因素 A 共有 n 个水平,因素 B 共有 k 个水平,在水平组合 (A_i, B_j) 的试验结果 X_{ij} 服从 $N(\mu_{ij}, \sigma^2), i = 1, \ldots, n, j = 1, \ldots, k$,假设这些试验结果相互独立。要对两个因素的交互作用进行分析,则每个水平组合下需要进行至少两次试验,设在每个水平组合 (A_i, B_j) 下重复 t 次试验,每次试验的观测值用 $x_{ijr} = (r = 1, \ldots, t)$ 表示。

2. 可重复的双因素方差分析的步骤

(1) 提出假设

可重复的双因素方差分析与无重复的双因素方差分析的模型基本上一样，除了需要考虑两个因素之间的交互作用，还要提出假设以检验两因素之间的交互效应。

在可重复的双因素方差分析中，用 μ 来表示均值，则 $\mu_{1\bullet\bullet}$、$\mu_{2\bullet\bullet}$、$\dots$、$\mu_{n\bullet\bullet}$ 分别表示行因素 A 分类组的均值，$\mu_{\bullet1\bullet}$、$\mu_{\bullet2\bullet}$、$\dots$、$\mu_{\bullet k\bullet}$ 分别表示列因素 B 分类组的均值；用 ρ_{ij} 表示因素 A 的第 i 水平与因素 B 的第 j 水平的交互效应。可重复的双因素方差分析中的检验假设有三个：

① 行因素 A 的假设：

原假设 H_{01}：$\mu_{1\bullet\bullet} = \mu_{2\bullet\bullet} = \cdots \mu_{n\bullet\bullet}$，即行因素 A 对观测变量无显著影响；

备择假设 H_{11}：$\mu_{1\bullet\bullet}, \mu_{2\bullet\bullet}, \cdots, \mu_{n\bullet\bullet}$ 不全相等，即行因素 A 对观测变量有显著影响。

② 列因素 B 的假设：

原假设 H_{02}：$\mu_{\bullet1\bullet} = \mu_{\bullet2\bullet} = \cdots \mu_{\bullet k\bullet}$，即列因素 B 对观测变量无显著影响；

备择假设 H_{12}：$\mu_{\bullet1\bullet}, \mu_{\bullet2\bullet}, \cdots, \mu_{\bullet k\bullet}$ 不全相等，即列因素 B 对观测变量有显著影响。

③ 行因素 A 和列因素 B 的交互效应的假设：

原假设 H_{03}：对一切 i 和 j，有 $\rho_{ij} = 0$；即行因素 A 与列因素 B 之间不存在交互效应；

备择假设 H_{13}：对一切 i 和 j 不全为零，即行因素 A 与列因素 B 之间存在交互效应。

(2) 构造检验统计量 F

令 $\bar{x}_{i\bullet\bullet}$ 和 $\bar{x}_{\bullet j\bullet}$ 分别为 t 次试验中因素 A、第 i 个水平和因素 B、第 j 个水平下各观察值的平均值，则其计算公式为：

$$\bar{x}_{i\bullet\bullet} = \frac{1}{kt}\sum_{j=1}^{k}\sum_{r=1}^{t}x_{ijr} \tag{7-17}$$

$$\bar{x}_{\bullet j\bullet} = \frac{1}{nt}\sum_{i=1}^{n}\sum_{r=1}^{t}x_{ijr} \tag{7-18}$$

令 $\bar{\bar{x}}$ 为 t 次试验下所有样本数据的总均值，其计算公式为：

$$\bar{\bar{x}} = \frac{1}{nkt}\sum_{i=1}^{n}\sum_{j=1}^{k}\sum_{r=1}^{t}x_{ijr} = \frac{1}{n}\sum_{i=1}^{n}\bar{x}_{i\bullet\bullet} = \frac{1}{k}\sum_{j=1}^{k}\bar{x}_{\bullet j\bullet} \tag{7-19}$$

由于相互作用的存在，可重复的双因素方差分析要比无重复的双因素方差分析多一个交互作用项平方和，此时总离差平方和 SST 将被分解为四个部分：SSA、SSB、$SSAB$ 和 SSE，分别代表因素 A 的组间差异，因素 B 的组间差异，因素 A、B 的交互效应和随机误差的离散状况，其计算公式分别为：

$$SST = \sum_{i=1}^{n}\sum_{j=1}^{k}\sum_{r=1}^{t}(x_{ijr} - \bar{\bar{x}})^2 \tag{7-20}$$

$$SSA = \sum_{i=1}^{n}kt(\bar{x}_{i\bullet\bullet} - \bar{\bar{x}})^2 \tag{7-21}$$

$$SSB = \sum_{j=1}^{k}nt(\bar{x}_{\bullet j\bullet} - \bar{\bar{x}})^2 \tag{7-22}$$

$$SSAB = \sum_{i=1}^{n} \sum_{j=1}^{k} t(\overline{x}_{ij\bullet} - \overline{x}_{i\bullet\bullet} - \overline{x}_{\bullet j\bullet} + \overline{\overline{x}})^2 \tag{7-23}$$

$$SSE = \sum_{i=1}^{n} \sum_{j=1}^{k} \sum_{r=1}^{t} (\overline{x}_{ijr} - \overline{x}_{ij\bullet})^2 \tag{7-24}$$

其中，

$$SST = SSA + SSB + SSAB + SSE \tag{7-25}$$

构造检验因素 A 的统计量计算公式：

$$F_A = \frac{SSA/(n-1)}{SSE/nk(t-1)} \sim F(n-1, nk(t-1)) \tag{7-26}$$

构造检验因素 B 的统计量计算公式：

$$F_B = \frac{SSB/(k-1)}{SSE/nk(t-1)} \sim F(k-1, nk(t-1)) \tag{7-27}$$

构造检验因素 A 和检验因素 B 交互效应的统计量计算公式：

$$F_{AB} = \frac{SSAB/(n-1)(k-1)}{SSE/nk(t-1)} \sim F((n-1)(k-1), nk(t-1)) \tag{7-28}$$

各项的离差平方和除以其相应的自由度可得各项的均方和，其中：

因素 A 的均方和： $MSA = SSA/(n-1)$

因素 B 的均方和： $MSB = SSB/(k-1)$

交互作用项均方和： $MSAB = SSAB/(n-1)(k-1)$

误差项的均方和： $MSE = SSE/(t-1)$

所以，检验统计量也可以用均方和来表示。

(3) 做出推论结果

在可重复的双因素方差分析中，既可以将统计量的值 F 与临界值 F_α 进行比较，从而做出拒绝或接受原假设 H_0 的决策，也可以利用 F 值计算出 P 值，然后再进行判断。

一种方法，利用 F 值进行判断：若 $F_A \geqslant F_\alpha(n-1, nk(t-1))$，则拒绝原假设 H_{01}，表明因素 A 对观察值有显著影响，否则，接受原假设 H_{01}，表明因素 A 对观察值没有显著影响；若 $F_B \geqslant F_\alpha(k-1, nk(t-1))$，则拒绝原假设 H_{02}，表明因素 B 对观察值有显著影响，否则，接受原假设 H_{02}，表明因素 B 对观察值没有显著影响；若 $F_{AB} \geqslant F_\alpha((n-1)(k-1), nk(t-1))$，则拒绝原假设 H_{03}，表明因素 A、B 的交互效应对观察值有显著影响，否则，接受原假设 H_{03}，表明因素 A、B 的交互效应对观察值没有显著影响。

另一种方法：利用 P 值进行判断：若 $P > \alpha$ 时，拒绝 H_0；若 $P < \alpha$ 时，接受原假设 H_0。

7.2.4 可重复的双因素方差分析案例

【案例7.3】燃料及推进器对射程影响的可重复双因素方差分析。

1. 案例的数据说明

为了比较不同燃料及不同推进器对导弹射程有无显著影响，现在三种不同推进器上使用四种不同燃料进行发射试验，重复了 2 次，记录了每次的射程值，见表 7.7。根据样本数据分析不同燃料、不同推进器及它们交互作用对导弹射程是否有显著影响(假设射程满足正态分布，且方差相同；$\alpha = 0.05$)。

表 7.7　不同燃料及不同推进器的导弹射程 　　　　　　　　　　　　　　　　　(单位：海里)

燃料	射程		
	推进器 A	推进器 B	推进器 C
燃料 1	58.2，52.6	56.2，41.2	65.3，60.8
燃料 2	49.1，42.8	54.1，50.5	51.6，48.4
燃料 3	60.1，58.3	70.9，73.2	39.2，40.7
燃料 4	75.8，71.5	58.2，51	48.7，41.4

2. 案例的操作步骤

(1) 新建 Excel 工作簿，命名为"燃料及推进器对射程影响的可重复双因素方差分析"，并将数据和相关文字输入到工作表中，如图 7.11 所示。

(2) 提出假设

行因素 A 原假设：不同燃料对导弹射程无显著影响；备择假设：不同燃料对导弹射程有显著影响；

列因素 B 原假设：不同推进器对导弹射程无显著影响；备择假设：不同推进器对导弹射程有显著影响。

因素 A、B 交互效应的原假设：不同燃料及不同推进器的交互作用对导弹射程无显著影响；备择假设：同燃料及不同推进器的交互作用对导弹射程有显著影响。

(3) 在"数据"选项卡中单击"数据分析"按钮，随即弹出"数据分析"对话框，在"分析工具"一栏中选择"方差分析：可重复双因素分析"选项，如图 7.12 所示。

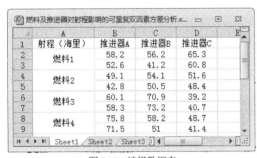

图 7.11　编辑数据表

图 7.12　"数据分析"对话框

(4) 单击"确定"按钮，随即弹出"方差分析：可重复双因素分析"对话框。单击"输入区域"后的折叠按钮，选中单元格区域 A1:D9；因为每一个水平组合下进行了 2 次试验，所以在"每一样本的行数"文本框中输入"2"，显著性水平 α 默认为 0.05；选中"输出区域"单选按钮，单击右侧文本框后的折叠按钮，选中输出单元格 A11，如图 7.13 所示。最后单击"确定"按钮，即可得到不同肥料和土壤对树苗生长影响的可重复双因素方差分析结果，如图 7.14、图 7.15 所示。

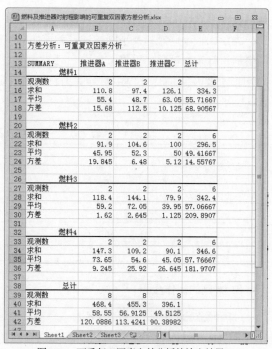

图 7.13 "方差分析：可重复双因素分析"对话框

图 7.14 可重复双因素方差分析的输出结果(1)

图 7.15 可重复双因素方差分析的输出结果(2)

3. 案例结果分析

图 7.14 和图 7.15 是对案例进行可重复因素方差分析的输出结果。图 7.14 的第一个表 SUMMARY 是关于各样本的一些描述性统计量，它可以作为方差分析的参考信息。图 7.15 是方差分析结果，其中 SS 表示平方和，df 为自由度，MS 表示均方，F 为检验的统计量，P-value 为用于检验的 P 值，F crit 为给定显著性水平 α 下的临界值。

在判定自变量对因变量是否有显著影响时，既可以将统计量 F 的统计值与给定的显著性水平 α 的临界 F_α 比较，也可以直接利用方差分析表中的 P 值与显著性水平 α 的值进行比较。

从图 7.15 中所示的分析结果可看出，对于不同燃料(即行因素)对导弹射程的假设检验，其 F 值为 4.417388，大于 F 临界值 3.490295，同时 P 值 0.025969，小于显著性水平 0.05，说明应该拒绝因素 A 的原假设，即得出结论：使用不同燃料对导弹发射射程有显著影响。对于不同推进器(即列因素)的假设检验，其 F 值为 9.393902，大于 F 临界值 3.885294，同时 P 值为 0.003506，小于显著水平 0.05，说明应该拒绝 B 的原假设，即得出结论：不同推时器对导弹的射程有显著影响。对于因素 A 和因素

B 交互效应的假充检验，计算的 F 值为 14.92882，大于 F 临界值 2.99612，同时 P 值为 6.15E-5，小于显著性水平 0.05，说明应该拒绝原假设，即得出结论：不同燃料及不同推进器的交互作用对导弹的射程有显著影响。

本章小结

本章主要介绍了方差分析的基本原理以及如何在 Excel 中利用方差分析工具进行方差分析。方差分析是检验两个以上总体均值是否相等，即分析各个因素对某事物或某指标的影响是否显著。

方差分析按照总体的均值仅受一个因素影响还是受两个因素影响可分为单因素方差分析和双因素方差分析，而双因素方差分析又可根据两个因素之间是否存在交互作用分为无重复的双因素方差分析和可重复的双因素方差分析。

习题 7

一、填空题

1. 单因素方差分析是用来研究(   )的不同水平是否对观测变量产生了显著影响。

2. 当方差分析中涉及两个分类型自变量，即分析两个因素对观测变量的影响时，称为(   )。

3. 在双因素方差分析中，如果两个因素不是独立的，而是相互起作用的，并且这两个因素共同作用的结果会对因变量产生一种新的效应，就需要考虑交互作用对因变量的影响，此时的方差分析被称为(   )方差分析，又称有交互作用的双因素方差分析。

4. 在 Excel 中用户可以通过"数据"选项卡"数据分析"工具中"方差分析：(   )"分析工具对单因素试验数据进行单因素方差分析。

5. 方差分析的目的是通过数据分析找出对该事物有(   )的因素，各因素之间的交互作用，以及显著影响因素的最佳水平等。

二、选择题

1. 在利用数据分析工具做无重复双因素方差分析时，无重复双因素分析对话框中的 α 值表示的含义是(   )。

    A. 显著性水平　　　　B. 自由度　　　　　C. 均方　　　　　D. 平方和

2. 在对不同型号设备与产品产量的单因素方差分析中得到：F 值=1.061，F crit=2.94669(F 值在给定显示著性水平 0.05 下的临界值)，P-value=0.3814，则可以得出(   )结论。

    A. 不同型号的机器设备对该厂产品的产量有显著影响

    B. 不同型号的机器设备对该厂产品的产量没有显著影响

    C. 相同型号的机器设备对该厂产品的产量有显著影响

    D. 相同型号的机器设备对该厂产品的产量没有显著影响

3. 在可重复的双因素方差分析中，既可以将统计量的值 F 与临界值 F_α 进行比较，从而做出拒绝或接受原假设 H_0 的决策，以下说法正确的是(   )。

A. 若 $F_A \geqslant F_\alpha(n-1, nk(t-1))$，则拒绝原假设 H_{01}，表明因素 A 对观察值有显著影响

B. 若 $F_A \geqslant F_\alpha(n-1, nk(t-1))$，则拒绝原假设 H_{01}，表明因素 A 对观察值没有显著影响

C. 若 $F_{AB} \geqslant F_\alpha((n-1)(k-1), nk(t-1))$，则接受原假设 H_{03}，表明因素 A、B 的交互效应对观察值没有显著影响

D. 以上都错

4. 下面关于双因素方差分析说法正确的是( )。

双因素方差分析根据两个因素之间是否存在交互效应而分为两种类型：一种是无重复的双因素方差分析，它假定因素 A 和因素 B 的效应之间是相互独立的，不存在相互关系，也称无交互作用的双因素方差分析；另一种是有重复的方差分析，它假定 A、B 两个因素不是独立的，而是相互起作用的，并且两个因素共同起作用的结果不是其各自作用的简单相加，而是会产生一个新的效应，也称有交互作用的双因素方差分析。

A. 无重复的双因素方差分析又称为单因素方差分析

B. 有重复的双因素方差分析又称为交互作用的双因素方差分析

C. 假定因素 A 和因素 B 的效应之间是相互独立的，不存在相互关系，也称有重复的双因素方差分析

D. 以上均正确

5. 方差分析表是一种默认的方差分析的表现形式，下面关于单因素方差分析表描述不正确的是( )。

A. SS 表示平方和

B. df 为给定显著性水平 α 下的临界值

C. P-value 为用于检验的 P 值

D. F 为检验的统计量

三、综合题

1. 为了分析某医药公司新开发出来的 5 种治疗关节炎药物的疗效是否存在显著性差异，将 30 位病人随机分成 5 组，每组 6 人。让同组的病人使用同一种药物，并记录下病人从用药到治愈所需的天数(单位：天)，数据如图 7.16 所示。请打开"不同药物对疾病治愈所需天数的单因素方差分析.xlsx"工作簿的"sheet1"表，进行"单因素方差分析"。(本部分 3 个综合题所用文件，可查询本书第 7 章数据文件或根据图形自己制作。)

药物编号		治愈所需天数（天）				
	A	B	C	D	E	F	G
1	6	8	7	7	10	8
2	4	6	6	3	5	6
3	6	4	4	5	2	3
4	7	4	6	6	5	3
5	9	4	5	7	7	6

图 7.16 不同药物对疾病治愈所需天数的单因素方差分析

2. 为了了解 3 种不同配比的饲料对幼猪生长影响的差异，某养殖厂对 3 种不同品种的幼猪各选 3 头作为样本进行试验，分别测得其 3 个月间体重增加量(单位：斤)，数据如图 7.17 所示。通过样本数据分析不同饲料与不同品种对幼猪的生长有无显著差异(假定其体重增加量服从正态分布，且方差相同；$\alpha = 0.05$)。请打开"不同品种及饲料对幼猪生长影响的无重复双因素方差分析.xlsx"工作簿

的“sheet1”表，进行“无重复双因素方差分析”。

体重增量	饲料A	饲料B	饲料C
品种1	30	31	32
品种2	31	36	32
品种3	27	29	28

图 7.17　不同品种及饲料对幼猪生长影响的无重复双因素方差分析

3. 为了比较不同肥料与不同土壤质地对树苗生长有无显著影响，某林业部门在 3 种不同土质(砂土、壤土和粘土)上施用 4 种不同肥料进行育苗试验，重复 3 次，随机调查了每小区的苗高平均值(单位：cm)，数据如图 7.18 所示。试根据样本数据分析不同土壤、不同肥料及它们的交互作用对苗高生长是否有显著影响(假设苗高分布满足正态，且方差相同；$\alpha = 0.05$)。打开“肥料及土壤对树苗生长影响的可重复双因素方差分析.xlsx”工作簿的“sheet1”表，进行“可重复双因素方差分析”。

树苗高度	砂土（B1）	壤土(B2)	粘土(B3)
肥料A1	64	66	59
	60	60	61
	62	64	60
肥料A2	50	48	54
	54	46	55
	52	45	51
肥料A3	56	50	46
	51	48	44
	55	51	43
肥料A4	48	56	50
	50	58	52
	52	60	51

图 7.18　肥料及土壤对树苗生长影响的可重复双因素方差分析

第 8 章

时间序列分析

本章在简要介绍时间序列的基本内容的基础上,将阐述时间序列分析的各种形式,包括对比分析、移动平均分析、指数平滑分析、趋势外推分析和季节调整分析,并结合应用实例讲解如何利用Excel 实现对时间序列的分析。

8.1 时间序列简介

时间序列分析是定量预测方法之一,侧重研究数据序列的互相依赖关系,其基本思想是根据已有的有限长度的记录数据,建立能够比较精确地反映序列中所包含的动态依存关系的数学模型,并预测未来发展趋势。

8.1.1 时间序列的基本概念和特点

时间序列是指观察或记录下来的一组按时间先后次序排列起来的数据,它在经济统计中占有极其重要的地位。时间序列有两个基本要素:时间要素和数据要素。时间序列分析就是根据分析对象过去的统计数据,找到其随时间变化的规律,建立时序模型,以推断未来数值的预测方法。

时间序列的特点:

(1) 时间序列是按时间先后顺序排序的。

(2) 时间序列中的数据是现实的、真实的一组数据,而不是数理统计中做实验得到的。因而,时间序列能反映某一现象的变化规律。

(3) 时间序列中的观测值具有差异性。

(4) 时间序列中的数据不允许有遗漏。

8.1.2 时间序列变动的影响因素

时间序列中数值的变动,是许多复杂因素共同作用的结果,影响因素归纳起来大体有以下四类:

(1) 长期趋势(T),指受某种或某些因素的影响,数据依时间变化保持沿某一方向变动的基本趋势,按某种规则稳步增长或下降。例如,随着科学技术的进步和劳动生产率的提高,国内生产总值和工人的薪资待遇等呈现出逐年上升的趋势。

(2) 季节变动(S),指客观现象在一年内或更短的时间内呈现出有规律性的、周期性的、重复的变化。季节变动的周期最多是一年。它是一种常见的周期性变动,受到气候、节假日、风俗习惯等因素的影响，是在一年中有规律的变动。例如，冷饮的销售存在旺季和淡季等。

(3) 循环变动(C)，指客观现象以若干年为周期的涨落起伏相间的变动，多指经济发展兴衰交替的变动。循环变动没有固定的循环周期，变动的周期一般在数年以上，且各循环周期和幅度的规律性较难把握。

(4) 随机变动(I)，指客观现象由于突发事件或偶然因素引起的无周期性的变动，是一种不规则变动。例如，突发的自然灾害、意外事故、战争或重大的政治事件等所引起的变动。

为了能对上述四种因素进行量化分析，需要使用数学模型对以上因素进行分解。时间序列的因素分解模型有加法模型和乘法模型。加法模型将序列分解为四种因素的和，其表达式为：$Y = T + S + C + I$。乘法模型将序列分解为四种因素的乘积，其表达式为：$Y=TSCI$。在实际应用中，常用的是乘法模型。

8.2　时间序列的统计对比分析

时间序列的统计对比分析是最基本、最简单，也是最常用的时间序列分析方法，包括时间序列的图形分析、水平分析和速度分析。一般而言，当拿到一份时间序列数据时，首先便是对其进行统计对比分析。

8.2.1　时间序列的图形分析

在对时间序列进行分析时，最好先利用 Excel 作图，然后通过图形观察数据随时间的变化模式及变化趋势，以进一步分析数据变量。作图是观察时间序列形态的一种有效方法，有助于进一步分析，并为预测提供基本依据。

8.2.2　时间序列的水平分析

时间序列的水平分析主要用来测定时间序列的发展水平与平均发展水平，以及增长量与平均增长量。

1. 发展水平

发展水平又称发展量，是指时间序列中的各项指标数值。它反映的是社会经济现象在不同时间所达到的规模和发展的程度，是计算其他分析指标的基础。在时间序列中，用字母 t 表示现象所属时间，Y_i 表示现象在不同时间上的指标数值，则发展水平就是 Y_i 在时间 $t = i$ 上的取值，表示现象在某一时间上所达到的一种数量水平，即发展水平可表示为：

$$Y_0, Y_1, Y_2, \cdots, Y_{n-1}, Y_n$$

其中，n 表示时间序号，Y 表示发展水平。

2. 平均发展水平

平均发展水平是指把时间序列中各项发展水平加以平均而得到的平均数，又称为序时平均数或动态平均数。它反映现象在一段时期内所达到的一般水平。平均发展水平可表示为：

$$\overline{Y} = \frac{Y_1 + Y_2 + \cdots + Y_{n-1} + Y_n}{n} = \frac{\sum Y_i}{n} = (i = 1, 2, \cdots, n) \tag{8-1}$$

其中，$\overline{Y}$ 为平均发展水平，Y_i 为各期发展水平，n 为序列项数。

3. 增长量

增长量是以绝对数形式表示的水平分析指标，是两个不同时期发展水平之差，用来说明社会经济现象在一定时期内所增长的绝对数量的指标。根据选择基期的不同，增长量分为逐期增长量和累计增长量，其计算公式分别为：

$$逐期增长量 = Y_i - Y_{i-1} (i = 1, 2, \cdots, n) \tag{8-2}$$

$$累计增长量 = Y_i - Y_0 (i = 1, 2, \cdots, n) \tag{8-3}$$

4. 平均增长量

平均增长量是用来说明某种现象在一定时期内平均每期增长的指标，其计算公式为：

$$平均增长量 = \frac{逐期增长量之和}{增长期个数} = \frac{累计增长量}{观察值个数 - 1} \tag{8-4}$$

8.2.3 时间序列的速度分析

时间序列的速度指标包括发展速度、增长速度、平均发展速度和平均增长速度。

发展速度是以相对数形式表现的动态分析指标，即两个不同时期发展水平指标对比的结果，表明了现象在一定时期内的发展方向和程度。

根据基期选择的不同，发展速度可分为环比发展速度和定基发展速度。环比发展速度是报告期水平与前一期水平之比，表明这种现象逐期的发展程度；定基发展速度是报告期水平与某一固定基期水平之比，说明这种现象在较长时间内总的发展程度。其计算公式分别为：

$$发展速度 = \frac{报告期水平}{基期水平} \tag{8-5}$$

增长速度是报告期增长量与基期水平对比的结果，表明现象报告期水平比基期增长或减少的百分比，是反映现象数量增长程度的动态相对指标。其计算公式为：

$$环比发展速度 = \frac{Y_i}{Y_{i-1}} = (i = 1, 2, \cdots, n) \tag{8-6}$$

$$定基发展速度 = \frac{Y_i}{Y_0} = (i = 1, 2, \cdots, n) \tag{8-7}$$

增长速度是报告期增长量与基期水平对比的结果，表明现象报告期水平比基期增长或减少的百分比，是反映现象数量增长程度的动态相对指标。其计算公式为：

$$增长速度 = \frac{报告期增长量}{基期水平} = \frac{报告期水平 - 基期水平}{基期水平} = 发展速度 - 1 \tag{8-8}$$

平均发展速度与平均增长速度是两个非常重要的平均速度指标。前者反映现象在一定时期内逐期发展变化的一般程度，后者反映现象在一定时期内逐期增长或降低的一般程度。其计算公式分别为：

$$\text{平均发展速度} = \sqrt[n]{\frac{Y_1 Y_2}{Y_0 Y_1} \cdots \frac{Y_n}{Y_{n-1}}} = \sqrt[n]{\prod_{n-1}^{n} \frac{Y_i}{Y_{i-1}}} \sqrt[n]{\frac{Y_n}{Y_0}} (i = 1, 2, \cdots, n) \tag{8-9}$$

$$\text{平均增长速度} = \text{平均发展速度} - 1 \tag{8-10}$$

8.2.4　统计对比分析案例

【案例 8.1】 已知我国近二十年来第二产业增加值数据，试对所给数据进行统计对比分析，以观察我国第二产业具体的增长情况。

1. 案例的数据描述

根据国家统计局发布的 2000 年至 2019 年我国第二产业产值数据(见表 8.1)，试对所给数据进行图形分析、水平分析和速度分析，以观察我国第二产业具体的增长情况。

表 8.1　2000 年至 2019 年我国第二产业产值　(单位：亿元)

年份	2000	2001	2002	2003	2004	2005	2006	2007	2008	2009
产值	45,663.7	49,659.4	54,104.1	62,695.8	74,285	88,082.2	104,359.2	126,630.5	149,952.9	160,168.8
年份	2010	2011	2012	2013	2014	2015	2016	2017	2018	2019
产值	191,626.5	227,035.1	244,639.1	261,951.6	277,282.8	281,339	295,427.8	331,581	364,835.2	386,165

2. 案例的操作步骤

(1) 新建 Excel 工作簿，命名为“2000—2019 年我国第二产业产值的统计对比分析”，并在表中输入数据和相关文字，如图 8.1 所示。

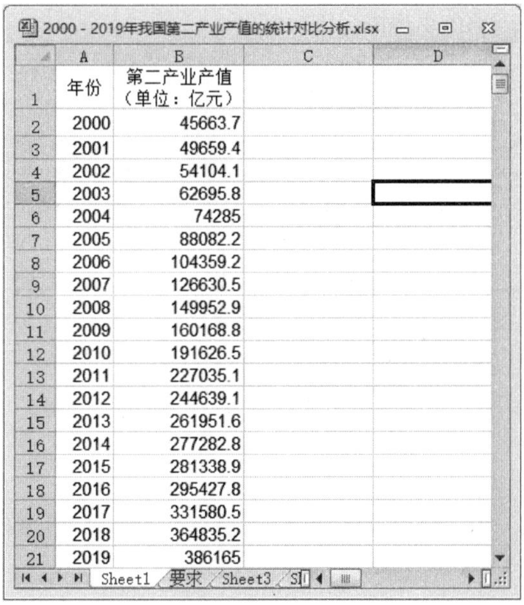

	A	B	C	D
1	年份	第二产业产值（单位：亿元）		
2	2000	45663.7		
3	2001	49659.4		
4	2002	54104.1		
5	2003	62695.8		
6	2004	74285		
7	2005	88082.2		
8	2006	104359.2		
9	2007	126630.5		
10	2008	149952.9		
11	2009	160168.8		
12	2010	191626.5		
13	2011	227035.1		
14	2012	244639.1		
15	2013	261951.6		
16	2014	277282.8		
17	2015	281338.9		
18	2016	295427.8		
19	2017	331580.5		
20	2018	364835.2		
21	2019	386165		

图 8.1　编辑数据表

(2) 选中 A1:B21 区域，在"插入"选项卡的"图表"组中，单击"散点图"旁边的下拉箭头，选择"仅带数据标记的散点图"。在"图表工具"的"布局"选项卡的"标签"组中，单击"坐标轴标题"→"主要横坐标轴标题"→"坐标轴下方标题"，输入"年份"。接着单击"坐标轴标题"→"主要纵坐标轴标题"→"竖排标题"，输入"产值"，图形分析的结果如图 8.2 所示。

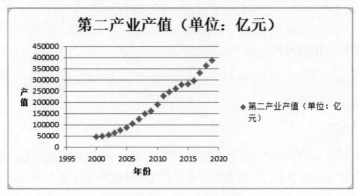

图 8.2　第二产业产值图形分析

(3) 在单元格 C1 中输入"平均发展水平"，在 C2 中输入公式"=AVERAGE(B2:B21)"，按回车键即可求得平均发展水平为 188,874.2 亿元。在单元格 D1 中输入"逐期增长量"，在 D3 中输入公式"=B3-B2"，按回车键求得我国第二产业产值 2001 年比 2000 年的增长量，然后将 D3 的公式向下复制至 D21，即得从 2001 年到 2019 年我国第二产业产值的逐年增长量。

在单元格 E1 中输入"累计增长量"，在 E3 中输入公式"=B3-$B$2"，按回车键求得我国第二产业产值 2001 年比 2000 年的增长量，然后将 E3 的公式向下复制至 E21，即得出从 2001 年到 2019 年我国第二产业产值的累计增长量。

在单元格 F1 中输入"平均增长量"，在 F2 中输入公式"=(B21-B2)/19"后回车，即可得到自 2000 年至 2019 年我国第二产业产值的平均增长量为 17,821.12 亿元。

水平分析结果如图 8.3 所示。

	A	B	C	D	E	F
1	年份	第二产业产值（单位：亿元）	平均发展水平	逐期增长量	累计增长量	平均增长量
2	2000	45663.7	188874.2			17921.1
3	2001	49659.4		3995.7	3995.7	
4	2002	54104.1		4444.7	8440.4	
5	2003	62695.8		8591.7	17032.1	
6	2004	74285		11589.2	28621.3	
7	2005	88082.2		13797.2	42418.5	
8	2006	104359.2		16277.0	58695.5	
9	2007	126630.5		22271.3	80966.8	
10	2008	149892.9		23322.4	104289.2	
11	2009	160168.8		10215.9	114505.1	
12	2010	191626.5		31457.7	145962.8	
13	2011	227035.1		35408.6	181371.4	
14	2012	244639.1		17604.0	198975.4	
15	2013	261951.6		17312.5	216287.9	
16	2014	277282.8		15331.2	231619.1	
17	2015	281338.9		4056.1	235675.2	
18	2016	295427.8		14088.9	249764.1	
19	2017	331580.5		36152.7	285916.8	
20	2018	364835.2		33254.7	319171.5	
21	2019	386165		21329.8	340501.3	

图 8.3　水平分析结果

(4) 在单元格 G1 中输入 "发展速度(%)"，选择单元格 G1 和 H1 并使其合并后居中，在 G2 单元格输入 "环比"，在单元格 G3 中输入环比公式 "=B3/B2*100"，按回车键并将 G3 的公式向下复制至 G21，得到各年的环比发展速度结果。

在 H2 单元格输入 "定基"，在单元格 H3 中输入公式 "=B3/$B$2*100"，按回车键并将 D3 的公式向下复制至 D21，得到各年的定基发展速度结果。

在 I1 单元格中输入 "增长速度(%)"，选择单元格 I1 和 J1，使其合并后居中，再在 I2 单元格输入 "环比"，在单元格 I3 中输入公式 "=G3-100"，按回车键并将公式向下复制至 I21，得到各年的环比发增长速度结果。

在 J2 单元格输入 "定基"，单元格 J3 中输入公式 "=H3-100"，按回车键并将公式向下复制至 J21。

在单元格 K1 中输入 "平均发展速度(%)"，在 K2 中输入公式 "=(B21/B2)^(1/19)*100"，按回车键即得到从 2000 年到 2019 年我国第二产业产值的平均发展速度为 111.89%。

在单元格 L1 中输入 "平均增长速度(%)"，在 L2 中输入公式 "=K2-100"，按回车键即得到从 2000 年到 2019 年我国第二产业产值的平均增长速度为 11.89%，速度分析结果如图 8.4 所示。

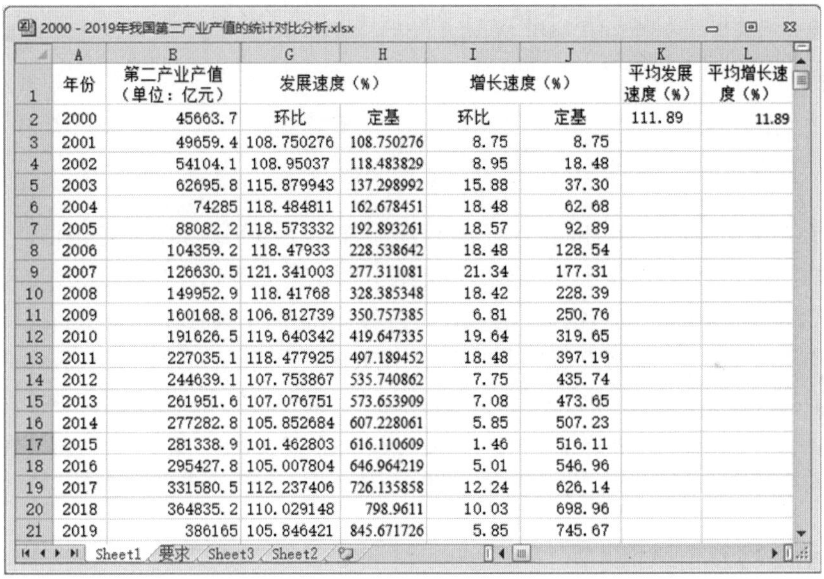

图 8.4　速度分析结果

3. 案例的结果分析

统计对比分析是最简单易用的时间序列分析方法，通过对 2000 年到 2019 年我国第二产业产值进行统计对比分析，不仅可以从图中直观地看出其增长走势情况，而且还可以得到历年的增长量和增长速度以及平均增长量和平均增长速度。具体来说，2000 年到 2019 年我国第二产业产值一直呈现稳步增长的趋势，平均增长量达到 17,921.12 亿元，平均增长速度达到 11.89%。

8.3　时间序列的移动平均分析

移动平均法是趋势变动分析的一种较为简单的常用分析方法，该方法是用一组最近的实际数据来预测未来一期或几期的销售情况、库存、股价或其他趋势。移动平均法根据预测时使用的各元素的权重不同，可以分为简单移动平均法和加权移动平均法两种，这里只介绍第一种类型，即简单移动平均法。

8.3.1 移动平均分析原理

在现实生活中，时间序列会受到各种各样的随机因素变动的影响，但如果其未来的发展趋势与过去一段时期的平均状况大致相同，则可以用历史数据的平均值对未来进行预测。

移动平均法按照一定的间隔长度逐期移动，即保持平均的期数不变，通过计算一系列的移动平均数来修匀原时间序列的波动，并利用过去的若干期实际值的均值来预测未来的趋势，给定时间序列的 n 期资料 $Y_1, Y_2, \cdots, Y_{n-1}, Y_n$，可以用前 T 期的平均值 $\bar{Y}$ 来预测第 $T+1$ 期的估计值 F_{T+1}，如公式 8-11。

$$F_{T+1} = \frac{Y_1 + Y_2 + \cdots + Y_T}{T} = \frac{\sum_{i=1}^{T} Y_i}{T} \tag{8-11}$$

其中 $\bar{Y}$ 是前 T 期的平均值，F_{T+1} 为第 $T+1$ 期的估计值，也就是预测值。若要预测第 $T+2$ 期的值，即用前 $T+1$ 期的平均值来预测第 $T+2$ 期的值。

$$F_{T+2} = \frac{Y_2 + Y_3 + \cdots + Y_{T+1}}{T} = \frac{\sum_{i=1}^{T+1} Y_i}{T} \tag{8-12}$$

预测第 $T+1$ 期时与简单平均相同，但预测第 $T+2$ 期时，移动平均剔除了离现在最远的第一期的数据再做平均，总期数保持 T 期不变。该方法应用的重点在于如何选择合适的移动步长或者平均期数 T。接下来我们分别用添加趋势线法和直接使用移动平均分析工具对时间序列进行移动平均分析。

简单平均法需要具备全部历史数据，且其平均期数随着预测期的增加而增加。而事实上，每多加进一个新数据，第一个数据因离现在越远其作用越小。而移动平均法正是对此进行了修正，它按照一定的间隔长度逐期移动，即保持平均的期数不变，仍然是 T 期，通过计算一系列的移动平均数来修匀原时间序列的波动，并利用过去的若干期实际值的均值来预测未来的趋势。

8.3.2 移动平均分析案例

【案例8.2】已知某公司 2016 年至 2019 年各月份的销售情况，试分别使用添加趋势线法和移动平均分析工具对该组数据进行移动平均分析。

1. 案例的数据描述

某公司 2016 年至 2019 年各月份的销售情况见表 8.2，试分别使用添加趋势线法和移动平均分析工具对该组数据进行移动平均分析。

表8.2 某公司 2016 至 2019 年各月份的销售额

年月	销售额/万元	年月	销售额/万元	年月	销售额/万元	年月	销售额/万元
201601	3,201.2	201701	3,407.8	201801	3,687.5	201901	4,207.4
201602	3,156.8	201702	3,457.6	201802	3,786.5	201902	4,263.7
201603	3,410.2	201703	3,731.1	201803	3,980.9	201903	4,668.6

(续表)

年月	销售额/万元	年月	销售额/万元	年月	销售额/万元	年月	销售额/万元
201604	3,608.1	201704	3,965.7	201804	4,264.5	201904	4,929.7
201605	3,698.7	201705	4,049.4	201805	4,341.7	201905	4,927.3
201606	4,287.0	201706	4,737.5	201806	5,155.3	201906	5,527.6
201607	3,965.3	201707	4,245.6	201807	4,597.7	201907	5,341.6
201608	3,627.8	201708	3,899.7	201808	4,390.1	201908	4,935.9
201609	3,425.8	201709	3,712.5	201809	4,131.6	201909	4,766.1
201610	3,373.5	201710	3,633.7	201810	4,032.3	201910	4,710.3
201611	3,498.7	201711	3,802.3	201811	4,088.2	201911	4,886.8
201612	3,472.3	201712	3,657.5	201812	4,223.9	201912	4,983.1

2. 案例的操作步骤

(1) 新建 Excel 工作簿，命名为"某公司 2016—2019 年各月份销售额的移动平均分析"，将数据和相关文字输入到工作表中，如图 8.5 所示。

(2) 选中表格区域 A1:B49，在"插入"选项卡的"图表"组中，单击"折线图"的下拉箭头，在"二维折线图"中选择第一个子图表类型"带数据标记的折线图"，生成的折线图如图 8.6 所示。

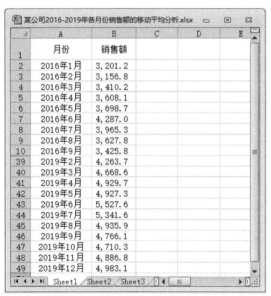

图 8.5 编辑数据表

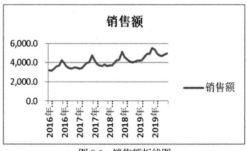

图 8.6 销售额折线图

选中图表上方的标题"销售额"，修改图表标题为"某公司 2016—2019 年度销售额折线图"，在"图表工具"的"布局"选项卡的"标签"组中，单击在"布局"选项卡的"标签"组中，单击"坐标轴标题"→"主要横坐标轴标题"→"坐标轴下方标题"，输入"年月份"。然后单击"坐标轴标题"→"主要纵坐标轴标题"→"竖排标题"，输入"销售额(万元)"。在图表工具"格式"选项卡的"大小"组中，在"形状宽度"的数值框中单击向上或向下的小箭头，可以调宽或调窄图形的宽度。在"布局"选项卡的"坐标轴"组中，单击"网格线"→"主要横网格线"→"无"，可以将图表中的横网格线去掉。单击图表将其激活，选中纵轴一栏，右击鼠标并从弹出的快捷菜单中选择"设置坐标轴格式",弹出"设置坐标轴格式"对话框。选择"坐标轴选项",设置"最小值""最大值"和"主要刻度单位"等选项。单击对话框左边一列中的"数字",则可以对纵坐标的"数字类型"进行设置。设置结束单击"关闭"按钮。用同样的方法设置横轴的格式,如图8.7所示。

在"布局"选项卡的"分析"组中,单击"趋势线"→"其他趋势线选项",弹出"设置趋势线格式"对话框,在"趋势线选项"一列中选择"移动平均",并把周期设置为"6",如图8.7所示,单击"关闭"按钮可得到趋势图,结果如图8.8所示。

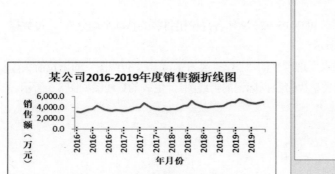

图8.7 修改后的销售额折线图

图8.8 设置趋势线格式对话框

从图8.9可以看出,6个月移动平均能够较好地反映出该公司近几年来销售额的长期发展趋势。但是似乎该移动平均的步长稍长了一些,我们将周期重新设置为"4",则可以得到与原始数据更加吻合的移动平均趋势线,如图8.10所示。

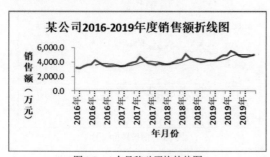

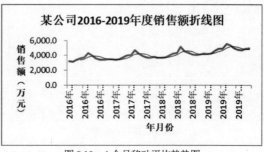

图8.9 6个月移动平均趋势图

图8.10 4个月移动平均趋势图

(3) 使用"移动平均"分析工具

在单元格C1和D1中分别输入"3个月移动平均值"和"标准误差"。

选择工具栏中的"数据"→"分析"→"数据分析"选项,在出现的"数据分析"对话框中选中"移动平均"选项,然后单击"确定"按钮。

在弹出的"移动平均"对话框中,单击"输入区域"后的折叠按钮,选择观测值的单元格区域"B1:B49",并选中"标志位于第一行"复选框,在"间隔"文本框中输入"3",即选择移动平均的步长为 3。单击"输出区域"后的折叠按钮，选中输出的单元格区域 C2，并选中"图表输出"和"标准误差"复选框，如图 8.11 所示，然后单击"确定"按钮。

  (4) 最终得到的输出结果如图 8.12 所示。图中不仅输出了 3 个月的移动平均预测值及其标准误差，而且输出了 3 个月移动平均的预测值和实际值的趋势图。显然，3 个月的步长要比 4 个月以及 6 个月的拟合效果更好，更接近于实际趋势。

图 8.11 "移动平均"对话框

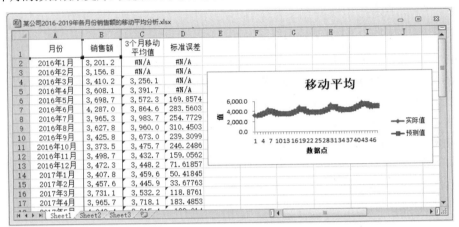

图 8.12 移动平均趋势图

3. 案例的结果分析

  该公司自 2016 年至 2019 年的销售额的原始数据显示出一定的波动趋势，通过添加趋势线，可以剔除这种波动性，从而使销售额表现出一种单纯直观的发展趋势；而使用移动平均分析工具则可以选出预测值与实际值达到最佳吻合度的步长，并可以根据该趋势线的最后一点来更加准确地预测下一个月份的销售额。

8.4 时间序列的指数平滑分析

  当移动平均间隔中出现非线性趋势时，则应对不同的时期配以不同的权重。指数平滑法通过对移动平均法加以改进，给予近期数据更大的权重，从而满足了非线性趋势分析的需要。该方法不仅处理时简单有效，更重要的是提供了良好的短期预测精度，因此应用十分广泛。

8.4.1 指数平滑分析原理

  根据平滑次数的不同，指数平滑法可以分为一次指数平滑法、二次指数平滑法、三次指数平滑法和高次指数平滑法。这里只介绍最常见的一次指数平滑法。一次指数平滑法又称单一指数平滑法，其数学表达式为：

$$Y_{t+1}^* = \alpha Y_t + (1-\alpha)Y_t^* \tag{8-13}$$

其中，Y_t^* 是第 t 期的模型预测值；Y_t 是第 t 期的实际观测值；$\alpha(0 < \alpha < 1)$ 是平滑系数，$(1-\alpha)$ 被称为阻尼系数。从公式可以看出，在指数平滑中，第 $t+1$ 期的预测值 Y_{t+1}^* 是第 t 期的实际观测值 Y_t 和第 t 期的预测值 Y_t^* 的加权平均，即用一段时间的预测值和实际观测值的线性组合来预测未来。

指数平滑法的计算中，关键是平滑系数 α 取值，α 反映了利用本期实际值信息的程度，阻尼系数 $(1-\alpha)$ 则反映了本次预测对前期预测误差的修正程度。一般来说，阻尼系数 $(1-\alpha)$ 介于 0.7 至 0.8 之间比较合适，这意味着本次预测将对前期预测的误差调整20%至30%，以修正以前的预测。此时平滑系数 α 在 0.2 到 0.3 之间，平滑系数越大说明反应越快，但是预测会变得不稳定；若平滑系数太小又会导致预测值的滞后。

1. 使用"规划求解"工具求最佳阻尼系数

Excel 中的"规划求解"加载项工具提供了最佳阻尼系数的确定方法。一旦确定了最佳阻尼系数，下一步就可以使用指数平滑工具进行趋势预测了。由于在 Excel 中，"规划求解"加载项工具并不作为命令显示在选项卡中，因此，如要使用该工具必须另行加载。加载的具体操作如下：

(1) 单击"文件"→"选项"，在弹出的"Excel 选项"对话框中选择"加载项"选项卡，在可用"加载项"列表中选择"规划求解加载项"，然后单击"转到"按钮，如图 8.13 所示。

(2) 在弹出"加载宏"对话框，在"可用加载宏"列表中勾选"规划求解加载项"，然后单击"确定"按钮进行加载，如图 8.14 所示。

(3) 安装完毕后，单击"数据"选项卡，在"数据"选项卡的右侧已含有"规划求解"项，说明"规划求解"工具已加载成功。

图 8.13 "Excel 选项"对话框

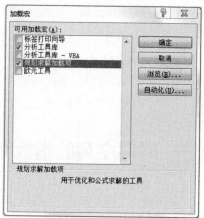

图 8.14 "加载宏"对话框

2. 使用指数平滑工具进行趋势预测

指数平滑工具也不是 Excel 自有工具，它是数据分析工具中的一种。因此用户在使用该工具进行指数平滑之前，需要先加载数据分析工具。方法是：单击"文件"→"选项"，在弹出的"Excel 选项"对话框中选择"加载项"选项卡，在可用"加载项"列表中选择"分析工具库"，然后单击"转到"按钮，如图 8.15 所示。在弹出"加载宏"对话框，在"可用加载宏"列表中勾选"分析工具库"，然后单击"确定"按钮进行加载，如图 8.14 所示。

　　加载完毕后，在工具栏中选择"数据"→"数据分析"命令，随即弹出"数据分析"对话框，在"分析工具"中选择"指数平滑"选项，如图 8.16 所示，单击"确定"按钮，随即弹出"指数平滑"对话框，如图 8.17 所示。根据情况对"指数平滑"对话框的各选项进行设置，就可以得到指数平滑结果了。

图 8.15 　"Excel 选项"对话框

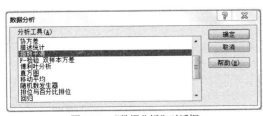

图 8.16 　"数据分析"对话框

图 8.17 　"指数平滑"对话框

8.4.2 指数平滑分析案例

　　【案例 8.3】已知山东省 1990 年至 2009 年固定资产投资的情况，试用规划分析工具分析山东省固定资产投资发展状况。

1. 案例的数据描述

　　山东省 1990 年至 2009 年固定资产投资情况的数据见表 8.3，试对该组数据进行如下指数平滑分析：利用规划分析工具求解最佳阻尼系数，使得总方差的值最小；利用数据分析的"指数平滑"工具做进一步的数据分析：计算得到预测值和标准误差及指数平滑图表。

表8.3　山东省1990至2009年固定资产投资总额数据 (单位：亿元)

1990	1991	1992	1993	1994	1995	1996	1997	1998	1999
335.66	439.82	601.50	892.48	1,108.00	1,320.97	1,558.01	1,792.22	2,056.97	2,222.17
2000	2001	2002	2003	2004	2005	2006	2007	2008	2009
2542.65	2,807.79	3,509.29	5328.44	7,629.04	10,541.87	11,136.06	12,537.02	15,435.93	19,030.97

2. 案例的操作步骤

(1) 新建 Excel 工作簿，命名为"山东省1990—2009固定资产投资总额的指数平滑分析"，将数据输入到工作表中，在 C1、D1 和 E1 单元格中依次输入"固定资产投资预测值""预测误差"和"S^2"，在 G1、G2、G3 和 G4 单元格中依次输入"平滑系数 α"、"阻尼系数(1-α)"、"实际投资额平均值"和"$S_{\text{总}}^2$"，并在 H1 输入阻尼系数 0.3，H2 输入"=1-H1"。单元格 C2 中的数据即 2000 年的预测值采用实际值，C3 公式为"=\$H\$1*B2+\$H\$2*C2"并依次复制至 C22，D2 公式为"=C2-B2"并依次复制到 D21，H3 公式为"=AVERAGEA(B2:B21)"，E2 公式为"=(D2^2+(C2-\$H\$3)^2)/20"并依次复制到 E19，H4 公式为"=SUM(E2:E21)"。结果如图 8.18 所示。

▲	A	B	C	D	E	F	G	H
1	年　份	固定资产投资额	固定资产投资预测值	预测误差	S^2		平滑系数α	0.3
2	1990	335.66	335.66	0.00	1154729.45		阻尼系数（1-α）	0.7
3	1991	439.82	335.66	-104.16	1155271.92		实际投资额平均值	5141.34
4	1992	601.50	366.91	-234.59	1142513.15		$S^2_{总}$	25220056.71
5	1993	892.48	437.29	-455.19	1116767.90			
6	1994	1108.00	573.84	-534.16	1057368.53			
7	1995	1320.97	734.09	-586.88	988414.99			
8	1996	1558.01	910.15	-647.86	916133.63			
9	1997	1792.22	1104.51	-687.71	838447.74			
10	1998	2056.97	1310.82	-746.15	761480.57			
11	1999	2222.17	1534.67	-687.50	674038.32			
12	2000	2542.65	1740.92	-801.73	610283.06			
13	2001	2807.79	1981.44	-826.35	533392.92			
14	2002	3509.29	2229.34	-1279.95	505900.21			
15	2003	5328.44	2613.33	-2715.11	688134.94			
16	2004	7629.04	3427.86	-4201.18	1029296.15			
17	2005	10541.87	4688.21	-5853.66	1723530.19			
18	2006	11136.06	6444.31	-4691.75	1185511.58			
19	2007	12537.02	7851.84	-4685.18	1464886.08			
20	2008	15435.93	9257.39	-6178.54	2755809.73			
21	2009	19030.97	11110.95	-7920.02	4918145.68			
22	2010		13486.96					
23								

图 8.18　平滑系数为 0.3 时的各年预测值

(2) 选择工具栏中的"数据"→"分析"→"规划求解"选项，随即弹出"规划求解参数"对话框，如图 8.19 所示。单击"设置目标"后的折叠按钮，选中总方差所在的单元格 H4，在"到"后的选项中选择"最小值"选项。单击"通过更改可变单元格"后的折叠按钮，选中阻尼系数所在的单元格 H2，然后单击"遵守约束"选择组中的"添加"按钮，弹出"添加约束"对话框，如图 8.20 所示，单击"单元格引用"下的折叠按钮并选中 H2，在中间的下拉列表中选中"<="，在"约束"下的文本框中输入"1"，然后单击"添加"按钮，用同样的方法为 H2 添加约束">=0"，完成后单击"确定"按钮，返回"规划求解参数"对话框，如图 8.21 所示，然后单击"求解"按钮。

图 8.19　"规划求解参数"对话框

图 8.20　"添加约束"对话框

图 8.21　添加约束后的"规划求解参数"对话框

　　弹出"规划求解结果"对话框，显示找到一解满足所有约束及最优状况，则可以选中"保留规划求解的解"和"报告"下的"运算结果报告"，如图 8.22 所示，完成后单击"确定"按钮。

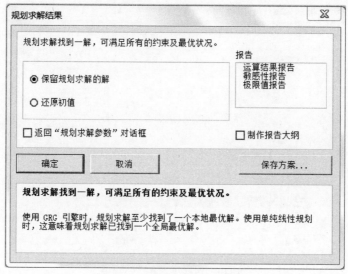

图 8.22　"规划求解结果"对话框

　　利用"规划求解"工具求得的阻尼系数的"运算结果报告"在新的工作表"运算结果报告 1"里，如图 8.23 所示，结果在单元格 H2 中显示为规划求解结果显示阻尼系数为 0.407521665，使得总方差的值最小，如图 8.24 所示。

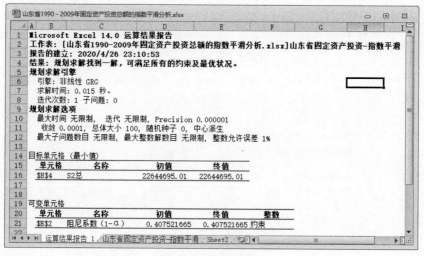

图 8.23　运算结果报告

　　(3) 在单元格 I1 和 J1 中分别输入"预测值"和"标准误差"。选择工具栏中的"数据"→"分析"→"数据分析"选项，弹出"数据分析"对话框，在对话框"分析工具"一栏中选择"指数平滑"选项，然后单击"确定"按钮。在"指数平滑"对话框，如图 8.25 所示，单击"输入区域"后的折叠按钮，选中 B1 到 B21 单元格区域，在"阻尼系数"文本框中输入规划求解的结果 0.407521665，选中"标志"复选框。单击"输出区域"后的折叠按钮，选中 I2 单元格，并选中"图表输出"和"标准误差"复选框，单击"确定"按钮，输出结果如图 8.26 所示，包括指数平滑图、预测值及标准误差。

山东省1990 - 2009年固定资产投资总额的指数平滑分析.xlsx

	A	B	C	D	E	F	G	H
1	年　份	固定资产投资额	固定资产投资预测值	预测误差	S^2		平滑系数α	0.592478335
2	1990	335.66	335.66	0.00	1154729.45		阻尼系数（1-α）	0.407521665
3	1991	439.82	335.66	-104.16	1155271.92		实际投资额平均值	5141.34
4	1992	601.50	397.37	-204.13	1127346.19		$S^2_{总}$	22644695.01
5	1993	892.48	518.31	-374.17	1075620.05			
6	1994	1108.00	740.00	-368.00	975362.64			
7	1995	1320.97	958.03	-362.94	881590.90			
8	1996	1558.01	1173.06	-384.95	794770.75			
9	1997	1792.22	1401.14	-391.08	707104.56			
10	1998	2056.97	1632.84	-424.13	624472.01			
11	1999	2222.17	1884.13	-338.04	536185.42			
12	2000	2542.65	2084.41	-458.24	477740.70			
13	2001	2807.79	2355.91	-451.88	398142.33			
14	2002	3509.29	2623.64	-885.65	356160.82			
15	2003	5328.44	3148.37	-2180.07	436233.28			
16	2004	7629.04	4440.01	-3189.03	533087.73			
17	2005	10541.87	6329.44	-4212.43	957806.28			
18	2006	11136.06	8825.21	-2310.85	945545.81			
19	2007	12537.02	10194.34	-2342.68	1551046.53			
20	2008	15435.93	11582.33	-3853.60	2816826.63			
21	2009	19030.97	13865.50	-5165.47	5139651.00			
22	2010		16925.93					

运算结果报告 1　山东省固定资产投资-指数平滑　Sheet

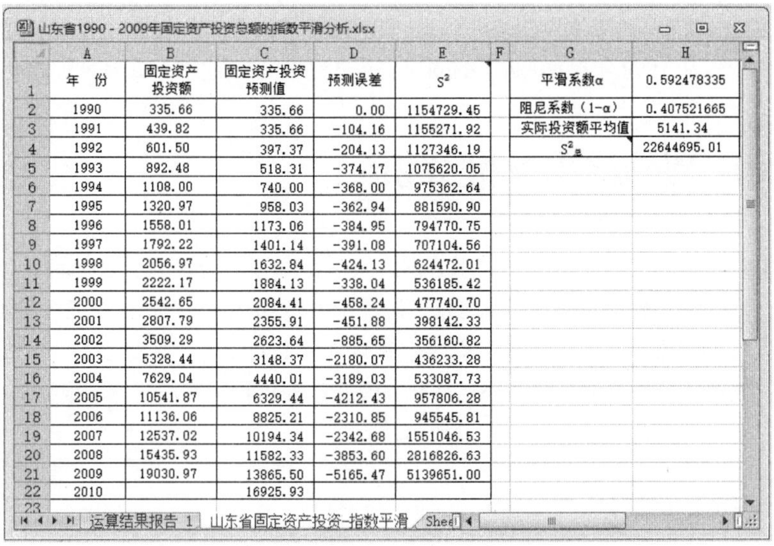

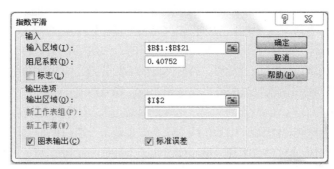

图 8.24　利用“规划求解”工具求出的阻尼系数及输出结果

图 8.25　“指数平滑”对话框

山东省1990 - 2009年固定资产投资总额的指数平滑分析.xlsx

	A	B	C	D	E	F	G	H	I	J
1	年　份	固定资产投资额	固定资产投资预测值	预测误差	S^2		平滑系数α	0.592478335	预测值	标准误差
2	1990	335.66	335.66	0.00	1154729.45		阻尼系数（1-α）	0.407521665	#N/A	#N/A
3	1991	439.82	335.66	-104.16	1155271.92		实际投资额平均值	5141.34	335.66	#N/A
4	1992	601.50	397.37	-204.13	1127346.19		$S^2_{总}$	22644695.01	397.3725	#N/A
5	1993	892.48	518.31	-374.17	1075620.05				518.3136	#N/A
6	1994	1108.00	740.00	-368.00	975362.64				739.9991	253.3231
7	1995	1320.97	958.03	-362.94	881590.90				958.0317	325.1119
8	1996	1558.01	1173.06	-384.95	794770.75				1173.065	368.3971
9	1997	1792.22	1401.14	-391.08	707104.56				1401.136	372.0805
10	1998								1632.845	379.8479
11	1999								1884.13	400.4211
12	2000								2084.411	386.0481
13	2001								2355.908	409.9333
14	2002								2623.638	419.7028
15	2003								3148.368	632.0758
16	2004								4440.013	1383.389
17	2005								6329.443	2288.157
18	2006								8825.215	3299.856
19	2007								10194.34	3329.386
20	2008	15435.93	11582.33	-3853.60	2816826.63				11582.33	3086.136
21	2009	19030.97	13865.50	-5165.47	5139651.00				13865.5	2925.657
22	2010		16925.93							

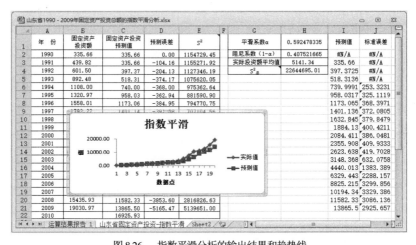

图 8.26　指数平滑分析的输出结果和趋势线

3. 案例的结果分析

通过“规划求解”宏工具，求出了山东省 1990 年至 2009 年固定资产投资额的最佳阻尼系数为

0.407,521,665，利用该阻尼系数和数据分析工具中的指数平滑工具，得到了指数平滑趋势图，从图中可以看出，山东省从 1990 年至 2009 年的固定资产投资额逐年递增，并且增速逐年增大。

8.5 时间序列的趋势外推分析

趋势外推分析是时间序列分析中的常用方法，它是根据预测变量的历史时间序列揭示出的变动趋势外推将来，以确定预测值的一种预测方法。最早由R.赖恩(Rhyne)提出，用于科技预测。他认为，决定事物过去发展的因素，在很大程度上也决定该事物未来的发展，其变化不会太大；事物发展过程一般都是渐进式的变化，而不是跳跃式的变化。因此掌握事物的发展规律，依据其内在规律推导，就可以预测出它的未来趋势和状态。

8.5.1 趋势外推分析原理

趋势外推分析的基本思想是：根据较长时期的时间数列资料，在假定其过去的发展趋势及其变化规律性今后依然存在的条件下，探究其趋势线并延长之，以外推测算该时间序列未来的发展方向和变动程度。趋势外推的思想源于回归分析，因此趋势外推分析也被称为趋势回归分析，只不过它把研究的观测值序列看作为回归模型的因变量，而把时间作为模型的自变量。

根据时间序列随时间变动呈现的趋势，将时间序列的趋势分为线性趋势和非线性趋势两大类，相应地，趋势外推模型可分为线性趋势外推模型和非线性趋势外推模型。

趋势外推的方法有很多，但就预测来说，则以采用最小平方法最多。最小平方法又称最小二乘法，是统计学中估计数学模型参数使用的传统方法，亦是测定长期趋势的较好方法。此法的要求有二：一是实际值与趋势值离差平方之和为最小值；二是实际值与趋势值离差总和等于零。用公式表示如下：

$$\sum (Y - \hat{Y})^2 = 最小值 \qquad (8\text{-}14)$$

$$\sum (Y - \hat{Y}) = 0 \qquad (8\text{-}15)$$

其中，Y 表示时间序列的实际值，$\hat{Y}$ 表示时间序列的趋势值。在最小平方法下得到的趋势外推模型对时间序列的变动趋势进行了较好的拟合，意味着在进行外推预测时能得到精确的预测值。

1. 线性趋势外推模型

若时间序列的逐期增长量大致相同，那么它的发展趋势是直线型的，就可以配合相应的直线模型来预测未来。线性趋势外推模型的形式是：

$$\hat{Y}_t = a + bt \qquad (8\text{-}16)$$

其中，$\hat{Y}_t$ 是时间序列 Y_t 的趋势预测值，t 为时间标号，a 为线性趋势线在纵轴上的截距，b 为趋势线的斜率，表示时间 t 变动一个单位引起的时间序列观测值的平均变动量。

2. 非线性趋势外推模型

若时间序列的逐期增长量随着时间的变动而变动，则考虑采用非线性趋势的外推模型，比如指数曲线模型、幂函数曲线模型、多项式曲线模型等。增长曲线中最典型的就是指数曲线，如果时间序列中的逐期增长率即环比增长速度大体相同，那么时间序列所反映的社会经济现象的发展趋势多用指数曲线模型来表示。指数曲线模型的形式是：

$$\hat{Y}_t = ab^t \tag{8-17}$$

其中，$\hat{Y}_t$ 是时间序列 Y_t 的趋势预测值，t 为时间标号，a 是时间标号为 0 时 $\hat{Y}_t$ 的数值，b 为平均发展速度，用以描述时间序列曲线在整个观察期内的平均发展程度。

在选择线性趋势模型还是非线性趋势模型之前，一般要对数据进行预处理，看看该时间序列呈现什么样的趋势，然后再决定下一步应该选择何种模型。常用的预处理方法有两种，一种是通过图形来观察数据的大体走势，另一种是计算出数据的逐期增长量即 ΔY，观察其变动大小。在实例应用中我们采用前一种预处理方法。通过数据的预处理确定了模型类型之后，接下来就开始进行趋势外推分析和预测了，方法包括图形法和函数法。

8.5.2　趋势外推分析案例

【案例 8.4】已知我国 2000 至 2018 年进出口贸易总额情况，试对该组数据进行趋势外推分析，预测 2019 年进出口贸易总额。

1. 案例的数据描述

本案例所用到的数据是我国 2000—2018 年进出口总额，见表 8.4。

表 8.4　我国 2000—2018 年进出口总额　　　　　　　　　　　　（单位：亿元）

年份	2000	2001	2002	2003	2004	2005	2006
总额	39,273.25	42,183.62	51,378.15	70,483.45	95,539.09	116,921.77	140,974.74
年份	2007	2008	2009	2010	2011	2012	2013
总额	166,924.07	179,921.47	150,648.06	201,722.34	236,401.95	244,160.21	258,168.89
年份	2014	2015	2016	2017	2018		
总额	264,241.77	245,502.93	243,386.46	278,099.24	305,008.13		

2. 案例的操作步骤

(1) 新建 Excel 工作簿，命名为"我国 2000—2018 年进出口总额的趋势外推分析"，将数据和文字输入到工作表中，并插入一列"时间标号 t（t =1,2,……,19）"，如图 8.27 所示。

(2) 选中单元格区域 B1:C20，选择工具栏中的"插入"→"图表"→"散点图"→"带平滑线和数据标记的散点图"选项，随即弹出散点图，如图 8.28 所示。

从图形来看，我国 2000—2018 年进出口总额走势更接近于直线，所以为其添加"线性趋势线"。

(3) 选择工具栏中的"图表工具"→"布局"→"趋势线"→"其他趋势线选项"，弹出"设置趋势线格式"对话框，如图 8.29 所示。在"趋势预测/回归分析类型"一栏中选中"线性"，在"趋势线名称"一栏中选中"自动"，在"趋势预测"→"前推"文本框中输入"1.0"，并选中"显示公式"和"显示 R 平方值"复选框。完成后，单击"关闭"按钮，结果如图 8.30 所示。从图中可以看出，我国进出口总额呈上升趋势，其线性方程为：$y=15003x + 25279$。方程的可决系数达到 0.9496，拟合效果较好。

图 8.27　进出口总额数据

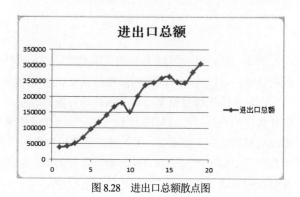

图 8.28　进出口总额散点图

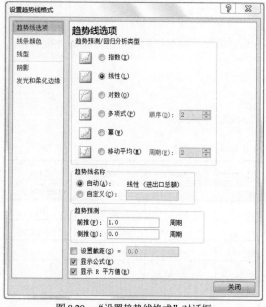

图 8.29　"设置趋势线格式"对话框

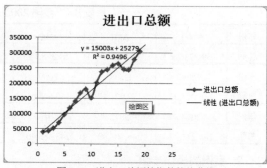

图 8.30　进出口总额的指数趋势曲线

（4）在此基础上运用线性方程对 2019 年我国进出口总额进行预测，在单元格 A21 中输入"2019 预测值"，在 B21 中输入"20"，在 C21 中输入公式"=15003*B21+25279"，按 Enter 键后就能得到 2019 年的预测值为 325,339 亿元，如图 8.31 所示，此结果和图形中外推一个周期得到的结果相符。

3. 案例的结果分析

根据对我国 2000 年到 2018 年进出口总额的趋势外推分析，预测出 2019 年的进出口贸易总额为 325,339 亿元，实际 315,505 亿元。从图形中我们可以看出 2000 年、2008 年我国进出口增加迅速，但是因为 2008 年美国次贷危机的发生，2009 年我国实际进出口总额有所下降，2010 年后的近十年增加速度有所减缓。

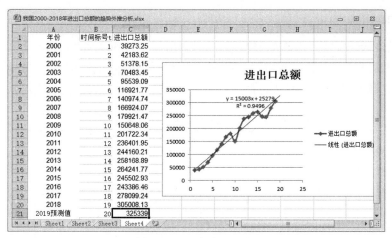

图 8.31　2019 年进出口预测

8.6　时间序列的季节调整分析

季节变动是指客观现象受自然条件、生产条件和生活习惯等因素的影响，随着季节的转变而呈现出的周期性变动。例如，羽绒服的销售情况在不同的季节会呈现明显的区别。季节变动是影响时间序列变动的因素之一，对含有季节变动的时间序列进行调整分析的目的是为了进行季节变动预测，即根据数年的时间序列资料，采用测定季节变动的各种特有的方法，揭示客观事物季节变动的方向和程度，据以进行科学的预测，便于正确地指导生产、组织货源、安排市场供应，以满足社会经济发展的需要。

8.6.1　季节调整分析原理

分析季节变动的影响和规律主要是通过测定季节指数，季节指数是各季(或者月)平均数与全时期总平均数的比率，用来反映季节变动的程度。

计算季节指数的方法有按月(季)平均法、趋势剔除法、月(季)虚拟变量回归法等。

其中第一种方法主要是通过对原时间序列计算简单平均指数的方法来实现，这种方法适用于没有明显长期趋势的影响，而只受季节变动和不规则变动影响的时间序列。具体计算步骤如下：

首先，计算各年同一月份(或季度)平均数作为该月份(或季度)的代表值；

然后，计算出所有月份(或季度)的平均数作为月份(或季度)的代表值；

最后，将各月份(或季度)的平均数除以月份(或季度)的平均数，结果就是季节指数(称季节比率)。

$$季节指数 = \frac{历年同月平均数}{总的平均} \times 100\% \tag{8-18}$$

8.6.2　季节调整分析案例

【案例 8.5】某超市连续六年各个季度啤酒销售量的季度调整分析。

1. 案例的数据描述

某超市连续六年各个季度啤酒销售量情况，见表 8.5，已知 2019 年销售量预计比 2018 年增长 9%，试对该组数据进行季度调整分析，完成如下分析：计算各季节指数；根据季节指数预测 2019 年各季度的啤酒销量；预测 2020 年啤酒总销量。

表 8.5　某超市连续六年各个季度啤酒销售量　　　　(单位：千箱)

	第一季度	第二季度	第三季度	第四季度
2014 年	43	267	387	52
2015 年	60	297	431	66
2016 年	28	388	466	45
2017 年	48	380	448	64
2018 年	56	365	510	47
2019 年	39	410	554	58

2. 案例的操作步骤

(1) 新建 Excel 工作簿，命名为"某超市连续六年各个季度啤酒销售量的季度调整分析"，将数据和文字输入到 sheet2 工作表中，如图 8.32 所示。

图 8.32　sheet2 表中各季度啤酒销售量数据

(2) 选中单元格区域 A1:B24，选择工具栏中的"插入"→"图表"→"折线图"→"折线图"选项，随即弹出折线图，如图 8.33 所示，从图中可以看出啤酒销售量呈现出明显的季度变动趋势。

(3) 在 sheet1 工作表输入数据各季度销售数据，如图 8.34 所示。在单元格 A8、A9、A10 和 A11 中依次输入"同季平均"、"所有季度平均"、"季节指数"和"2020 年预测值"，在 F1 中输入"合计"，在单元格 B8 中输入公式"=AVERAGE(B2:B7)"，按回车键，并复制至单元格 E8，计算出历年同季平均值；在单元格 B9 中输入公式 "=AVERAGE(B2:E7)"，按回车键，并合并单元格 B9:E9，计算出所有季度平均值；在单元格 B10 中输入公式 "=B8/$B$9"，按回车键，并将公式复制至单元格 E10，计算出季节指数；在单元格 F2 中输入公式 "=SUM(B2:E2)"，按回车键，并将公式复制至单元格 F7，计算出 2014 年到 2019 年各年的总销售量。

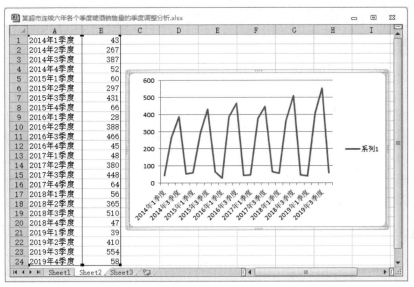

图 8.33　啤酒销售量折线图

	A	B	C	D	E
1		第一季度	第二季度	第三季度	第四季度
2	2014年	43	267	387	52
3	2015年	60	297	431	66
4	2016年	28	388	466	45
5	2017年	48	380	448	64
6	2018年	56	365	510	47
7	2019年	39	410	554	58

图 8.34　sheet1 表中各季度啤酒销售量数据

(4) 在单元格 F11 中输入公式 "=F7*1.09"，按回车键，计算出 2020 年全年预测值；在单元格 B11 中，输入公式 "=$F$11/4*B10"，按回车键，并复制至单元格 E11，计算出 2020 年各季度的预测值。

最终得到 2020 年各季度的销售量预测值，如图 8.35 所示。

	A	B	C	D	E	F
1		第一季度	第二季度	第三季度	第四季度	合计
2	2014年	43	267	387	52	749
3	2015年	60	297	431	66	854
4	2016年	28	388	466	45	927
5	2017年	48	380	448	64	940
6	2018年	56	365	510	47	978
7	2019年	39	410	554	58	1061
8	同季平均	45.67	351.17	466.00	55.33	
9	所有季度平均		229.54			
10	季节指数	0.20	1.53	2.03	0.24	
11	2020年预测值	57.52	442.32	586.96	69.70	1156.49

图 8.35　啤酒销售量的季节调整分析结果

3. 案例的结果分析

本案例中，通过插入的折线图，可以看出啤酒的销量具有明显的季节变动效应。通过季度平均法计算出啤酒销量的季节指数，进而对销售数据进行季节调整分析，预测出2020年四个季度的啤酒销量，该超市可以在四个季度参考预测值进行相应的库存以备销售。

本章小结

时间序列是同一现象在不同时间上相继观察值排列而成的序列，是一种重要的统计分析方法。

本章主要介绍了如何在 Excel 中进行时间序列分析。时间序列分析的影响因素主要有趋势变动、季节变动、周期变动和随机变动四种，根据这四个因素之间的关系可将时间序列分解为加法模型和乘法模型。本章介绍了时间序列的几种分析方法，包括统计对比分析、移动平均分析、指数平滑分析、趋势外推分析和季节调整分析。在实际应用中，应根据时间序列的类型和分析者的需要，选择合适的分析方法。

习题 8

一、填空题

1. 时间序列是按(　　)先后顺序排列而成的一组数值数据。
2. 时间序列分析的影响因素主要有(　　)、(　　)、(　　)和(　　)随机变动四种。
3. 平均发展水平是指把时间序列中各项发展水平做(　　)运算而得到的数值。
4. 增长量是以绝对数形式表示的水平分析指标，是两个不同时期发展水平之(　　)，用来说明社会经济现象在一定时期内所增长的绝对数量的指标。
5. 环比发展速度是报告期水平与前一期水平之(　　)，表明这种现象逐期的发展程度。
6. 移动平均法按照一定的间隔长度逐期移动，可以用前 T 期的(　　)值来预测第 T+1 期的估计值。

二、选择题

1. 下列不是时间序列的特点的是(　　)。
   A. 时间序列是按时间先后顺序排列序的　　B. 时间序列中的数据是人为编造一组数据
   C. 时间序列中的观测值具有差异性　　D. 时间序列中的数据不允许有遗漏
2. 时间序列的统计对比分析不包括(　　)。
   A. 图形分析　　B. 水平分析　　C. 速度分析　　D. 回归分析
3. 关于时间序列的移动平均分析法，描述正确的是(　　)。
   A. 移动平均法按照一定的间隔长度逐期移动，即保持平均的期数不变，通过计算一系列的移动平均数来修匀原时间序列的波动，并利用过去的若干期实际值的均值来预测未来的趋势
   B. 移动平均法按照求平均值，利用过去的所有的均值来预测未来的趋势

C. 移动平均法的间隔长度是可以发生变化的

D. 移动平均法的数据可以随意选取

4. 关于规划求解工具和指数平滑工具描述，正确的是(   )。

A. 规划求解工具和指数平滑工具都是 Excel 自带的，可以直接使用

B. 规划求解工具和指数平滑工具都不是 Excel 自带的，需要加载后再使用

C. 规划求解工具是 Excel 自带的，指数平滑工具不是 Excel 自带的

D. 规划求解工具不是 Excel 自带的，指数平滑工具是 Excel 自带的

5. 线性趋势外推模型的形式是(   )。

A. $\hat{Y}_t = ab^t$ 　　　　B. $\hat{Y}_t = a + bt$ 　　　　C. $\hat{Y}_t = aY_t + (1-a)Y_t^*$ 　　　　D. $\hat{Y}_t = \dfrac{\sum_{i=1}^{T} Y_i}{T}$

6. 季节指数是各季(或者月)平均数与全时期总平均数的(   )。

A. 和 　　　　　　B. 差 　　　　　　C. 比率 　　　　　　D. 乘积

三、综合题

1. 经过改革开放以来的飞速发展，我国国内生产总值已由改革开放之初的 4000 多亿元增长到如今的 990,000 多亿元。2000 年至 2019 年 20 年来我国 GDP 的历年数据见表 8.6。要求：对 2000 年至 2019 年我国的国内生产总值分别进行统计对比分析、移动平均分析、指数平滑分析和趋势外推分析，并总结以上四种分析的结果，从而对 2000 年至 2019 年我国的国内生产总值的变化情况进行总体评价。

表 8.6　我国 2000 年至 2019 年的 GDP 数据

年　份	GDP/亿元
2000	100,280.1
2001	110,863.1
2002	121,717.4
2003	137,422.0
2004	161,840.2
2005	187,318.9
2006	219,438.5
2007	270,092.3
2008	319,244.6
2009	348,517.7
2010	412,119.3
2011	487,940.2
2012	538,580.0
2013	592,963.2
2014	643,563.1
2015	688,858.2
2016	746,395.1
2017	832,035.9
2018	919,281.1
2019	990,865.0

2. 一家文具公司 2012 年至 2019 年间各季度销售额见表 8.7，假设 2020 年销售量预计比 2019 年增长 9%，对该文具公司 2012 年至 2019 年间各季度销售额进行季节调整分析。

表 8.7　某文具公司 2012 年至 2019 年间各季度销售额　　　（单位：万元）

年份	第一季度	第二季度	第三季度	第四季度
2012	57	138	183	117
2013	70	175	193	110
2014	66	156	189	101
2015	51	139	175	146
2016	69	183	287	270
2017	101	234	226	161
2018	83	167	214	105
2019	43	115	198	137

第 9 章

相关分析

相关分析(correlation analysis)是研究两个或两个以上处于同等地位的随机变量间的相关关系的统计分析方法。根据研究变量的多少可分为简单相关和多元相关，简单相关是指两个变量之间的相关关系，多元相关是指 3 个或 3 个以上变量之间的相关关系；根据变量关系的形态可分为线性相关和非线性相关，可以通过散点图呈直线或曲线加以判断是否为线性相关；根据变量值变动方向的趋势可分为正相关和负相关。如果变量同增同减，则称它们为正相关，反之称为负相关；根据相关程度的不同又可分为完全相关、不完全相关和无相关。

本章主要介绍两种类型的相关关系——简单相关和多元相关，并结合案例讲解利用 Excel 对变量进行相关分析的方法。

9.1 简单相关分析

简单相关只考虑两个变量之间的直线关系，故又称为线性相关。简单相关描述了两个随机变量之间线性联系的程度，变量之间无主次之分，地位是平等的。

9.1.1 简单相关关系的测定方法

Excel 2010 提供了三种测定简单相关关系的方法，分别是散点图—趋势线法、相关分析函数法和相关系数分析工具法。

1. 散点图—趋势线法

散点图是统计分析中常用的一种变量关系分析方法，该方法将变量序列显示为一组点，变量值由点在图表中的位置表示，X 轴 Y 轴分别表示不同变量，通过散点图的形状可以直观地判断两个变量之间存在何种相关关系。常见的四种相关关系有完全正相关、中度相关、完全负相关和无相关，如图 9.1 所示。

Excel 2010 共提供了 5 种散点图类型，分别是"仅带数据标记的散点图""带平滑线和数据标记的散点图""带平滑线的散点图""带直线和数据标记的散点图"和"带直线的散点图"，分别对应着按钮 ⊡ 、 ⊠ 、 ⊠ 、 ⊠ 和 ⊠ ，用户只需要单击相应的按钮，便可以根据需要绘制出不同类型的散点图。

绘制散点图之后，从图中可以考察两个变量之间是否具有线性关系。如果散点呈线性趋势，则按线性相关进行分析。为了更清楚地看出变量之间为何种相关关系，通常在散点图上添加趋势线。

如果两个变量存在一定的相关关系，添加趋势线后，通过趋势线与散点图中点的分布情况，如图9.1所示，可以观察出两个变量间的相关关系是呈完全正相关、中度相关还是完全负相关，或者无相关关系。

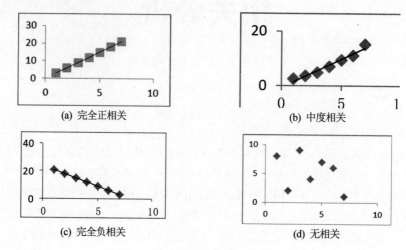

(a) 完全正相关

(b) 中度相关

(c) 完全负相关

(d) 无相关

图9.1　散点图的四种相关形式

2. 相关分析函数法

(1) 相关分析的公式

相关系数是在描述两个变量间线性相关关系的方向和密切程度时使用最多的一种方法，它是由英国统计学家 Karl Pearson 提出来的，该方法根据两个变量与各自平均数的离差乘积的平均数求得相关系数，故又称为 Pearson 相关系数。统计学中一般用 ρ 和 r 分别表示总体 Pearson 相关系数和样本 Pearson 相关系数。

若随机变量 x、y 的联合分布是二维正态分布，x_i 和 y_i 分别为 n 次独立观测值，则用公式(9-1)和公式(9-2)分别计算 ρ 和 r 值。

$$\rho = \frac{E\left[X - E(X)\right]\left[Y - E(Y)\right]}{\sqrt{D(X)}\sqrt{D(Y)}} \tag{9-1}$$

$$r = \frac{\sum_{i=1}^{n}(x_i - \overline{x})(y_i - \overline{y})}{\sqrt{\sum_{i=1}^{n}(x_i - \overline{x})^2}\sqrt{\sum_{i=1}^{n}(y_i - \overline{y})^2}} \tag{9-2}$$

其中 $\overline{x} = \dfrac{1}{n}\sum_{i=1}^{n}x_i$，$\overline{y} = \dfrac{1}{n}\sum_{i=1}^{n}y_i$。

样本相关系数 r 为总体相关系数 ρ 的最大似然估计量。简单相关系数 r 具有如下性质：

1) $-1 \leqslant r \leqslant 1$，$r$ 绝对值越大，表明两个变量之间的相关程度越强。

2) 若 $0 \leqslant r \leqslant 1$，表明两个变量之间存在正相关。当 $r = 1$ 时，变量间存在完全正相关的关系。

3) 若 $-1 \leqslant r \leqslant 0$，表明两个变量之间存在负相关。当 $r = -1$ 时，变量间存在完全负相关的关系。

4) 若 $r = 0$，则表明两个变量之间无线性相关关系。

为了定性地判断线性相关关系，下面介绍一种相关关系密切程度的划分方法，见表9.1。

表9.1　相关关系密切程度判断表

$|r|$的取值范围	$|r|<0.3$	$0.3 \leqslant |r|<0.5$	$0.5 \leqslant |r|<0.8$	$|r| \geqslant 0.8$
$|r|$的意义	弱线性相关	低度线性相关	显著线性相关	高度线性相关

需要注意的是，简单相关系数所反映的并不是任何一种关系，而仅仅是线性关系。另外，相关系数所反映的线性关系并不一定是因果关系。

协方差是两个数据集中每对数据点的偏差乘积的平均值，同样可以用来描述两个变量之间的相关关系。对于随机变量 x、y，x_i 和 y_i 分别为 n 次独立观测值，计算协方差 $\mathrm{cov}(x,y)$ 的公式如下：

$$\mathrm{cov}(x,y) = \sum_{i=1}^{n}(x_i - \overline{x})(y_i - \overline{y})/n \tag{9-3}$$

协方差具有如下性质：

1) $\mathrm{cov}(x,y)$绝对值越大，表明两个变量之间的相关程度越强；

2) 若 $\mathrm{cov}(x,y)>0$，表明两个变量之间存在正相关；若 $\mathrm{cov}(x,y)<0$，表明两个变量之间存在负相关；

3) 若 $\mathrm{cov}(x,y)=0$，表明两个变量之间无线性相关。

从相关系数与协方差的公式可以看出两者具有一定的关系，具体来说，当协方差为零时，相关系数也为零；当协方差为负时，相关系数也为负；当协方差为正时，相关系数也为正。两者的不同之处在于，相关系数的取值在-1 和+1 之间(包括-1 和+1)，而协方差没有限定的取值范围，因为协方差的大小可能因为尺度的大小不同而改变，因此协方差只能判断变量间的相关方向，而难以判断相关程度。

(2) 相关分析函数

Excel 2010 提供函数功能来计算两个变量的相关系数和协方差。下面分别介绍各个函数所对应的功能和语法格式。

1) CORREL 函数

返回两个单元格区域的相关系数，其语法格式如下：

CORREL(array1,array2)

2) PEARSON 函数

返回 Pearson 积矩相关系数，其语法格式如下：

PEARSON(array1,array2)

3) COVARIANCE.P 函数

返回总体协方差，其语法格式如下：

COVARIANCE.P(array1,array2)

4) COVARIANCE.S 函数

返回样本协方差，其语法格式如下：

COVARIANCE.S(array1,array2)

其中，array1 和 array2 是必需的参数，分别表示第一组数值单元格区域和第二组数值单元格区域。参数必须是数字，或者是包含数字的名称、数组或引用。如果数组或者引用参数中包含文本、逻辑值、空白单元格，则这些值将被忽略，但包含零值的单元格将被计算在内。如果 array1 和 array2 所包含数据的个数不等，则函数返回错误值#N/A；如果 array1 和 array2 当中有一个为空，则函数返回错误值#DIV/0!。

3. 相关分析工具法

Excel 2010 数据分析工具中还提供了专门进行相关分析的工具，用于计算两个变量的相关系数和协方差。相关分析工具属于加载项"数据分析"中的基本功能之一，用户需要先安装"数据分析"加载项。方法是：选择"文件"→"选项"→"加载项"→"分析工具库"，单击"转到"按钮，在"加载宏"对话框中勾选"分析工具库"，单击"确定"按钮；安装完毕后，在工具栏的"数据"选项卡的"分析"组中，单击"数据分析"，弹出"数据分析"对话框，如图9.2所示；在"分析工具"中选择"相关系数"选项，单击"确定"按钮，弹出"相关系数"对话框，如图9.3所示，完成相应设置后就可以计算相关系数了。同样，如果在"分析工具"中选择"协方差"选项，如图9.4所示，会弹出"协方差"对话框，如图9.5所示，执行相应的步骤即可计算协方差。

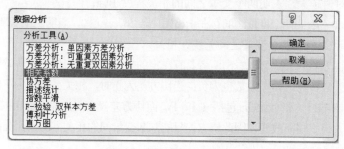

图9.2 "数据分析"对话框(1)

图9.3 "相关系数"对话框

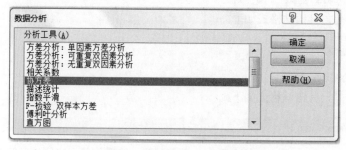

图9.4 "数据分析"对话框(2)

图 9.5　"协方差"对话框

数据分析工具中的"相关系数"和"协方差"工具计算结果都会提供一张输出表(矩阵),在输出表中的第 i 行、第 j 列相交处的数值是第 i 个测量值变量与第 j 个测量值变量的相关系数或协方差,对角线上的数值则是自身的相关系数与协方差,所以对角线上的相关系数为 1。

需要说明的是,利用"协方差"工具计算出来的变量之间的协方差为总体协方差,所以当只有两个测量值变量,即 $N=2$ 时,应直接使用能区分总体与样本的 COVARIANCE 函数,而尽量不要使用"协方差"工具。

9.1.2　简单相关分析案例

【案例 9.1】已知某学校初中三年级 20 名学生的期末语文和英语成绩,试据此分析语文成绩与英语成绩是否具有相关性。

1. 案例的数据描述

某学校对初中三年级的学生成绩进行调查,抽取了其中 20 名学生的期末语文和英语成绩,见表 9.2。试据此表分析语文成绩高的学生是否英语成绩也同样较高。

表 9.2　20 名学生的语文成绩与英语成绩

语文成绩	73	78	60	70	75	88	61	85	80	81
英语成绩	80	86	65	77	82	92	66	88	79	85
语文成绩	62	89	65	76	90	83	79	92	87	68
英语成绩	63	92	69	83	96	81	79	94	90	73

2. 案例的操作步骤

(1) 新建 Excel 工作簿,命名为"语文成绩与英语成绩简单相关分析",将数据和相关文字输入到工作表中,如图 9.6 所示。

(2) 选中单元格区域 A1:B21,在"插入"选项卡的"图表"组中,单击"散点图"下面的下拉箭头,选择"仅带数据标记的散点图",创建散点图;在"图表工具"的"布局"选项卡的"标签"组中,单击"图表标题"→"图表上方",输入图表标题"20 名学生语文与英语成绩的散点图";在"标签"组中,单击"坐标轴标题"→"主要横坐标轴标题"→"坐标轴下方标题",输入"语文成绩"。继续单击"坐标轴标题"→"主要纵坐标轴标题"→"竖排标题",输入"英语成绩",结果如图 9.7 所示。

图 9.6　语文成绩与英语成绩原始数据

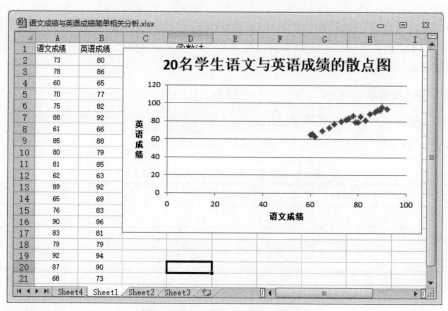

图 9.7　学生语文与英语成绩的散点图

　　(3) 在"图表工具"的"布局"选项卡的"分析"组中，单击"趋势线"下方的下拉箭头，选择"线性趋势线"，即为散点图添加线性趋势线，如图 9.8 所示。

　　(4) 在单元格 C2 中输入"相关系数"，在 D2 中输入公式"=CORREL(A2:A21,B2:B21)"，按回车键即可得到 20 名学生语文成绩与英语成绩的相关系数为 0.96045；在 E2 中输入公式"=PEARSON(A2:A21,B2:B21)"，按回车键可以得到相同的结果。

　　在单元格 C3 中输入"协方差"，在 D3 中输入公式"=COVARIANCE.S(A2:A21,B2:B21)"，按回车键即可得到 20 名学生语文成绩与英语成绩的样本协方差为 96.10526。

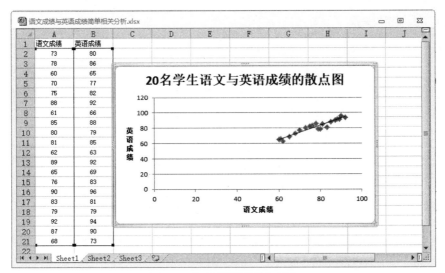

图 9.8 添加线性趋势线的散点图

(5) 将单元格区域 C6:E6 合并，并输入"相关系数"。在"数据"选项卡中单击"分析"功能组中的"数据分析"，弹出"数据分析"对话框，在"分析工具"中选择"相关系数"选项，单击"确定"按钮，弹出"相关系数"对话框。在"相关系数"对话框中，单击"输入区域"后的折叠按钮，选中单元格区域 A1:B21；因为输入区域的数据是按列排列的，所以"分组方式"选择"逐列"；因为"输入区域"包含标志项，所以选中"标志位于第一行"复选框；选中"输出区域"单选按钮，单击右侧文本框后的折叠按钮，并选中单元格 C7，如图 9.9 所示。最后单击"确定"按钮，即可得到 20 名学生语文成绩与英语成绩的相关系数为 0.96045，如图 9.10 所示。

图 9.9 设置"相关系数"对话框

(6) 将单元格区域 C11:E11 合并，并输入"协方差"。与计算相关系数步骤类似，在"分析工具"中选择"协方差"选项，单击"确定"按钮，弹出"协方差"对话框。在"协方差"对话框中，单击"输入区域"后的折叠按钮，选中单元格区域 A1:B21；因为输入区域的数据是按列排列的，所以"分组方式"选择"逐列"；因为"输入区域"包含标志项，所以选中"标志位于第一行"复选框；选中"输出区域"单选按钮，单击右侧文本框后的折叠按钮，选中单元格 C12，单击"确定"按钮，即可得到 20 名学生语文成绩与英语成绩的协方差为 91.3(此处所得的协方差是总体协方差)，如图 9.10 所示。

3. 案例的结果分析

本案例依次采用了散点图—趋势线法、相关分析函数法和相关分析工具法分析了 20 名学生的语文成绩与英语成绩相关关系。

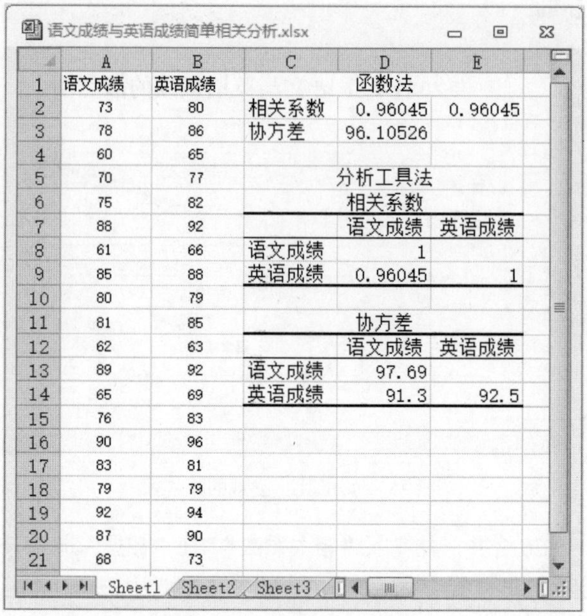

语文成绩与英语成绩简单相关分析.xlsx

	A	B	C	D	E
1	语文成绩	英语成绩		函数法	
2	73	80	相关系数	0.96045	0.96045
3	78	86	协方差	96.10526	
4	60	65			
5	70	77		分析工具法	
6	75	82		相关系数	
7	88	92		语文成绩	英语成绩
8	61	66	语文成绩	1	
9	85	88	英语成绩	0.96045	1
10	80	79			
11	81	85		协方差	
12	62	63		语文成绩	英语成绩
13	89	92	语文成绩	97.69	
14	65	69	英语成绩	91.3	92.5
15	76	83			
16	90	96			
17	83	81			
18	79	79			
19	92	94			
20	87	90			
21	68	73			

Sheet1 Sheet2 Sheet3

图 9.10 相关分析计算结果

从散点图分布和趋势线走势可以看出，该 20 名学生的语文成绩与英语成绩呈现出明显的正相关关系。

从相关函数看，相关系数为 0.96045≥0.8，接近于 1，而且协方差很大，为 96.10526，进一步得出该 20 名学生的语文成绩与英语成绩是高度相关的。

用分析工具法得到的结论和函数法是一致的。因为语文和英语都属于语言学科，学习方法具有相通性，所以熟练掌握其中一门语言的同学也倾向于熟练掌握另一门。

9.2 多元相关分析

多元相关分析研究的是一个变量与两个或两个以上变量的相关关系，这里我们只关注多元线性相关。

9.2.1 多元相关关系的测定方法

多元相关分析涉及两个以上的变量，所以不能采用散点图—趋势线法。多元相关关系常用多元相关系数、偏相关系数和多元协方差来测定。

1. 多元相关系数

多元相关系数是用来测定因变量与一组自变量之间相关程度的指标。以三个变量 X_1、X_2 和 X_3 为例，对应的观测值分别为 X_{11}、X_{12}、…，X_{21}、X_{22}、…，X_{31}、X_{32}、…。变量 X_1 与 X_2 之间的简单相关关系记为 r_{12}，同样 X_1 与 X_3 之间的简单相关关系记为 r_{13}，X_2 与 X_3 之间的简单相关关系记为 r_{23}。多元相关系数测定因变量 X_1 与自变量 X_2 和 X_3 之间总的相关性记为 $R_{1,23}$，其计算公式为：

$$R_{1,23} = \sqrt{\frac{r_{12}^2 + r_{13}^2 - 2r_{12}r_{13}r_{23}}{1 - r_{23}^2}} \qquad (9\text{-}4)$$

多元相关系数和简单相关系数具有类似的性质：

1) $R_{1,23}$ 介于 0~1 之间。

2) $R_{1,23}$ 越接近于 0，表明 X_1 与 X_2 和 X_3 的线性相关程度越小。

3) $R_{1,23}$ 越接近于 1，表明 X_1 与 X_2 和 X_3 的线性相关程度越大。

4) 当多元相关系数为 1 时，则称 X_1 与 X_2 和 X_3 完全线性相关。

Excel 没有提供直接计算多元相关系数的函数或者工具，因此计算多个变量之间的多元相关系数首先要用函数或"相关系数"分析工具求出两两变量之间的简单相关系数，然后将简单相关系数代入公式分别求得多元相关系数。

2. 偏相关系数

多元相关系数描述了一个因变量同其他两个或者多个自变量之间的相关关系。偏相关系数是在保持其他自变量不变的情况下，研究因变量与其中的某一个自变量之间的相关关系，这种相关关系消除了其他自变量的影响。

以三个变量 X_1、X_2 和 X_3 为例，在保持自变量 X_3 不变的情况下，对应的因变量 X_1 与自变量 X_2 的偏相关系数 $r_{12,3}$ 可根据三个变量间的简单相关系数求出：

$$r_{12,3} = \frac{r_{12} - r_{13}r_{23}}{\sqrt{\left(1 - r_{13}^2\right)\left(1 - r_{23}^2\right)}} \qquad (9\text{-}5)$$

同理，在保持自变量 X_2 不变的情况下，对应的因变量 X_1 与自变量 X_3 的偏相关系数 $r_{13,2}$ 公式如下：

$$r_{13,2} = \frac{r_{13} - r_{12}r_{23}}{\sqrt{\left(1 - r_{12}^2\right)\left(1 - r_{23}^2\right)}} \qquad (9\text{-}6)$$

其实，偏相关系数反映的是变量间的相关性，因而并不需要有处于特殊地位的变量，我们可以定义任意 m 个变量 X_1、X_2、$\cdots$、X_m 之间的偏相关系数。例如，一阶偏相关系数为：

$$r_{12,3} = \frac{r_{12} - r_{13}r_{23}}{\sqrt{\left(1 - r_{13}^2\right)\left(1 - r_{23}^2\right)}} \qquad (9\text{-}7)$$

有了一阶偏相关系数，就可以计算二阶偏相关系数了。比如对于四个变量，则：

$$r_{12,34} = \frac{r_{12,3} - r_{14,3}r_{24,3}}{\sqrt{\left(1 - r_{14,3}^2\right)\left(1 - r_{24,3}^2\right)}} \qquad (9\text{-}8)$$

依次类推即可得到更高阶的偏相关系数。

由于 Excel 没有提供直接计算偏相关系数的函数或者工具，因此计算多个变量之间的偏相关系数时，先通过函数或"相关系数"分析工具求出两两变量之间的简单相关系数，再将简单相关系数代入公式分别求得偏相关系数。

3. 多元协方差

多元协方差矩阵同样可以描述多个变量之间的相关关系。仍以三个变量 X_1、X_2 和 X_3 为例，任意两个变量之间的协方差为：

$$\text{cov}(X_i, X_j) = \sum_{k=1}^{n}(x_{ik} - \overline{x}_i)(x_{jk} - \overline{x}_j)/n \tag{9-9}$$

其中，$\overline{x}_i = \sum_{k=1}^{n} x_{ik}, \ \overline{x}_j = \sum_{k=1}^{n} x_{jk}$

三个变量之间的协方差矩阵如下：

$$\text{cov} = \begin{pmatrix} \sigma^2(X_1) & \text{cov}(X_1, X_2) & \text{cov}(X_1, X_3) \\ \text{cov}(X_2, X_1) & \sigma^2(X_2) & \text{cov}(X_2, X_3) \\ \text{cov}(X_3, X_1) & \text{cov}(X_3, X_2) & \sigma^2(X_3) \end{pmatrix} \tag{9-10}$$

多元协方差矩阵具有对称性，对角线上的数据代表的是各个变量的方差，非对角线上的数据代表的则是变量之间的协方差，可以用来描述变量之间的相关关系。非对角线上的数据均为正，表明变量之间存在正向的相关关系；非对角线上的数据均为负，表明变量之间存在反向的相关关系。

Excel 数据分析工具中的"协方差"分析工具能直接输出多个变量的协方差矩阵，通过该矩阵能直观地判断出两两变量之间的相关方向，但是难以确定相关关系密切程度。变量间的相关关系密切程度需要通过多元相关系数加以判断。

9.2.2 多元相关分析案例

【案例 9.2】已知某地区 10 家企业年销售额与广告支出、研发支出，试据此分析企业年销售额与两类支出的相关关系。

1. 案例的数据描述

某部门为研究本地企业的年销售额与广告支出和研发支出之间的关系，调查了 10 家企业的数据，见表 9.3。试据此分析本地企业年销售额与两类支出的相关关系。

表 9.3 10 家企业年销售额与两类支出　　　　　（单位：万元）

企业编号	1	2	3	4	5
年销售额	4,152.75	10,915.80	9,492.00	12,458.25	8,542.80
广告支出	58.38	141.79	95.90	189.99	82.42
研发支出	31.70	84.64	104.40	157.87	97.43
企业编号	6	7	8	9	10
年销售额	5,339.25	4983.30	7,949.55	3,440.85	3,796.80
广告支出	50.70	66.72	69.58	44.77	41.76
研发支出	55.67	48.23	95.10	25.36	31.70

2. 案例的操作步骤

(1) 新建 Excel 工作簿，命名为"10 家企业年销售额与广告支出、研发支出的多元相关分析"，并将数据和相关文字输入到工作表中,如图9.11所示。

(2) 合并单元格区域 E1:H1,输入"简单相关系数"。在工具栏中选择"数据"→"分析"→"数据分析"命令,弹出"数据分析"对话框,在"分析工具"中选择"相关系数"选项,并单击"确定"按钮,弹出"相关系数"对话框。在"相关系数"对话框中,单击"输入区域"后的折叠按钮,然后选中单元格区域 B1:D11;因为输入区域的数据是按列排列的,所以"分组

图9.11　10家企业年销售额与广告支出、研发支出原始数据

方式"选择"逐列";因为"输入区域"包含标志项,所以选中"标志位于第一行"复选框;选中"输出区域"单选按钮,单击右侧文本框后的折叠按钮,并选中单元格 E2,如图9.12 所示,单击"确定"按钮,即可得到 10 家企业年销售额与广告支出和研发支出的简单相关系数矩阵,显示在 E2:H5 区域,如图9.13 所示。

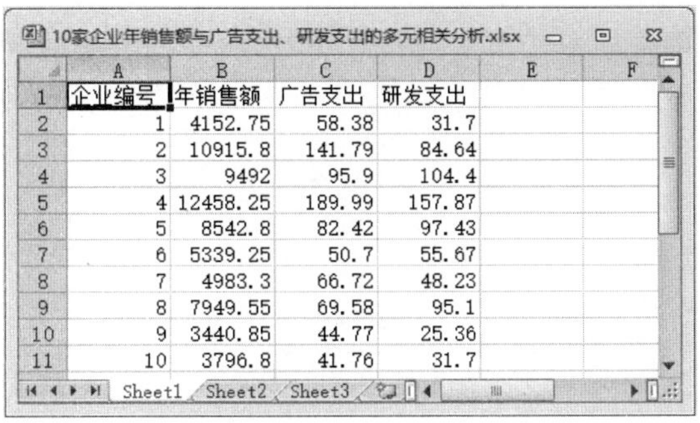

图9.12　设置"相关系数"对话框

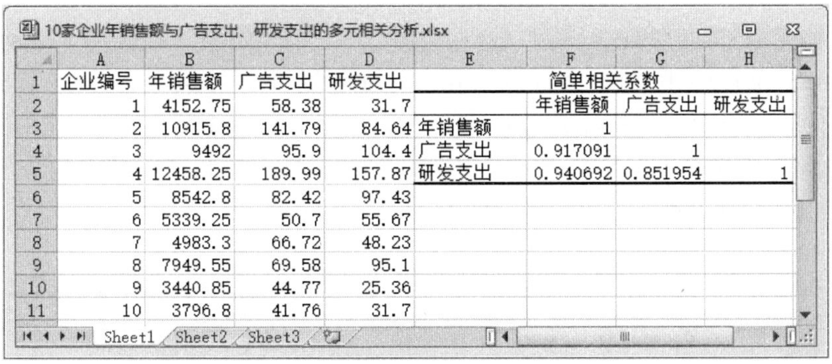

图9.13　简单相关系数计算结果

(3) 合并单元格区域 E6:H6,输入"协方差"。在工具栏中选择"数据"→"分析"→"数据分析"命令,弹出"数据分析"对话框,在"分析工具"中选择"协方差"选项,单击"确定"按钮,弹出"协方差"对话框。在"协方差"对话框中,单击"输入区域"后的折叠按钮,然后选中单元格区域 B1:D11;因为输入区域的数据是按列排列的,所以"分组方式"选择"逐列";因为"输入区域"包含标志项,所以选中"标志位于第一行"复选框;选中"输出区域"单选按钮,然后单击右侧文本框后的折叠按钮,并选中单元格 E7,如图9.14 所示,单击"确定"按钮,即可得到 10 家

企业年销售额与广告支出和研发支出的协方差矩阵，显示在 E7:H10 区域，如图 9.15 所示。

图 9.14 "协方差"对话框

◢	A	B	C	D	E	F	G	H
1	企业编号	年销售额	广告支出	研发支出		简单相关系数		
2	1	4152.75	58.38	31.7		年销售额	广告支出	研发支出
3	2	10915.8	141.79	84.64	年销售额	1		
4	3	9492	95.9	104.4	广告支出	0.917091	1	
5	4	12458.25	189.99	157.87	研发支出	0.940692	0.851954	1
6	5	8542.8	82.42	97.43		协方差		
7	6	5339.25	50.7	55.67		年销售额	广告支出	研发支出
8	7	4983.3	66.72	48.23	年销售额	9236319		
9	8	7949.55	69.58	95.1	广告支出	125615	2031.229	
10	9	3440.85	44.77	25.36	研发支出	114369.7	1536.065	1600.399
11	10	3796.8	41.76	31.7				

图 9.15 协方差计算结果

(4) 在单元格 E11 中输入"多元相关系数"，在 F11 中输入多元相关系数的计算公式，"=SQRT((F4^2+F5^2-2*F4*F5*G5)/(1-G5^2))"，按 Enter 键即可得到多元相关系数的计算结果为 0.9662798。

(5) 合并单元格区域 E12:G12，输入"年销售额与广告支出的偏相关系数"，在单元格 H12 中输入公式"=(F4-F5*G5)/SQRT((1-F5^2)*(1-G5^2))"，按 Enter 键即可得到年销售额与广告支出的偏相关系数为 0.65111；同样，将单元格区域 E13:G13 合并，并输入"年销售额与研发支出的偏相关系数"，相应地在单元格 H13 中输入公式"=(F5-F4*G5)/SQRT((1-F4^2)*(1-G5^2))"，按回车键即可得到年销售额与研发支出的偏相关系数为 0.763445，结果如图 9.16 所示。

◢	A	B	C	D	E	F	G	H
1	企业编号	年销售额	广告支出	研发支出		简单相关系数		
2	1	4152.75	58.38	31.7		年销售额	广告支出	研发支出
3	2	10915.8	141.79	84.64	年销售额	1		
4	3	9492	95.9	104.4	广告支出	0.917091	1	
5	4	12458.25	189.99	157.87	研发支出	0.940692	0.851954	1
6	5	8542.8	82.42	97.43		协方差		
7	6	5339.25	50.7	55.67		年销售额	广告支出	研发支出
8	7	4983.3	66.72	48.23	年销售额	9236319		
9	8	7949.55	69.58	95.1	广告支出	125615	2031.229	
10	9	3440.85	44.77	25.36	研发支出	114369.7	1536.065	1600.399
11	10	3796.8	41.76	31.7	多元相关系数	0.9662798		
12					年销售额与广告支出的偏相关系数			0.65111
13					年销售额与研发支出的偏相关系数			0.763445

图 9.16 多元相关分析结果

3. 案例的结果分析

本案例用数据分析工具得到 10 家企业"年销售额"与"广告支出"和"研发支出"的简单相关系数和协方差矩阵,然后利用公式分别计算得出多元相关系数和年销售额与两类支出的偏相关系数。

从简单相关系数可以看出年销售额与广告支出的相关系数为 0.917091,年销售额与研发支出相关系数为 0.940692,都大于 0.8,接近于 1,均呈现出明显的正向相关关系,且为高度正向相关。

从协方差矩阵看,非对角线上的数据均为正,表明变量之间存在正向的相关关系。

多元相关系数为 0.9662798,进一步说明企业年销售额与广告支出和研发支出这两项支出高度相关,这两项支出能有力地促进年销售额的提高。

年销售额与研发支出的偏相关系数为 0.763445,比年销售额与广告支出的偏相关系数为 0.65111 更大,说明企业在研发上的资金投入对增大年销售额效果更佳。

9.3 等级相关分析

等级相关分析研究的是等级量化的变量之间的相关关系,主要用于解决名称数据和顺序数据相关的问题。适用于两列变量,而且具有等级变量性质以及线性关系的数据。

9.3.1 等级相关关系的测定方法

等级相关分析研究的是 X、Y 两个变量的等级间是否相关,适用于变量不服从正态分布或分布类型未知的数据或等级数据。分析前,先按 X、Y 两个变量的大小次序,分别由小到大编上等级(秩次),再看两个变量的等级间是否相关。等级相关程度的大小和相关性质用等级相关系数(coefficient of rank correlation)表示。常用的等级相关分析方法有 Spearman(斯皮尔曼)等级相关和 Kendall(肯德尔)等级相关等,这里只介绍 Spearman 等级相关,其等级相关系数计算公式如下:

$$r_s = 1 - \frac{6\sum_{i=1}^{n} D_i^2}{n(n^2-1)} \tag{9-11}$$

其中,$D_i = R_i - S_i, i = 1, 2, \cdots, n$,$R_i$、$S_i$ 分别是两个变量,X、Y 按大小(或优劣)排序后的等级,n 为样本容量。

等级相关系数 r_s 具有与相关系数 r 相同的特性:介于-1 与 1 之间,r_s 为正,表示两变量正相关;r_s 为负,表示两变量负相关;r_s 等于零,表示两变量不相关。

9.3.2 等级相关关系案例

【**案例 9.3**】已知两名放射科医师对 10 张 X 线片根据病情严重程度给出等级,试据此分析他们等级评定结果的相关关系。

1. 案例的数据描述

某医院由两名放射科医师对 10 张肺部 X 线片各自做出评定,评定方法是根据病情严重程度给出等级,结果见表 9.4。试据此分析两名医师等级评定结果的相关关系。

表9.4 两名医师对 X 线片病情严重程度的评定结果

X 线片编号	1	2	3	4	5	6	7	8	9	10
甲医师	+	++	-	±	-	+	++	+++	++	+++
乙医师	±	++	+	+	-	++	++	++	+++	+++

2. 案例的操作步骤

(1) 新建 Excel 工作簿，命名为"两名医师对 X 线片的评定结果等级相关分析"，首先病情严重程度由小到大编上等级，见表9.5。

表9.5 病情严重程度等级

严重程度	-	±	+	++	+++
等级	0	1	2	3	4

将数据和相关文字输入到工作表中，如图9.17所示。

(2) 在单元格 D1 中输入"等级差(D_i)"，在单元格 D2 中输入公式"=B2-C2"，按回车键并将公式复制至单元格 D11。

(3) 在单元格 E1 中输入"等级差的平方(D_i^2)"，在单元格 E2 中输入公式"=D2^2"，按回车键并将公式复制至单元格 E11。

(4) 在单元格 D12 中输入"等级差的平方和"，在单元格 E12 中输入公式"=SUM(E2:E11)"，按回车键得到结果为9。

(5) 在单元格 F1 中输入"等级相关系数 r_s"，在单元格 F2 中输入等级相关系数计算公式"=1-6*E12/(10^3-10)"，按回车键，得到等级相关系数为0.945454545。计算结果如图9.18所示。

图9.17 等级相关分析案例

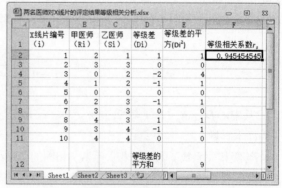

图9.18 等级相关分析结果

3. 案例的结果分析

该案例首先将病情严重程度的等级编号输入到表格中，然后依次求得等级差、等级差的平方及等级差的平方和，最后按等级相关系数公式计算出等级相关系数为0.945454545，此结果说明两名放射科医师对 10 张肺部 X 线片病情严重程度给出等级间存在高度的相关关系，两名医师对病情的严重程度评定是一致可信的。

本章小结

本章主要学习了相关分析的有关内容，包括简单相关分析、多元相关分析和等级相关分析。简单相关分析和多元相关分析是根据所研究变量的多少来划分的，简单相关分析又称为线性相关分析，研究的是两个变量之间的相关关系，多元相关分析研究的是一个变量与两个变量或者两个以上的变量之间的相关关系。等级相关分析研究的是需要以等级描述的质量指标或数据，关注的不是数的大小值，而是位次等级。不同的相关分析对应的测定方法也不尽相同，但都具有相关系数的测定指标，该指标不仅能给出变量间的相关方向，还能给出变量间的相关密切程度，因此在相关分析中最为常用。

相关分析是一种常用的分析方法，通过相关分析可以对所要研究的变量关系有个初步的认识，是进行其他分析(如回归分析)的基础。在 Excel 中可以使用相关系数函数、协方差函数和相关分析工具进行相关分析，而且简单易操作，因此要熟练掌握该方法，以更好地进行统计分析。

习题 9

一、填空题

1. 根据变量值变动方向的趋势可分为正相关和负相关，如果变量同增同减，则称它们为(　　)相关，反之称为(　　)相关。

2. 相关系数 r 绝对值越大，表明两个变量之间的相关程度越(　　)，若 $0 \leqslant r \leqslant 1$，表明两个变量之间存在正相关。当 $r = ($　　$)$ 时，变量间存在完全正相关的关系；若 $-1 \leqslant r \leqslant 0$，表明两个变量之间存在负相关。当 $r = ($　　$)$ 时，变量间存在完全负相关的关系；若 $r = ($　　$)$，则表明两个变量之间无线性相关关系。

3. 当协方差为 0 时，相关系数为(　　)；当协方差为负时，相关系数为(　　)；当协方差为正时，相关系数为(　　)。

4. 等级相关分析是先按 X、Y 两个变量的大小次序，分别由(　　)顺序编上等级(秩次)，再看两个变量的等级间是否相关。

二、选择题

1. 下列不是 Excel 2010 提供的简单相关分析方法是(　　)。

　　A. 相关分析函数　　　B. 散点图—加趋势线　　C. 直方图法　　　　D. 相关分析工具

2. 相关系数 r 的取值范围是(　　)。

　　A. $0 \leqslant r \leqslant 1$　　　　B. $-1 \leqslant r \leqslant 0$　　　　C. $-1 \leqslant r \leqslant 1$　　　D. $r \leqslant 0$

3. 下列不能进行多元相关分析的是(　　)。

　　A. 多元相关系数　　B. 偏相关系数　　　　C. 多元协方差　　D. 等级相关分析

4. 下面关于等级相关分析描述不正确的是(　　)。

　　A. 等级相关分析研究的是用等级量化的变量之间的相关关系

　　B. 等级相关分析研究的是 X、Y 两个变量的等级间是否相关

C. 等级相关也可以做多元分析

D. 等级相关系数具有与简单相关系数相同的特性

三、综合题

1. 已知某高中 15 名学生的模拟考试成绩和高考成绩,见表 9.6,要求采用散点图—趋势线法、相关分析函数法和相关分析工具法进行相关分析,并比较三种相关分析方法的分析结果。

表 9.6　某中学高三学生的模拟考试成绩和高考成绩

考号	模拟考试成绩	高考成绩
1	638	624
2	511	516
3	535	538
4	530	535
5	531	505
6	512	483
7	539	542
8	595	619
9	566	533
10	654	614
11	533	561
12	429	412
13	542	570
14	687	640

2. 某百货公司为研究商品销售价格的影响因素,选取了 15 种商品并统计了其销售价格、购进价格及销售费用资料,见表 9.7。要求计算销售价格与购进价格、购销费用的多元相关系数、偏相关系数和协方差,并根据此计算结果判断销售价格与购进价格、购销费用的相关关系并分析结果。

表 9.7　商品销售价格、购进价格、购销费用表

商品编号	销售价格(元)	购进价格(元)	购销费用(元)
1001	643	386	132
1002	597	332	135
1003	578	426	98
1004	652	433	122
1005	657	403	133
1006	572	453	88
1007	553	399	150
1008	542	258	143
1009	560	253	150
1010	633	448	109
1011	600	220	174

(续表)

商 品 编 号	销售价格(元)	购进价格(元)	购销费用(元)
1020	632	245	175
1013	623	348	138
1014	619	478	92
1015	650	438	130

3. 已知 10 所高校的名气排名和毕业生的年薪等级数据，见表 9.8，试据此分析各学校名气排名和年薪之间的相关关系。

表 9.8　学校名气与各学校毕业生年薪排名

高校编号	1	2	3	4	5	6	7	8	9	10
学校名气排名	10	7	9	1	6	2	3	8	5	4
各学校毕业生年薪排名	8	3	7	2	9	4	5	10	6	1

第 10 章

常用统计分布图形分析

在现实生活中，我们可以使用统计分析工具来研究随机现象中暗含的内在规律，通过随机变量(random variable)表示随机现象的各种结果，借此变量使随机现象的结果数量化，以便使用精确的数学加以研究和描述，随机变量的完整描述被称为随机变量的统计分布，这种描述是抽象的。为了更直观地展现随机现象的规律特点，可以通过 Excel 的图形功能描述随机变量分布特征，图形能够更直观有效地展现随机现象的一些内在规律。

本章首先对一般的离散型和连续型分布的概率函数的图形绘制过程和方法予以介绍，然后重点阐述几种在统计学上具有很强实用性的离散型和连续型分布，包括正态分布、泊松分布、指数分布、卡方分布(X^2分布)等，以及这些分布的特点、图形的绘制技巧、图形的特征、使用的 Excel 函数等内容。

10.1　概率函数图形分析

随机变量是指随机事件中的数量表现，是随机试验中各种结果的实值单值函数，每个变量都可以随机地取得不同的数值，在进行试验或测量之前，无法确定变量将取得某个确定的数值，在不同的条件下由于偶然因素影响，可能取各种不同的值，故其具有不确定性和随机性，但这些取值落在某个范围的概率是一定的，按照随机变量可能取得的值，将随机变量分为离散型随机变量和连续型随机变量两类，分别对应概率质量函数和概率密度函数。下面介绍各种概率函数图形的绘制过程及应用。

10.1.1　离散型随机变量的概率质量函数

离散型(discrete)随机变量即在一定区间内变量取值为有限个，或数值可以一一列举出来，离散型随机变量的概率质量函数用于描述某个离散型数据出现的概率大小，也就是离散随机变量在各特定取值上的概率。

离散型随机变量 X 的概率质量函数如下：

$$f_X(x) = P(X = x) \tag{10-1}$$

对每一个概率质量函数 $f_X(x)$，必须满足如下两个条件：

(1) 对所有的 x，$f_X(x) \geq 0$；

(2) $\sum_x f_X(x) = 1$。

用概率论的语言叙述，即满足概率质量函数的非负性和归一性，概率质量函数图形化描述如图 10.1 所示，在几何上表示为离散的柱状图，由图 10.1 可知 $f_X(x)$ 都大于 0，并且 $f_X(x)$ 之和等于 1。

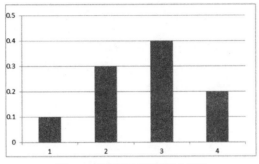

图 10.1　概率质量函数图形化描述

10.1.2　连续型随机变量的概率密度函数

连续型(continuous)随机变量即在一定区间内变量取值有无限个，或数值无法一一列举出来，连续型随机变量的概率密度函数是描述连续性数据落在某个区间内的概率大小，也就是数据落在某一段连续区间的概率。

设 ξ 是随机变量，$F(x)$ 是它的分布函数，若存在一个非负可积函数 $f(x)$，使得对任意的 $x\in(-\infty,+\infty)$，有 $F(x)=P(\xi\leqslant x)=\int_{-\infty}^{x}f(t)\mathrm{d}t$，则称 ξ 为连续型随机变量，$f(x)$ 称为 ξ 的概率密度函数。

对每一个概率密度函数 $f(x)$ 必须满足以下两个要求：

(1) 对所有 x，有 $f(x)\geqslant 0$；

(2) $\int_{-\infty}^{+\infty}f(x)\mathrm{d}x=1$。

用概率的语言叙述，即满足概率密度函数的非负性和归一性。概率密度函数图形化描述如图 10.2 所示，在几何上表示为一条分布密度曲线，由图中可知 $f(x)$ 都大于 0。

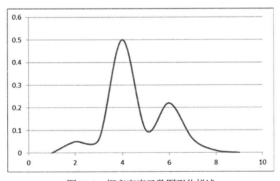

图 10.2　概率密度函数图形化描述

10.1.3　概率累积分布函数

累积分布函数(cumulative distribution function，简称 CDF)，又叫分布函数，是概率密度函数的积分，能完整描述一个随机变量 X 的概率分布。

设 X 是一个随机变量，x 是任意实数，函数 $F(x) = P(X \leqslant x), -\infty < x < +\infty$ 称为 X 的分布函数，有时也记作 $X \sim F(x)$。对于任意实数 $x_1, x_2 (x_1 < x_2)$ 有：

$$P\{x_1 < X \leqslant x_2\} = P\{X \leqslant x_2\} - P\{X \leqslant x_1\} = P\{x_2\} - P\{x_1\} \tag{10-2}$$

若已知 X 的分布函数，就可以知道 X 落在任一区间上的概率，从这个意义上说，分布函数完整地描述了随机变量的统计规律性。如果将 X 看成是数轴上的随机点的坐标，那么，分布函数 $F(x)$ 在 x 处的函数值就表示 X 落在区间上 (∞, x) 的概率。

1. 离散型累积分布函数

离散型随机变量的分布函数公式：

$$F(x) = P\{X \leqslant x\} = \sum_{x_k \leqslant x} P\{X = x_k\} \tag{10-3}$$

离散型随机变量的分布函数是分段函数，$F(x)$ 的间断点就是离散型随机变量的可能取值点，并且在其间断点处右连续，离散型随机变量 X 的分布函数 $F(x)$ 的图形是阶梯形曲线，$F(x)$ 在 X 的一切有(正)概率的点 x_k，皆有一个跳跃，其跳跃度正好为 X 取值 x_k 的概率 p_k，而在分布函数 $F(x)$ 的任何一个连续点 x 上，X 取值 x 的概率皆为零。与图 10.1 对应的累积分布函数图形化描述如图 10.3 所示，每个柱形图代表分布函数 $F(x)$ 在 x 处的函数值，表示 X 落在区间上 $(-\infty, \ x)$ 的概率。

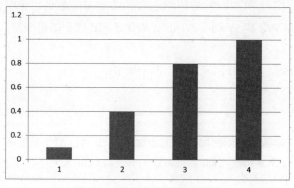

图 10.3　累积分布函数图形化描述

2. 连续型累积分布函数

连续型随机变量的累积分布函数公式：

$$F(x) = P\{X \leqslant x\} = \int_\infty^x f(x)\mathrm{d}x \tag{10-4}$$

连续型随机变量的累积分布函数 $F(x)$ 是概率密度函数 $f(x)$ 在 $(-\infty, \ x)$ 上的积分，在几何上的表示见图 10.2，分布函数 $F(x)$ 表示为以密度函数曲线 $f(x)$ 为顶，以 X 轴为底，从 $-\infty$ 到 x 的一块面积，并且 $f(x)$ 与 X 轴围成的面积等于 1。

10.1.4　概率函数分析案例

【案例 10.1】已知两颗骰子中出现的较大点数 X 的概率分布，试绘制离散型随机变量 X 的概率质量函数和累积分布函数的图形并分析。

1. 案例的数据描述

同时掷两颗质地均匀的骰子，观察朝上一面出现的点数，则两颗骰子中出现的较大点数 X 的概率分布见表 10.1。

表 10.1　随机变量 X 的概率分布

X	1	2	3	4	5	6
概率	1/36	3/36	5/36	7/36	9/36	11/36

2. 案例的操作步骤

(1) 新建一个 Excel 工作簿，命名为"离散型随机变量 X 的概率图形分析"，并在表格中输入相应的文字和数据。

(2) 将数字格式化为分数格式，再输入数据。选定单元格区域"C3:D8"，右击鼠标，选择菜单中的"设置单元格格式"命令，弹出"设置单元格格式"对话框。选择"数字"选项卡，在"分类"列表中选定"分数"选项，在"类型"列表中选定"分母为两位数"，表示要采取分数格式，单击"确定"按钮。在单元格 C3 中输入"=1/36"，就会显示 1/36。依次输入单元格 C3:D8 的数据，X 的概率分布数据表如图 10.4 所示。

(3) 选定单元格区域"A2:A8,C2:C8"，选择"插入"→"图表"→"柱形图"命令，在柱形图下拉子图表类型中，根据需要选择二维柱形图中的第一种柱形图"簇状柱形图"；单击图表将其激活，在"图表工具"的"布局"选项卡的"标签"组中，单击"坐标轴标题"→"主要横坐标轴标题"→"坐标轴下方标题"，输入"随机变量 X"；在"布局"选项卡的"标签"组中，单击"坐标轴标题"→"主要纵坐标轴标题"→"竖排标题"，输入"f(x)"；修改图表标题为"随机变量 X 的概率质量函数"；选定纵向数据标签，右击然后选择"设置坐标轴格式"，在"设置坐标轴格式"对话框中修改最小值、最大值、主要刻度单位等内容，设置后的"设置坐标轴格式"对话框如图 10.5 所示，随机变量 X 的概率质量函数图如图 10.6 所示。

图 10.4　X 的概率分布数据表

图 10.5　"设置坐标轴格式"对话框

(4) 选定单元格区域"A2:A8,D2:D8"，选择"插入"→"图表"→"柱形图"命令，在图表类型中选择二维柱形图中"簇状柱形图"，按步骤(3)中的操作修改相关内容，随机变量 X 的概率累积分布函数图如 10.7 所示。

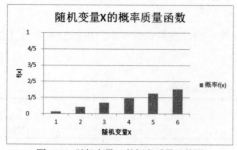
图 10.6 随机变量 X 的概率质量函数图

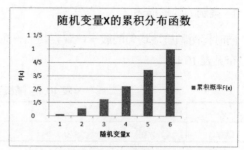
图 10.7 随机变量 X 的概率累积分布函数图

3. 案例的结果分析

本案例中掷两颗骰子取大点，相当于一个随机变量 X，取两颗骰子出现大点的次数，随机变量 X 对应的是一系列离散变量，从图 10.6 输出的结果可以看出，随机变量 X 从 1 到 6 对应的概率越来越大，是因为选择两颗骰子中出现的较大点数为随机变量 X，显然出现最小点 1 的概率最小，出现最大点 6 的概率最大。从图 10.7 输出的结果也能看出，随机变量 X 从 1 到 6 对应的概率越来越大的这种递增关系，两图的结果是相同的。另外，从图 10.7 中能够看出每个随机变量 X 的点是前个点的概率与本点的 $f(x)$ 的概率之和，并且最后一个点的概率值为 1，符合离散型随机变量 X 的特点和规律。

【案例 10.2】已知连续型随机变量 X 的概率分布，试绘制连续型随机变量 X 的概率密度函数和累积分布函数的图形并分析。

1. 案例的数据描述

已知分段函数如下：

$$f(x) = \begin{cases} \dfrac{1}{10}x, 0 \leqslant x \leqslant 5 \\ 0, x < 0 或 x > 5 \end{cases}$$

2. 案例的操作步骤

(1) 新建一个 Excel 工作簿，命名为"连续型随机变量 X 的概率图形分析"，并在表格中输入相应的文字、数据和公式，在单元格 B3 中输入公式"=1/10*A3"后按回车键，得到 f (0)为 0.00(数字格式保留两位小数)，如图 10.8 所示。

(2) 选定单元格区域"A3:A53"，选择"开始"→"编辑"→"填充"命令，在下拉菜单中单击"系列"命令以填充序列，接着弹出"序列"对话框，在"序列产生在"选项组中选定"列"单选框；在"类型"选项组中选定"等差序列"单选框；在"步长值"文本框中输入"0.1"；在"终止值"文本框中输入"5"，设置"序列"对话框效果如图 10.9 所示。单击"确定"按钮，会看到在单元格"A3:A53"中分别显示 0、0.1、…、4.9、5。

(3) 选定单元格 B3，拖拽鼠标将公式复制至单元格 B53，这样就得到一列根据概率密度公式计算得出的概率值。选定第 11 至 45 行，右击鼠标，在弹出的菜单中选择"隐藏"命令，随机变量 X 的概率密度数据效果如图 10.10 所示。

(4) 选择 A3 单元格，在数字 0 前输入"'"，以此类推，对 A4:A53 单元格都做同样的操作，将数字格式改换为文本格式，修改后的随机变量 X 的概率密度数据效果如图 10.11 所示。

图 10.8　编辑数据表

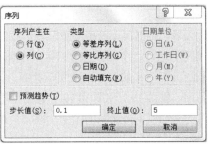

图 10.9　设置"序列"对话框效果

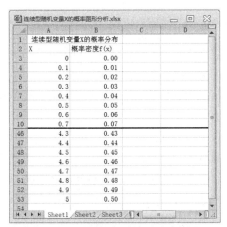

图 10.10　随机变量 X 的概率密度数据

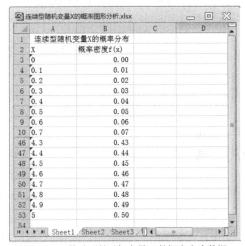

图 10.11　修改后的随机变量 X 的概率密度数据

(5) 选定单元格区域"A2∶B53",选择"插入"→"图表"→"柱形图"命令,在图表类型中选择二维柱形图中的"簇状柱形图",修改图表中的相关内容,生成连续型随机变量 X 的概率密度函数图,如图 10.12 所示,连续型随机变量 X 的累积分布函数 F(x)隐藏在图中,即图 10.12 所显示的图形的斜边,将其连接成一个连续的线段,而对应的累积分布函数图将是一个封闭的三角形,其值是对应的三角形的面积。

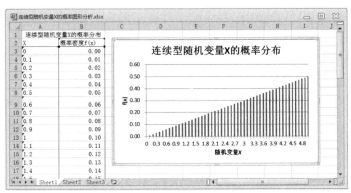

图 10.12　连续型随机变量 X 的概率密度函数图

3. 案例的结果分析

连续型随机变量不是指随机变量的取值范围具有连续性,而是其取值的概率具有连续性。本案例中我们只能尽可能多地为随机变量 X 取值，来显示概率密度函数图，如果随机变量 X 的取值能够达到无限多，则其概率密度函数图将是图 10.12 所显示的图形的斜边，是一个连续的线段，这个连续的线段在几何上代表着随机变量 X 的概率密度函数；而由对应的斜边和坐标轴围成封闭的三角形代表了随机变量 X 的概率累积分布函数。

另外，将图 10.7 和图 10.12 相比较，不难发现离散型随机变量 X 的累积概率分布图和连续型随机变量的累积概率分布图的区别，即一个是柱形图所对应的高度，一个是封闭图形所对应的面积。

10.2 正态分布图形分析

正态分布(normal distribution)又称高斯分布，是两个参数的连续型随机变量的分布，正态曲线呈钟形，两头低，中间高，左右对称，呈钟形，因此人们又经常称之为钟形曲线。标准正态分布是期望值 $\mu=0$，标准差 $\sigma=1$ 条件下的正态分布，记为 N(0, 1)，即曲线图对称轴为 Y 轴。

服从正态分布的随机变量的概率规律为：取与 μ 邻近的值的概率大，而取离 μ 越远的值的概率越小；σ 越小，分布越集中在 μ 附近，σ 越大，分布越分散。正态分布的密度函数的特点是关于 μ 对称，在 μ 处达到最大值，在正(负)无穷远处取值为 0，在 $\mu\pm\sigma$ 处有拐点。

正态分布是一个在数学、物理及工程等领域都非常重要的概率分布，在统计学的许多方面有着重大的影响力。生产与科学实验中很多随机变量的概率分布都可以近似地用正态分布来描述。例如，在生产条件不变的情况下，产品的强力、抗压强度、口径、长度等指标；同一种生物体的身长、体重等指标；同一种种子的重量；测量同一物体的误差；弹着点沿某一方向的偏差；某个地区的年降水量；以及理想气体分子的速度分量等。一般来说，如果一个量是由许多微小的独立随机因素影响的结果，那么就可以认为这个量具有正态分布。

10.2.1 正态分布函数

若连续型随机变量 X 的概率密度函数 $f(x\,|\,\mu,\sigma)(-\infty<\mu<+\infty,\sigma>0)$ 具有如下形式：

$$f\left(x|\mu,\sigma\right)=\frac{1}{\sqrt{2\pi}\sigma}e^{-\frac{(x-\mu)^2}{2\sigma^2}},-\infty<x<+\infty \tag{10-5}$$

则称 X 服从均值为 μ、方差为 σ^2 的正态分布。其中期望值 μ 决定了其位置，其标准差 σ 决定了分布的幅度，期望值 $\mu=1$ 的标准正态分布如图 10.13 所示。

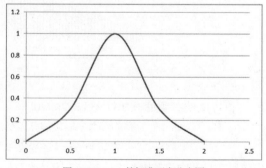

图 10.13 $\mu=1$ 的标准正态分布图

与其对应的累积分布函数为：

$$F(x|\mu,\sigma) = P(X \leqslant x) = \int_{-\infty}^{+\infty} \frac{1}{\sqrt{2\pi}\sigma} e^{-\frac{(x-\mu)^2}{2\sigma^2}} \, \mathrm{d}x \tag{10-6}$$

在图 10.13 中，由曲线 $f(x|\mu,\sigma)$ 和 X 轴围成的面积就是 $F(x|\mu,\sigma)$ 的值。

在 Excel 2010 中提供了 4 个函数求正态分布的函数值，下面分别介绍各个函数所对应的功能和语法格式。

1. NORM.DIST 函数

返回指定平均值和标准偏差的正态分布函数，此函数在统计方面应用范围广泛，其语法格式如下：

NORM.DIST(x,mean,standard_dev,cumulative)

参数说明：

x：必需，需要计算其分布的数值。

mean：必需，分布数据的算术平均值。

standard_dev：必需，分布数据的标准偏差。

cumulative：必需，决定函数形式的逻辑值，其值为 TRUE，则返回累积分布函数；其值为 FALSE，则返回概率密度函数。

其中 mean 或 standard_dev 为非数值型，函数返回错误值 #VALUE!。

其中 standard_dev $\leqslant$ 0，函数返回错误值 #NUM!。

如果 mean = 0，standard_dev = 1，且 cumulative = TRUE，则函数 NORMDIST 返回标准正态分布。

例如，NORM.DIST(65,75,15,false) 为数据为 65、期望值为 75、方差值为 15 的概率密度函数的值。

2. NORM.INV 函数

返回指定平均值和标准偏差的正态累积分布函数的反函数值，其语法格式如下：

NORMINV(probability,mean,standard_dev)

参数说明：

probability：必需，对应的正态分布的概率值。

其中任何一个参数是非数值的，则函数返回错误值#VALUE!。

其中 probability < 0 或 probability > 1，则函数返回错误值#NUM!。

其中 standard_dev $\leqslant$ 0，则函数返回错误值#NUM!。

如果 mean = 0 且 standard_dev = 1，则函数表示的是标准正态分布。

3. NORM.S.DIST 函数

返回标准正态分布函数，其语法格式如下：

NORM.S.DIST(x,cumulative)

参数说明：

x 和 cumulative 的含义同 NORM.DIST 函数。

4. NORM.S.INV 函数

返回标准正态分布的区间点，其语法格式如下：

NORM.S.INV(probability)

参数说明：

Probability：必须，对应的正态分布的概率值。

10.2.2 正态分布分析案例

【案例 10.3】已知某地区青年血压情况符合正态分布，试绘制正态分布函数的图形并分析。

1. 案例的数据描述

已知某地区青年的收缩压(以 mm-Hg 计)近似符合正态分布，设血压为随机变量 X，服从 $N(110, 12^2)$ 的正态分布，即 $\mu=110$，$\sigma^2=144$。

2. 案例的操作步骤

(1) 新建一个 Excel 工作簿，命名为"正态分布概率图形分析"，在表格中输入相应的文字和数据，如图 10.14 所示。

(2) 在单元格 A3 中输入"80"，选定单元格区域 A3:A123，选择"开始"→"编辑"→"填充"命令，在下拉菜单中选择"系列"，弹出"序列"对话框，在"序列产生在"选项组中选定"列"单选按钮；在"类型"选项组中选定"等差序列"单选按钮；在"步长值"文本框中输入"0.5"；在"终止值"文本框中输入"140"，如图 10.15 所示。单击"确定"按钮，会看到在单元格 A3:A123 中分别显示 80、80.5、…、139.5、140。

图 10.14 编辑数据表

图 10.15 "序列"对话框

(3) 计算正态分布函数值，在 B3 中输入公式"=NORMDIST (A3,$E$2,$E$3,FALSE)"，得到结果 0.001461，选中单元格 B3 并拖动，将公式复制至单元格 B123，得到一系列标准正态分布概率密度计算的概率值，使用"隐藏"命令隐藏部分行数据，正态分布基本数据如图 10.16 所示。

(4) 选定单元格区域"B3: B123"，选择"插入"→"图表"→"柱形图"命令，在图表类型中选择二维柱形图中"簇状柱形图"；右击图表，选择"选择数据"→"水平(分类)轴标签"→"编辑"命令，弹出"轴标签"对话框，单击"轴标签区域"后的折叠框，选中输入的单元格区域"A3:A123"，结果如图 10.17 所示，单击"确定"按钮，返回到"选择数据源"对话框，结果如图 10.18 所示，再次单击"确定"按钮；修改图表中的相关内容，生成随机变量 X 的正态分布概率密度函数，如图 10.19 所示。

3. 案例的结果分析

随机变量 X 服从 $\mu=110$，$\sigma^2=144$ 的正态分布，根据概率论知识，令 $Y=\dfrac{X-\mu}{\sigma}=\dfrac{X-110}{12}$，则

随机变量 Y 服从标准正态分布，所以 Y 落在 ±2.5 的概率达到 99.38%，绝大部分的数据落在 ±2.5 之间，将数据表中 Y 的最大值取 2.5，最小值取–2.5，即随机变量 X 的最大取值为 140，最小取值为 80。

图 10.16　正态分布基本数据

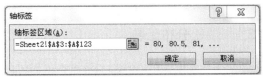

图 10.17　"轴标签"对话框

图 10.18　"选择数据源"对话框

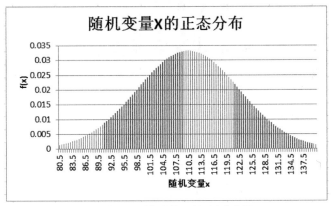

图 10.19　随机变量 X 的正态分布图

图 10.19 中显示的对称钟形曲线，是"中间多、两头少"的分布形态，是一种典型的正态分布图，显示了该地区青年血压的分布状态。正态分布图应用广泛，是因为很多随机变量都呈现出这种特点，与均值较接近的数值出现的次数较多，而离均值远的数值出现的次数较少，从该实例的图形中很容易看出这一特点。

10.3　泊松分布图形分析

泊松分布(poisson distribution)是一种统计与概率学中常见到的离散概率分布，适合于描述单位时间(或空间)内随机事件发生的次数，是基于过去的经验，预测该随机事件在新的同样长的时间或同样

大空间中发生 N 次的概率。

泊松分布是最重要的离散分布之一，在实际生活中，当一个随机事件，例如某一服务设施在一定时间内到达的人数、电话交换机接到呼叫的次数、来到某公共汽车站的乘客人数、某放射性物质发射出的粒子数、显微镜下某区域中的白血球个数等，以固定的平均瞬时速率 λ(或称密度)随机且独立出现时，那么这个事件在单位时间(面积或体积)内出现的次数或个数就近似地服从泊松分布 $P(\lambda)$。因此，泊松分布在管理科学、运筹学以及自然科学的某些问题中都占有重要的地位。

10.3.1 泊松分布函数

设 X 是一离散型随机变量，且 X 的取值为所有非负整数，如果 X 的概率质量函数具有下列形式：

$$f(x\,|\,\lambda) = \begin{cases} \dfrac{e^{-\lambda}\lambda^{x}}{x!}, & x = 0,1,2,\cdots \\ 0, & x = 其他 \end{cases} \tag{10-7}$$

则称 X 服从均值为 $\lambda(\lambda > 0)$ 的泊松分布，其泊松分布概率质量函数图形效果如图 10.20 所示。

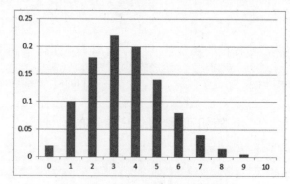

图 10.20　泊松分布概率质量函数效果图

与其对应的累积分布函数为：

$$F(x) = \sum_{x_k \le x} \frac{e^{-\lambda}\lambda^{x}}{x!}, x = 0,1,2,\cdots \tag{10-8}$$

在 Excel 2010 中提供了一个 POISSON.DIST 函数求泊松分布的函数值，下面介绍这个函数的语法格式：

POISSON.DIST(x,mean,cumulative)

参数说明：

x：必需，事件数。

mean：必需，期望值。

cumulative：必需，逻辑值，确定所返回的概率分布的形式，cumulative 为 TRUE，则函数返回发生的随机事件数在零(含零)x(含 x)之间的累积泊松概率；如果为 FALSE，则函数返回发生的事件数正好是 x 的泊松概率密度函数。

其中，如果 x 不是整数，将被截尾取整；如果 x 或平均值为非数值型，则泊松返回 #VALUE! 错误值；如果 x<0，则泊松返回#NUM!误值；如果 mean<0，则泊松返回#NUM!误值。

因此，对于泊松分布，只要知道其均值 λ，就可以通过 POISSON.DIST 函数得出其泊松分布数据表，从而绘制出一定均值条件下的概率质量函数图或累积分布图。

10.3.2　泊松分布分析案例

【案例 10.4】已知放射性颗粒击中目标粒子数的泊松分布，试绘制泊松分布函数的图形并分析。

1. 案例的数据描述

假设有一放射性颗粒，按照泊松过程，以每分钟 5 个颗粒的平均速率射中一个目标，则在此泊松过程中，在任何一分钟的间隔内，击中目标的粒子数(设为随机变量 X)服从均值为 5 的泊松分布。

2. 案例的操作步骤

(1) 新建一个 Excel 工作簿，命名为"泊松分布概率图形分析"，在表格中输入相应的文字和数据，如图 10.21 所示，服从泊松分布的随机变量 X，其取值为非负整数，没有上限，因此，此处取非负整数 0 至 20(可根据实际情况调整 X 的取值范围)。

(2) 在单元格 B3 中输入泊松分布公式"=POISSON.DIST(A3,\$E\$2,FALSE)"，计算泊松分布概率质量函数的值，得到结果 0.0067379，选中单元格 B3 拖动，将公式复制至单元格 B23，得到一系列泊松分布概率质量函数的概率值，如图 10.22 所示。

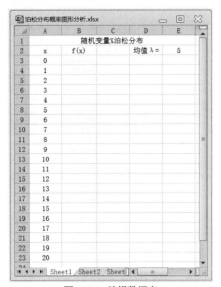

图 10.21　编辑数据表

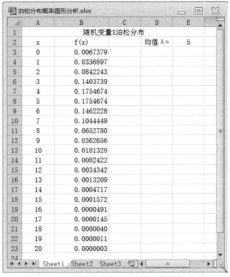

图 10.22　泊松分布概率质量函数的概率值

(3) 选定单元格区域"B3:B23"，选择"插入"→"图表"→"柱形图"命令，在图表类型中选择二维柱形图中"簇状柱形图"；右击图表，选择"数据"→"水平(分类)轴标签"→"编辑"命令，弹出"轴标签"对话框，单击"轴标签区域"后的折叠框，选中输入的单元格区域"A3:A23"，单击"确定"按钮，返回到"选择数据源"对话框，结果如图 10.23 所示，再次单击"确定"按钮；修改图表中的相关内容，生成随机变量 X 的泊松分布概率质量函数如图 10.24 所示。

(4) 在单元格 C3 中输入泊松分布公式"=POISSON.DIST(A3,\$E\$2,TRUE)"，计算泊松分布累积分布函数的概率值，得到结果 0.0067379，选中单元格 C3 拖动，将公式复制至单元格 C23，得到一系列泊松分布累积分布函数的概率值，如图 10.25 所示。

(5) 选定单元格区域 "C3: C23"，参照走骤(3)，生成随机变量 X 的泊松分布累积分布函数如图 10.26 所示。

图 10.23   "选择数据源"对话框

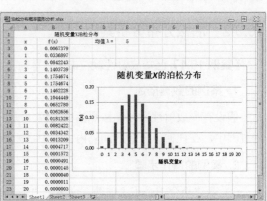

图 10.24   泊松分布概率质量函数图

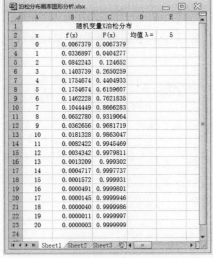

图 10.25   泊松分布累积分布函数的概率值

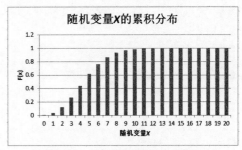

图 10.26   泊松分布累积分布函数图

3. 案例的结果分析

图 10.24 显示的是一放射性粒子单位时间内击中目标粒子概率的分布图，是一个泊松分布图，时间为 0 时就有粒子击中目标，当时间为 4、5 时达到峰值，然后下降。当时间为 12、13 时击中目标的粒子就很少了，之后就可以忽略不计了，初看左右对称很像正态分布图，但实际左右并不对称，这种图形更实用更符合日常生活的很多现象的分析。

图 10.26 显示的是一放射性粒子单位时间内击中目标粒子累积分布概率值，从图中能够看出随着 X 的增加概率值也在增加，逐渐接近 1，但没有达到 1；在 X 的取值为 12 后变化很小，可能忽略不计。

10.4   指数分布图形分析

指数分布(exponential distribution)是一种连续型概率分布，可以用来表示独立随机事件发生的时

间间隔，事件以恒定平均速率连续且独立地发生的过程，它是几何分布的连续模拟，它具有一个重要的特征是无记忆性(Memoryless Property，又称遗失记忆性)。这表示如果一个随机变量呈指数分布，当 $s,t>0$ 时有 $P(T>t+s\,|\,T>t)=P(T>s)$，即，如果 T 是某一元件的寿命，已知元件使用了 t 小时，它总共使用至少 $s+t$ 小时的条件概率，与从开始使用时算起它使用至少 s 小时的概率相等。

在概率论和统计学中应用广泛，比如旅客进机场的时间间隔，中文维基百科新条目出现的时间间隔等。在产品的质量管理及可靠性研究中有重要应用，常用它描述各种"时间"，例如家电使用寿命、动物的寿命、银行自动提款机支付一次现金所花费的时间、电话问题中的通话时间、随机服务系统中的服务时间等，都常假定服从指数分布。

10.4.1　指数分布函数

设连续型随机变量 X，若对于 $\lambda>0$ 连续型随机变量 X 的概率密度函数 $f(x\,|\,\lambda)$ 具有下述形式：

$$f(x\,|\,\lambda)=\begin{cases}\lambda e^{-\lambda x},x\geqslant 0\\0,x<0\end{cases}\tag{10-9}$$

则称 X 服从参数为 λ 的指数分布，其均值为 $\dfrac{1}{\lambda}$，方差为 $\dfrac{1}{\lambda^2}$，其指数分布概率密度函数图形效果如图 10.27 所示。

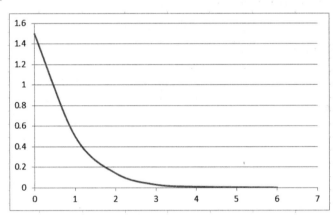

图 10.27　指数分布概率密度函数效果图

其对应的累积分布函数为：

$$F(x\,|\,\lambda)=P(X\leqslant x)=\begin{cases}1-e^{-\lambda x},x\geqslant 0\\0,x<0\end{cases}\tag{10-10}$$

Excel 2010 提供了一个 EXPON.DIST 函数来求指数分布的函数值，下面介绍这个函数的语法格式：

EXPON.DIST(x,lambda,cumulative)

返回指数分布的概率值。

参数说明：

x：必需，用于指数函数计算的区间点。

lambda：必需，指数分布函数的参数。

cumulative：必需，逻辑值，用于指定指数函数的形式。cumulative 为 TRUE，则返回累积分布函数；为 FALSE，则返回概率密度函数。

其中 x 或 lambda 为非数值型，否则返回错误值#VALUE!；如果 x<0，则返回错误值#NUM!；如果 lambda≤0，则返回错误值#NUM!。

10.4.2 指数分布分析案例

【案例 10.5】已知显示器的寿命符合指数分布，试绘出其指数分布函数的图形并分析。

1. 案例的数据描述

已知某厂家的电子显示器的寿命 X(年)服从 $\lambda=3$ 的指数分布，试绘出随机变量 X 的概率密度分布图，预测电子显示器的使用寿命。

2. 案例的操作步骤

(1) 新建一个 Excel 工作簿，命名为"指数分布概率图形分析"，并在表格中输入相应的文字和数据，如图 10.28 所示。

(2) 在单元格 B3 中输入指数分布公式"=EXPON.DIST(A3,1/\$E\$2,FALSE)"，计算指数分布概率质量函数的值，得到结果 0.29172444，选中单元格 B3 拖动，将公式复制至单元格 B27，得到一系列指数分布概率密度函数的概率值，如图 10.29 所示。

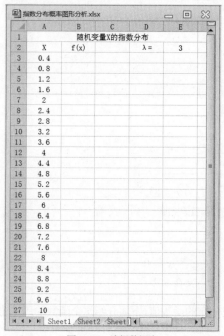

图 10.28　编辑数据表

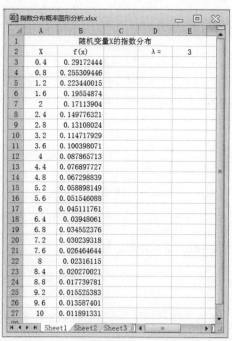

图 10.29　指数分布概率密度函数的概率值

(3) 选定单元格区域"B3: B27"，选择"插入"→"图表"→"柱形图"命令，在图表类型中选择二维柱形图中"簇状柱形图"；右击图表，选择"数据"→"水平(分类)轴标签"→"编辑"命令，弹出"轴标签"对话框，单击"轴标签区域"后的折叠框，选中输入的单元格区域"A3:A27"，单击"确定"按钮，返回到"选择数据源"对话框，结果如图 10.30 所示，再次单击"确定"按钮；

修改图表中的相关内容，生成随机变量 X 的指数分布概率密度函数如图 10.31 所示。

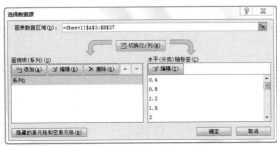

图 10.30　"选择数据源"对话框

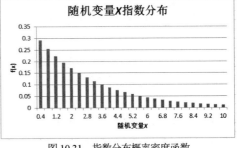

图 10.31　指数分布概率密度函数

(4) 在单元格 C3 中输入指数分布公式 "=EXPON.DIST(A3,1/$E$2,TRUE))"，计算指数分布累积分布函数的概率值，得到结果 0.124826681，选中单元格 C3 拖动，将公式复制至单元格 C27，得到一系列指数分布累积分布函数的概率值，如图 10.32 所示。

(5) 选定单元格区域 "C3: C27"，参照步骤(3)，生成随机变量 X 的指数分布累积分布函数图如图 10.33 所示。

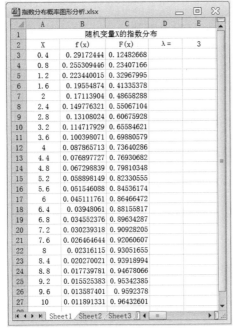

图 10.32　指数分布累积分布函数的概率值

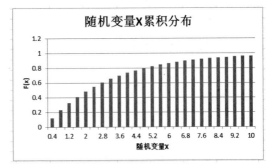

图 10.33　指数分布累积分布函数图

3. 案例的结果分析

图 10.31 显示的是显示器寿命的分布图，符合指数分布。指数分布图常用来表示独立随机事件发生的时间间隔，其概率密度曲线的陡峭程度取决于参数 λ 的大小，一般情况下，参数 λ 越大，概率密度曲线越陡峭；反之，越平坦。

图 10.33 显示的是显示器的寿命累积分布概率值，从图中能够看出，随着 X 的增加概率值在增加逐渐接近 1，但没有达到 1；在 X 的取值为 6 时显示器的寿命剩下不到 20%，从图中可推断显示器的正常使用寿命为 6 年。

10.5 卡方分布图形分析

卡方分布(chi-square distribution)是指若 n 个相互独立的随机变量 $Y_1, Y_2, \cdots, Y_n$，均服从标准正态分布(也称独立同分布趋向于标准正态分布)，则这 n 个服从标准正态分布的随机变量的平方和 $\sum Y_i^2$ 构成一个新的随机变量，其卡方分布分布规律称为 $\chi^2(n)$ 分布，其中参数 n 称为自由度。

卡方分布是由正态分布构造而成的一个新的分布，在统计学领域中应用很广泛，它较多地应用于参数估计、假设检验等统计推断的问题中，如利用卡方分布确定是否拒绝虚无假设；卡方分布应用于适合型检验，根据一个分类标准(变量)，将一个事件总体划分为 k 类，考察 k 类中每一类的次数分布 f 是否符合某一理论次数分布的检验；卡方独立性检验用于分析各种多项分类的两个或两个以上的因素之间是否有关联或是否独立的问题。比如，学生出勤情况(按时出勤、迟到、缺勤)与成绩等级(优秀、良好、中等、几个、不及格)之间是否存在关系，可以利用卡方独立性来检验。

10.5.1 卡方分布函数

设连续型随机变量 X 的概率密度函数为：

$$f(x) = \begin{cases} \dfrac{1}{2^{\frac{n}{2}} \Gamma^{\frac{n}{2}}} x^{\left(\frac{n}{2}-1\right)} e^{-\frac{x}{2}}, & x > 0 \\ 0, & x \leq 0 \end{cases} \tag{10-11}$$

则称随机变量 X 服从自由度为 n 的卡方分布，卡方分布概率密度函数图形效果如图 10.34 所示。卡方分布的均值为 n，方差为 $2n$，与标准正态分布关系密切；如果随机变量 $X_1, \cdots, X_k$ 独立同分布且均服从标准正态分布，那么它们的平方和 $Y = \sum_{i=1}^{k} X_i^2$ 服从一个自由度为 k 的卡方分布，记为 $Y \sim X^2(k)$，随着参数自由度的增大，X^2 分布趋近于正态分布。X^2 分布具有可加性，若有 K 个服从 X^2 分布且相互独立的随机变量，则它们之和仍

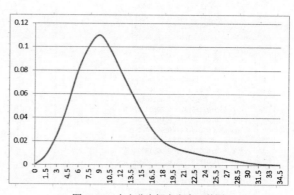

图 10.34　卡方分布概率密度函数图

是 X^2 分布，新的 X^2 分布的自由度为原来 K 个 X^2 分布自由度之和，X^2 分布是连续分布，但有些离散分布也服从 X^2 分布，尤其在次数统计上非常广泛。

其对应的累积分布函数为：

$$F(x \mid \lambda) = P(X \leq x) = \begin{cases} \dfrac{1}{\Gamma\left(\dfrac{n}{2}\right)} \lambda\left(\dfrac{n}{2}, \dfrac{x}{2}\right), & x \geq 0 \\ 0, & x < 0 \end{cases} \tag{10-12}$$

Excel 2010 提供了 4 个函数来求卡方分布的函数值，下面分别介绍各个函数所对应的功能和语

法格式。

1. CHISQ.INV 函数

返回具有给定概率的左尾 X^2 分布的区间点，其语法格式如下：

CHISQ.INV(probability,deg_freedom)

参数说明：

probability：必需，与 X^2 分布相关联的概率。

deg_freedom：必需，自由度数。

其中两个参数是非数值型，则函数返回#VALUE!错误值；如果 probability<0 或 probability>1，则函数返回#NUM!错误值；如果 deg_freedom 不是整数，则将被截尾取整；如果 deg_freedom < 1 或 deg_freedom>10^10，则函数返回#NUM!错误值。

2. CHISQ.INV.RT 函数

返回具有给定概率的右尾 X^2 分布的区间点，其语法格式如下：

CHISQ.INV.RT(probability, deg_freedom)

参数说明：

Probability 和 deg_freedom 的含义同 CHISQ.INV 函数。

3. CHISQ.DIST 函数

返回 X^2 分布的左尾概率，其语法格式如下：

CHISQ.DIST (x, deg_freedom, cumulative)

参数说明：

x：必需，用来计算分布的数值。

cumulative：必需，决定函数形式的逻辑值。cumulative 为 TRUE 时，函数返回累积分布函数；为 FALSE 时，返回概率密度函数。

4. CHISQ.DIST.RT 函数

返回 X^2 分布的右尾概率，其语法格式如下：

CHISQ.DIST.RT(x,deg_freedom)

参数说明：

x 和 deg_freedom 的含义同 CHISQ.DIST 函数。

10.5.2　卡方分布分析案例

【案例 10.6】已知随机变量 X 服从卡方分布，试绘出其卡方分布函数的图形并分析。

1. 案例的数据描述

假设随机变量 X 服从自由度为 8 的卡方分布，试绘出随机变量 X 的概率密度分布图。

2. 案例的操作步骤

(1) 新建一个 Excel 工作簿，命名为"卡方分布概率图形分析"，并在表格中输入相应的文字和数据，如图 10.35 所示。

(2) 在单元格 A3:A52 分别输入 1、2、…、49、50，选中单元格 B3，在 B3 中输入公式"=CHISQ.DIST(A3,\$E\$2,FALSE)"，得到结果 0.006318028。选中单元格 B3 拖动，将公式复制至单元格 B52，得到一系列卡方分布概率密度函数的概率值，右击单元格 B3:B52，选择"设置单元格格式"命令，修改数值的小数位数为8，如图 10.36 所示，选定第 10 至第 47 行，右击鼠标，在弹出的菜单中选择"隐藏"命令，数据效果如图 10.37 所示。

图 10.36　"设置单元格格式"对话框

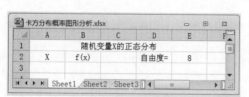

图 10.35　编辑数据表

(3) 选定单元格区域"B3:B52"，选择"插入"→"图表"→"柱形图"命令，在图表类型中选择二维柱形图中"簇状柱形图"，修改图表中的相关内容，生成随机变量 X 的卡方分布概率密度函数，如图 10.38 所示。

图 10.37　卡方分布概率密度函数的概率值

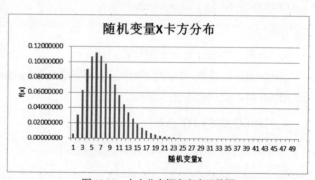

图 10.38　卡方分布概率密度函数图

(4) 选中单元格 C3，在 C3 中输入公式"=CHISQ.DIST(A3,\$E\$2,TRUE)"，得到结果 0.001751623。选中单元格 C3 拖动，将公式复制至单元格 C52，得到一系列卡方分布累积分布函数的概率值，右击第 10 至第 47 行，在弹出的菜单中选择"隐藏"命令，数据效果如图 10.39 所示。

(5) 选定单元格区域"C3: C52"，参照步骤(3)，生成随机变量 X 的卡方分布累积分布函数，如图 10.40 所示。

3. 案例的结果分析

图 10.38 和图 10.40 分别显示的是自由度为 8 的卡方分布概率密度函数和累积分布函数，图形形状与指数分布类似，在其概率密度函数图形的右侧都"拖着长长的尾巴"，这是因为较大的随机变量

所对应的函数值越来越接近于零。从概率密度函数图形上看，卡方分布的图形形状与泊松分布也很类似，但实际上两者并不相同。一方面两者的应用范围不同，另一方面，卡方分布对应的是连续型变量，而泊松分布对应的是离散型变量，因为在绘制卡方分布图形时只能取一些离散的值，而使两者的图形看起来较为接近。

图 10.39　卡方分布累积分布函数的概率值

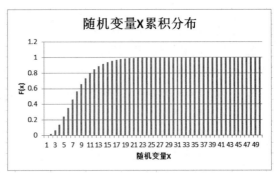

图 10.40　卡方分布累积分布函数图

本章小结

　　本章主要介绍了随机变量常用的统计分布的图形化分析方法，从离散型随机变量和连续型随机变量两种不同类型变量的角度分析了不同的图形化方法，在统计学上用概率质量函数来描述离散型随机变量的分布，而用概率密度函数描述连续型随机变量的分布。本章结构设计采用由一般到特殊的设计思路，首先介绍了一般随机变量概率质量(密度)函数和累积分布函数图形的绘制；然后着重介绍了几个在统计学上占据重要地位、在现实生活中有很强实用性的统计分布，主要包括正态分布、泊松分布、指数分布、卡方分布，并介绍了它们的应用背景、定义、特点、差异、图形绘制的技巧，运用了 Excel 软件中提供的函数、序列、图表等功能来实现统计分布的图形化，让读者在充分理解各个分布的基本原理的前提下，能够正确地应用 Excel 软件功能绘制出统计分布图形。

习题 10

一、填空题

　　1. 在随机变量中，(　　　)随机变量在一定区间内变量取值为有限个，或数值可以一一列举出来。

　　2. 连续型随机变量在一定区间内变量取值有无限个，或数值无法一一列举出来，连续型随机变量的函数称作(　　　)函数。

　　3. 无论什么类型的随机变量的累积分布函数，在 $(-\infty,+\infty)$ 的值是(　　　)。

　　4. 期望值 $\mu = 0$，标准差 $\sigma = 1$ 条件下的正态分布被称为(　　　)。

　　5. 在 Excel 中，(　　　)函数返回标准正态分布的值。

　　6. 在统计与概率学中，适合于描述单位时间(或空间)内随机事件发生的次数，是基于过去的经验，预测该随机事件在新的同样长的时间或同样大空间中发生 N 次概率的分布被称为(　　　)分布，是常见的离散概率分布。

7. 在 Excel 中，(　　　)函数返回指数分布的概率值。

二、选择题

1. 随机变量分为离散型随机变量和连续型随机变量两类，其中离散型随机变量对应的是(　　)函数。

    A. 概率密度　　　　　B. 概率质量　　　　　C. 累积分布　　　　　D. 正态分布

2. 下列函数中图形对称最好的是(　　)函数。

    A. 泊松分布　　　　　B. 指数分布　　　　　C. 累积分布　　　　　D. 正态分布

3. 下列是 Excel 2010 提供的函数，能够返回具有给定概率的左尾 X^2 分布的区间点的函数是(　　)。

    A. CHISQ.INV(　　)　　　　　　　　　B. CHISQ.INV.RT(　　)

    C. CHISQ.DIST(　　)　　　　　　　　　D. CHISQ.DIST.RT(　　)

4. 下列是 Excel 2010 提供的函数，能够返回正态分布函数值的函数是(　　)。

    A. POISSON.DIST(　　)　　　　　　　B. NORM.INV(　　)

    C. NORM.DIST(　　)　　　　　　　　　D. EXPON.DIST(　　)

5. 在概率论和统计学中，可以用来表示独立随机事件发生的时间间隔的分布是(　　)，是一种连续型概率分布。

    A. 泊松分布　　　　　B. 指数分布　　　　　C. 累积分布　　　　　D. 正态分布

三、综合题

1. 同时掷两颗质地均匀的骰子，观察面朝上出现的点数，则每次出现的两个点数之和 X 的概率分布见表 10.2，试绘制离散型随机变量 X 的概率质量函数和累积分布函数的图形并分析。

表 10.2　随机变量 X 的概率分布

X	2	3	4	5	6	7
概率	1/36	2/36	3/36	4/36	5/36	6/36
X	8	9	10	11	12	
概率	5/36	4/36	3/36	2/36	1/36	

2. 某城市的公交车每隔 20 分钟发一趟，某人到车站的时间是随机的。假设该乘客候车时间为随机变量 X，则其概率密度函数为：

$$f(x) = \begin{cases} \dfrac{1}{20}x, 0 \leqslant x \leqslant 20 \\ 0, \text{其他} \end{cases}$$

试绘制随机变量 X 的概率密度函数和累积分布函数的图形并分析。

3. 某公司生产的一批电子元件，其寿命(单位为年，设为随机变量)近似服从 $N(10,25)$ 的正态分布，即 $\mu=10$，$\sigma^2=25$。试绘制该公司生产的这批电子元件的寿命概率密度函数和累积分布函数的图形并分析。

4. 假设某事业单位员工请假的人数 X 近似服从泊松分布，且设请假的人数平均为 2.8 人。试绘制该事业单位员工请假的人数 X 的概率密度函数和累积分布函数的图形并分析。

5. 某种发动机的寿命服从指数分布，该发动机的平均寿命为 5000 小时。试绘制该发动机的寿命 X 的概率密度函数和累积分布函数的图形并分析。

第 11 章

回归图形分析

回归分析(regression analysis)是对两个或两个以上变量间的依存关系进行定量分析的统计学方法，在现实生活中有着广泛应用。回归分析根据自变量的多少分为一元回归分析和多元回归分析，根据自变量和因变量之间的关系类型分为线性回归和非线性回归。

本章主要介绍如何利用回归分析确定变量间的相互依存关系，即确定回归函数；要检验估计的参数及对方程拟合效果进行评价。Excel 提供了散点图——趋势线法、回归分析函数法和回归分析工具法，实现各种回归分析。

11.1 一元线性回归图形分析

一元线性回归分析是针对只包括一个自变量和一个因变量，且二者的关系可用一条直线近似表示的情况，比方说一个公司，每月的广告费用和销售额之间呈现近似一条直线关系。在回归分析中，一元线性回归分析是最简单的回归分析，多元回归分析以及非线性回归分析都是一元线性回归分析的扩展，本节主要介绍一元线性回归模型和分析函数、工具的应用。

11.1.1 一元线性回归模型

在一元线性回归分析中，自变量和因变量都只有一个，影响因变量最重要的因素只有一个自变量，其他因素都可视为是噪声因素，对因变量的影响是随机的，不是决定性因素，一元线性回归方程可以表示为：

$$Y_i = \alpha + \beta X_i + \varepsilon \tag{11-1}$$

其中，X_i 表示自变量的各个取值，Y_i 表示对应的因变量取值，α 是一元线性回归方程中的常数项，β 是回归系数，ε 是随机误差项，一元线性回归图形化描述如图 11.1 所示，Y_i 分布在直线上或直线的附近。

1. 样本一元线性回归模型

在实际的问题研究中，研究对象的全部资料很难掌握，总体回归模型是未知的，无法获得，在回归分析中，为了获得总体回归模型的参数通过样本资料来

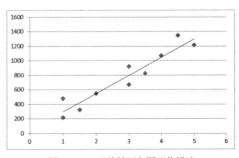

图 11.1　一元线性回归图形化描述

估计总体模型的参数，根据样本数据建立的回归模型称为样本一元线性回归模型，一般表述如下：

$$\hat{Y}_i = \hat{\alpha} + \hat{\beta} X_i + \hat{\varepsilon} \tag{11-2}$$

$\hat{\alpha}$ 和 $\hat{\beta}$ 分别是参数 α、β 的估计值，代表样本回归直线的截距和斜率。一元线性回归模型参数的估计方法通常有两种，即普通最小二乘法和最大似然估计法，其中普通最小二乘法更常用，根据普通最小二乘估计原理，估计值 $\hat{\alpha}$ 和 $\hat{\beta}$ 计算公式如下：

$$\hat{\beta} = \frac{\sum (x_i - \overline{x})(y_i - \overline{y})}{\sum (x_i - \overline{x})^2} \tag{11-3}$$

$$\hat{\alpha} = \overline{y} - \hat{\beta}\overline{x} \tag{11-4}$$

其中，$\overline{x}$、$\overline{y}$ 分别是 X 和 Y 的样本均值。

2. 一元线性样本回归的检验

根据样本数据建立的回归模型是否真实地反映总体变量之间的变动关系，是决定回归分析准确性的关键所在，在估计出来回归模型之后，对其参数要进行一系列的检验，只有通过了检验的模型才能用于对总体变量的估计或预测。在统计学中的主要检验方法有拟合优度检验(R^2 检验)、回归系数的显著性检验(t 检验)和回归模型的显著性检验。

(1) 拟合优度检验

在对回归方程进行拟合优度检验时，通过判定系数(R^2)来实现，其计算公式为：

$$R_2 = \frac{\text{回归离差}}{\text{总离差}} = 1 - \frac{\text{剩余离差}}{\text{总离差}} = 1 - \frac{\sum (y_i - \hat{y}_i)^2}{\sum (y_i - \overline{y}_i)^2} \tag{11-5}$$

判定系数是衡量自变量对因变量变动程度的指标，它取决于回归方程所解释的部分(即回归离差)占总离差的百分比。判定系数 R^2 介于 0 和 1 之间，越接近于 1 说明实际观测点离样本线越近，拟合效果越好。

(2) 回归系数的显著性检验

回归系数的显著性检验，是指根据样本计算结果对总体回归参数的有关假设所进行的检验，主要目的在于判断总体自变量与因变量之间是否真正存在样本回归模型所表述的回归关系。

在回归系数的显著性检验中，大样本下检验统计量选用 z 统计量，小样本下则选用 t 统计量，检验的原假设为 $\beta = 0$。通过比较统计量与相应的临界值，或者比较统计量对应的 P 值与显著性水平的大小，做出是否接受原假设的结论，以判断回归系数的显著性情况。

(3) 回归模型的显著性检验

回归模型的显著性检验旨在检验回归方程的整体显著性，采用的是 F 统计量，判断方法和回归系数的显著性检验的判断方法相同。

11.1.2 一元线性回归的实现方法

Excel 提供了三种回归分析的方法，分别是散点图—趋势线法、回归分析函数法和回归分析工具法。

1. 散点图—趋势线法

通过绘制散点图直观地显示自变量和因变量的关系，若两变量不存在明显的线性或曲线关系，说明样本不符合线性回归，因此，就可以直接放弃建立回归模型；若散点图显示变量之间的确存在一定的关系，添加趋势线时则能进一步输出具体方程和拟合优度。该方法的优点在于简单直观且易操作，缺点是不能对参数和方程进行检验。

散点图是对所选变量之间相关关系的一种直观描述，在工具栏的"插入"选项卡下依次选择"图表"→"散点图"命令，便会出现"散点图"下拉菜单，如图 11.2 所示。

绘制完散点图之后，若散点图显示变量之间的确存在一定的关系，可以进一步进行一元线性回归分析，方法是对原散点图添加趋势线实现。方法是选中散点图，单击"布局"选项卡下"分析"组中的"趋势线"按钮，弹出"趋势线"下拉菜单，如图 11.3 所示，可在该下拉菜单中选择需要添加的趋势线类型。若要添加线性趋势线，则选择"线性趋势线"选项即可；如果下拉菜单中的命令不能满足用户的需要，则可以单击"其他趋势线选项"命令，弹出"设置趋势线格式"对话框，如图 11.4 所示。在该对话框中，可根据需要选择指数、线性、对数、多项式、幂、移动平均等多种趋势线类型；并且在"自定义"文本框中自己定义已经选择的趋势线；还可通过"趋势预测"文本框进行相关的预测；对于截距已知的趋势线，用户可在"设置截距"文本框中设置已知的截距；通过"显示公式"和"显示 R 平方值"两个选项，用户可以得到趋势线的公式和拟合程度。

图 11.2　"散点图"下拉菜单　　图 11.3　"趋势线"下拉菜单　　图 11.4　"设置趋势线格式"对话框

2. 回归分析函数法

(1) 回归分析函数

Excel 2010 提供了 3 个函数来求解回归方程的参数，主要包括计算截距、斜率和判定系数等。下面分别介绍各个函数所对应的功能和语法格式。

1) INTERCEPT 函数

返回根据数据点拟合的线性回归直线截距，其语法格式如下：

```
INTERCEPT(known_y's,known_x's)
```

参数说明：

known_y's：必需，因变量的观察值或数据的集合。

known_x's：必需，自变量的观察值或数据的集合。

参数可以是数字，或者是包含数字的名称、数组或引用，如果数组或引用参数包含文本、逻辑值或空白单元格，则这些值将被忽略，但包含零值的单元格将计算在内；如果 known_y's 和 known_x's 所包含的数据点个数不相等或不包含任何数据点，则函数 INTERCEPT 返回错误值#N/A。

通过现有的 x 值与 y 值计算直线与 y 轴的截距，截距为穿过已知的 known_x's 和 known_y's 数据点的线性回归线与 y 轴的交点，当自变量为 0 时，使用 INTERCEPT 函数可以决定因变量的值。

2）SLOPE 函数

返回根据数据点拟合的线性回归直线的斜率，其语法格式如下：

SLOPE(known_ y's, known_x's)

3）RSQ 函数

返回给定数据点的 Pearson 积矩法相关系数的平方，其语法格式如下：

RSQ(known_ y's,known_x's)

(2) 回归分析函数的数组形式

Excel 提供了回归分析函数的数组形式，用于计算回归函数，该方法主要通过 LINEST 函数来实现，LINEST 函数通过利用最小二乘法计算与现有数据最佳拟合的直线，来计算直线的统计值，并返回描述此直线的截距和斜率数组，此函数返回的是数值数组，因此必须以数组公式的形式输入，其语法格式为：

LINEST(known_ y's,[known_x's],[const], stats))

如果省略 known_x's，则假设该数组为{1,2,3,...}，其大小与 known_y's 相同；参数 const 表示一个逻辑值，取值为 TRUE 或 FALSE，用于指定是否将截距设置为 0，如果为 TRUE 或省略，截距将按正常计算；为 FALSE，截距将被设为 0；参数 stats 表示一个逻辑值，取值为 TRUE 或 FALSE，用于指定是否返回附加回归统计值，当 stats 为 TRUE 时，则返回附加回归统计值，除了斜率和截距之外，用户还可以得到标准误差、判定系数、F 值等回归统计值；若 stats 为 FALSE 或被省略，则不返回附加回归统计值，系统只进行斜率和截距的计算；[ ]内为可选项。

LINEST 函数附加回归统计值的输出结果时，仅输出回归结果，并不标明各个回归统计值的意义，LINEST 函数输出结果的各附加回归统计量及其意义见表 11.1，LINEST 函数输出结果的数组结构见表 11.2。

表 11.1　各附加回归统计量及其意义

回归统计量	意　　义
se_n、se_{n-1}、…、se_1	系数 β_n、β_{n-1}、…、β_1 的标准误差值
se_α	常量 α 的标准误差值
r^2	可决系数
se_y	Y 统计值的标准误差
F	F 统计值
d_f	自由度
ss_{reg}	回归平方和
ss_{resid}	残差平方和

表 11.2 LINEST 函数输出结果的数组结构

β_n	β_{n-1}	...	β_1	α
se_n	se_{n-1}	...	se_1	se_α
r^2	se_y			
F	d_f			
ss_{reg}	ss_{resid}			

3. 回归分析工具法

Excel 提供了回归分析工具可用于回归分析。相对于前两种方法，分析工具不仅能给出回归方程和显著性检验结果，还能输出更多的信息。

回归分析工具的分析结果分为数据描述和图形描述两部分，数据描述部分包括 summary output(回归汇总输出)、residual output(残差输出)和 probability output(正态概率输出)，图形描述部分包括残差图、线性拟合图和正态概率图。具体来说，summary output 是回归结果中最重要的部分，包括回归统计和方差分析，从中可以得到可决系数、P 值、截距、斜率等一系列信息；residual output 则给出因变量的预测值及其对应的残差和标准差等结果；probability output 则能够给出正态分布概率，即各个因变量的百分比排位；线性拟合图、残差图和正态概率图三个图形依次和数据输出结果相对应，以便于用户更好地观察和分析。

回归分析工具不是 Excel 的自有工具，用户在使用回归分析工具进行回归分析之前，需要先加载回归分析工具，回归分析工具属于"数据分析"工具中的一种，需加载"数据分析"工具，"数据分析"工具的加载方法在前面已经讲解过，这里就不再赘述。加载完该工具之后，在工具栏的"数据"选项卡的"分析"组中，单击"数据分析"，打开"数据分析"对话框，如图 11.5 所示，选择"回归"单击"确定"按钮，打开"回归"对话框，如图 11.6 所示。

图 11.5 "数据分析"对话框　　　　　图 11.6 "回归"对话框

11.1.3 一元线性回归分析案例

【案例 11.1】已知我国近 20 年来农村居民家庭人均纯收入和消费支出，试做出一元线性回归模型并分析。

1. 案例的数据描述

随着我国经济的快速发展，农村居民家庭收入大幅增加，与此同时，农村居民的消费水平随之提高。根据国家统计局统计，从 1993 年至 2012 年我国农村居民家庭人均纯收入和消费支出数据见表 11.3，以人均纯收入为自变量，人均消费支出为因变量，试对这两组数据进行一元线性回归分析，研究我国农村居民的消费水平随收入增长的变化情况。

表 11.3　1993 年至 2012 年我国农村居民家庭人均纯收入和消费支出　　(单位：元)

年份	1993	1994	1995	1996	1997	1998	1999	2000	2001	2002
收入	921.6	1221.0	1577.7	1926.1	2090.1	2162.0	2210.3	2282.1	2406.9	2528.9
支出	769.7	1016.8	1310.4	1572.1	1617.2	1590.3	1577.4	1670.1	1741.1	1834.3
年份	2003	2004	2005	2006	2007	2008	2009	2010	2011	2012
收入	2690.3	3026.6	3370.2	3731.0	4327.0	4998.8	5435.1	6272.4	7393.9	8389.3
支出	1943.3	2184.7	2555.4	2829.0	3223.9	3660.7	3993.5	4381.8	5221.1	5908.0

2. 案例的操作步骤

(1) 新建一个 Excel 工作簿，命名为"一元线性回归图形分析"，并在表格中输入相应的文字和数据，如图 11.7 所示。

(2) 选中单元格区域 B2:C21，在"插入"选项卡的"图表"组中，单击"散点图"旁边的下拉箭头，出现"散点图"下拉菜单，选择"仅带数据标记的散点图"，创建散点图；在"图表工具"的"布局"选项卡的"标签"组中，单击"图表标题"→"图表上方"，输入图表标题"农村居民家庭人均纯收入和消费支出散点图"；在"标签"组中，单击"坐标轴标题"→"主要横坐标轴标题"→"坐标轴下方标题"，输入"人均纯收入(单位：元)"；接着单击"坐标轴标题"→"主要纵坐标轴标题"→"旋转过的标题"，输入"人均消费支出(单位：元)"，其他作适当修改，最后生成的农村居民家庭人均纯收入和消费支出散点图效果如图 11.8 所示。

图 11.7　编辑数据表

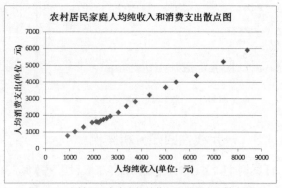

图 11.8　农村居民家庭人均纯收入和消费支出散点图

(3) 单击图表，在"图表工具""布局"选项卡的"分析"组中，单击"趋势线"→"其他趋势线选项"，弹出"设置趋势线格式"对话框，在"趋势线选项"中选择"线性"，并选中下方的"显示公式”和“显示 R 平方值”复选框，效果如图 11.9 所示，最后单击“关闭”按钮，生成添加趋势线的散点图，效果如图 11.10 所示。

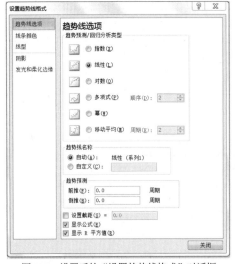

图 11.9　设置后的“设置趋势线格式”对话框

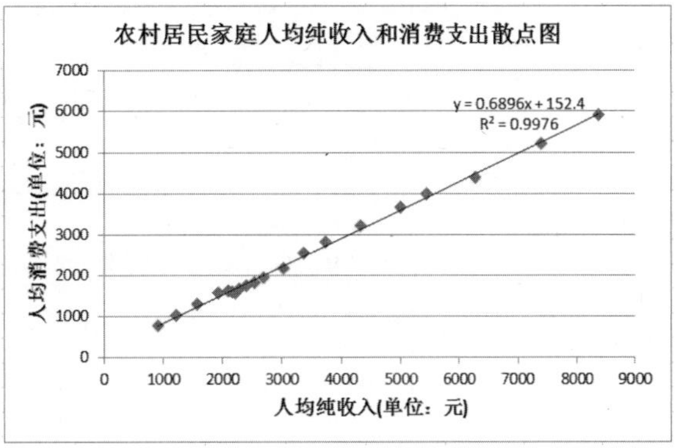

图 11.10　添加趋势线的散点图

(4) 在单元格 D2 中输入“截距=”，单元格 E2 输入公式“=INTERCEPT(C2:C21,B2:B21)”，得到截距的结果是 152.4005506。

(5) 在单元格 D3 中输入“斜率=”，在单元格 E3 中输入公式“=SLOPE (C2:C21,B2:B21)”，得到斜率的结果是 0.689557607。

(6) 在单元格 D4 中输入“判定系数=”，在单元格 E4 中输入公式“=RSQ(C2:C21,B2:B21)”，得到判定系数的结果是 0.997562895，利用函数计算的回归分析结果如图 11.11 所示。

	A	B	C	D	E
1	年份	农村居民家庭人均纯收入（单位：元）	农村居民家庭人均消费支出（单位：元）		
2	1993	921.6	769.7	截距=	152.4005506
3	1994	1221	1016.8	斜率=	0.689557607
4	1995	1577.7	1310.4	判定系数=	0.997562895
5	1996	1926.1	1572.1		
6	1997	2090.1	1617.2		
7	1998	2162	1590.3		
8	1999	2210.3	1577.4		
9	2000	2282.1	1670.1		
10	2001	2406.9	1741.1		
11	2002	2528.9	1834.3		
12	2003	2690.3	1943.3		
13	2004	3026.6	2184.7		
14	2005	3370.2	2555.4		
15	2006	3731	2829		
16	2007	4327	3223.9		
17	2008	4998.8	3660.7		
18	2009	5435.1	3993.5		
19	2010	6272.4	4381.8		
20	2011	7393.9	5221.1		
21	2012	8389.3	5908		

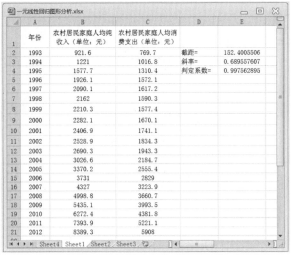

图 11.11　函数计算的回归分析结果

(7) 选中单元格区域 E7:F11，执行“公式”→“函数库”→“插入函数”命令，弹出“插入函数”对话框，在“或选择类别”下拉菜单中选择“统计”，在“选择函数”下拉菜单中选择“LINEST”函数，如图 11.12 所示；单击“确定”按钮，弹出“函数参数”对话框，单击“known_ y's”后的折叠按钮，选中单元格区域 C2:C21；单击“known_x's”后的折叠按钮，选中单元格区域 B2:B21，参数 const 和 stats 均输入 1，也就是选择 TRUE，如图 11.13 所示；同时按 Shift+Ctrl+Enter 组合键执行数组运算，得到与输入公式相同的数组运算结果，在 D7:D11 和 G7:G11 单元格输入相应的参数名，最终利用数组计算的结果如图 11.14 所示。

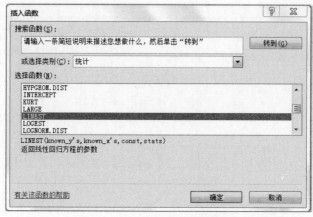

图 11.12　“插入函数”对话框

图 11.13　设置“函数参数”对话框

	A	B	C	D	E	F	G
1	年份	农村居民家庭人均纯收入（单位：元）	农村居民家庭人均消费支出（单位：元）				
2	1993	921.6	769.7	截距=	152.4005506		
3	1994	1221	1016.8	斜率=	0.689557607		
4	1995	1577.7	1310.4	判定系数=	0.997562895		
5	1996	1926.1	1572.1				
6	1997	2090.1	1617.2				
7	1998	2162	1590.3	β_1	0.689557607	152.4006	α
8	1999	2210.3	1577.4	se_1	0.008033434	32.09278	se_α
9	2000	2282.1	1670.1	r^2	0.997562895	72.48001	se_y
10	2001	2406.9	1741.1	F	7367.813156	18	d_f
11	2002	2528.9	1834.3	ss_{reg}	38705716.47	94560.34	ss_{resid}
12	2003	2690.3	1943.3				
13	2004	3026.6	2184.7				
14	2005	3370.2	2555.4				
15	2006	3731	2829				
16	2007	4327	3223.9				
17	2008	4998.8	3660.7				
18	2009	5435.1	3993.5				
19	2010	6272.4	4381.8				
20	2011	7393.9	5221.1				
21	2012	8389.3	5908				
22							

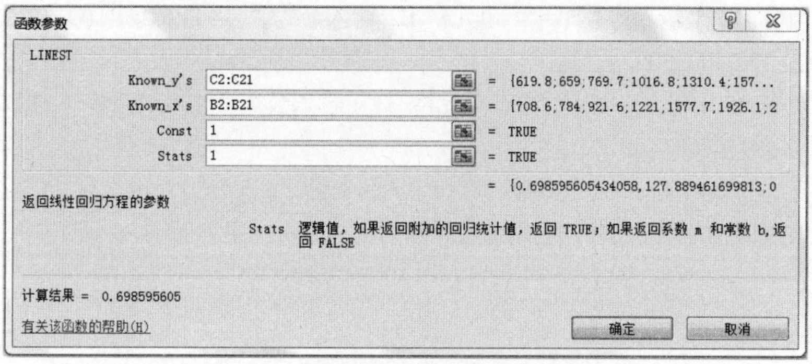

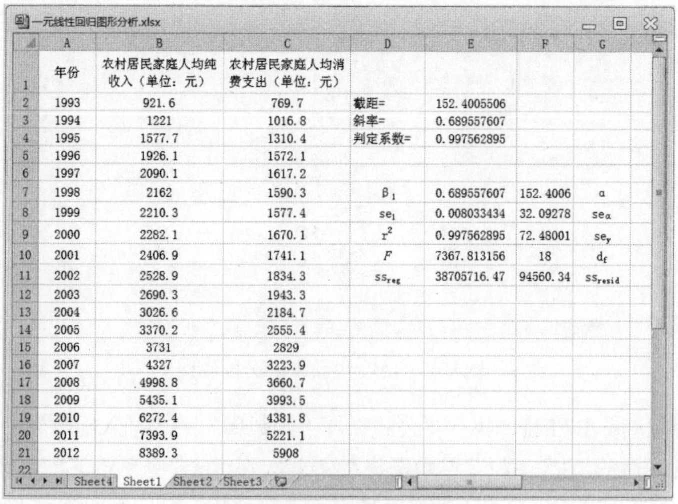

图 11.14　利用数组计算的结果

(8) 在工具栏中选择"数据"→"分析"→"数据分析"命令，弹出"数据分析"对话框，在"分析工具(A)"中选择"回归"选项，单击"确定"按钮，弹出"回归"对话框。在"回归"对话框中，首先设置"输入"内容，单击"Y 值输入区域"后面的折叠按钮，选取单元格区域 C1:C21，同样单击"X 值输入区域"后面的折叠按钮，选取单元格区域 B1:B21；选中"标志"复选框；选中"置信度"复选框，并默认为 95%。然后设置"输出选项"，选中"新工作表组"将输出结果显示在一个新的工作表上。接着将"残差"、"正态分布"中的复选框全部选中，以观察残差、标准残差、残差图、线性拟合图以及正态概率图等信息，设置后的"回归"对话框如图 11.15 所示。最后单击"确定"按钮，得到回归结果，如图 11.16～图 11.20 所示。

图 11.15　设置"回归"对话框

图 11.16　回归分析汇总输出结果

图 11.17　残差和正态概率输出结果

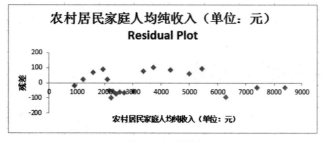

图 11.18　残差图

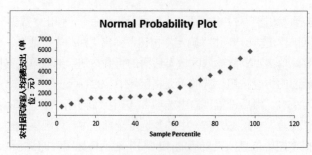

图 11.19　正态概率图

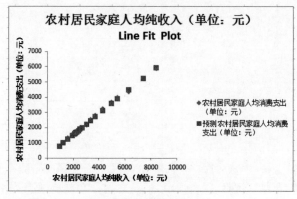

图 11.20　线性拟合图

3. 案例的结果分析

本案例依次采用了散点图—趋势线法、回归分析函数法和回归分析工具法对从 1993 年至 2012 年我国农村居民家庭人均纯收入和消费支出数据进行了回归分析，获得的一元线性回归方程为：

$$Y = 0.689557607X + 152.4005506$$

从输出结果可知，判定系数 R^2 为 0.997562895，说明该回归方程的拟合优度很高，拟合效果很好，表明在农村居民人均消费支出的增长中，99.596%是由于近些年农村居民家庭人均纯收入提高了，农村居民的自发性消费为 152.40 元，即当农村居民纯收入为 0 元时的消费支出，另外，农村居民的纯收入每增加 1 元，消费支出增加 0.6895 元。

在本回归方程中，t 统计量的 P 值为 5.63144E-25，明显小于显著性水平 0.05(置信度默认为 95%)，说明拒绝原假设，该回归系数显著，农村居民家庭人均纯收入(X)对农村居民人均消费支出(Y)有显著性影响；F 统计量的 P 值为 0.000160389，同样明显小于显著性水平 0.05(置信度默认为 95%)，说明拒绝原假设，即该回归方程显著。因此，农村居民家庭人均纯收入对农村居民人均消费支出有显著性影响，也就是说，近些年来，农村居民消费水平的提高主要归因于收入水平的提高。

11.2　多元线性回归图形分析

多元线性回归分析是指包括两个或两个以上的自变量和一个因变量，且二者的关系可用一条直线近似表示，在许多实际问题中，一元线性回归只不过是回归分析的一种特例，因为客观现象非常复杂，一种现象常常是与多个因素相联系的，例如，血压值与年龄、性别、劳动强度、饮食习惯、吸烟状况、家族史等诸多因素相关，所以将一个因变量与多个自变量联系起来进行分析，比只用一个自变量进行分析更有效，也更符合实际。因此多元线性回归比一元线性回归的实用意义更大。本节主要介绍多元线性回归模型、分析函数及分析工具的应用。

11.2.1 多元线性回归模型

多元线性回归分析是在线性相关条件下，研究两个或两个以上自变量对一个因变量的数量变化关系，表现这一数量关系的数学表达式称为多元线性回归模型，多元线性回归分析的基本原理和一元线性回归分析相同，只是涉及的自变量多，因此，多元线性回归方程可以表示为：

$$Y = \alpha + \beta_1 X_1 + \beta_2 X_2 + \cdots + \beta_k X_k + \varepsilon \qquad (11\text{-}6)$$

其中，$X_1, X_2, \cdots, X_k$ 表示各个自变量的取值，Y 表示因变量对应的取值，α 是回归方程中的常数项，$\beta_1, \beta_2, \cdots, \beta_k$ 是判定系数，ε 是随机误差项。多元线性回归方程图形化非常困难，如图 11.21 所示为两个自变量多元线性回归图形。

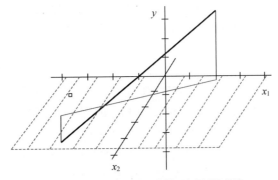

图 11.21 两个自变量多元线性回归图形化描述

1. 样本多元线性回归模型

多元线性回归模型与一元线性回归分析一样，也要通过样本数据建立多元线性回归模型，一般表述如下：

$$\hat{Y} = \hat{\alpha} + \hat{\beta}_1 X_1 + \hat{\beta}_2 X_2 + \cdots + \hat{\beta}_k X_k + \hat{\varepsilon} \qquad (11\text{-}7)$$

多元线性回归系数的求解同样使用最小二乘法，原理是使因变量的观测值与估计值之间的离差平方和达到最小，以求得判定系的估计值 $\hat{\alpha}, \hat{\beta}_1, \hat{\beta}_2, \cdots, \hat{\beta}_k, \hat{\varepsilon}$ 即：

$$\min Q(\hat{\alpha}, \hat{\beta}_1, \hat{\beta}_2, \cdots, \hat{\beta}_k, \hat{\varepsilon}) = \min \sum (y - \hat{y})^2 = \min \sum e^2 \qquad (11\text{-}8)$$

求解各判定系数的公式为：

$$\left. \frac{\partial Q}{\partial \beta_i} \right|_{\beta_i = \hat{\beta}_i} = 0, \ i = 1, 2, \cdots, k \qquad (11\text{-}9)$$

2. 多元线性回归模型检验

多元线性回归得到回归方程后也要进行检验，主要对方程的拟合优度、判定系数的显著性、回归方程的显著性进行检验，显著性检验的原理和方法与一元线性回归方程的显著性检验既有相同之处，也有不同之处。

在一元线性回归分析中，判定系数的显著性检验与回归模型的显著性检验是等价的，因此 t 检验和 F 检验的结论是一致的，在多元回归分析中，它们是不等价的，多元线性回归分析中的 F 检验主要是检验因变量 y 与多个自变量线性关系的显著性，在 k 个自变量中，只要有一个自变量与 y 线性关系显著，F 检验就能通过，但并不意味着 k 个自变量与 y 线性关系都显著，而判定系数的 t 检验则是对每个自变量与因变量 y 的线性关系分别进行单独检验。

3. 多元线性回归的实现方法

Excel 提供的三种回归分析方法中，因为存在多个自变量，散点图—趋势线法在多元线性回归分析中不再适用，仅可使用多元线性回归分析函数和回归分析工具。

1) 多元线性回归函数

LINEST 函数不仅可以对一元线性回归进行分析，还可以对多元线性回归进行分析，采用数组运算的方式可以返回参数数组和附加回归统计量，通过使用最小二乘法计算与现有数据最佳拟合的直线，来计算直线的统计值，并返回描述回归直线的截距和斜率数组，由于此函数返回的是数值数组，所以必须以数组公式的形式输入。LINEST 函数的语法格式以及返回的各个统计量的含义，在一元线性回归中已经详细介绍过了，这里不再赘述。

2) 多元线性回归工具

多元线性回归分析工具的使用和一元线性回归分析工具类似，回归结果的含义也相同。只不过在选择自变量输入区域时要将所有选取的自变量观察值输入进去，并且输出的回归结果会显示各个自变量对应的回归系数、标准误差、P 值等统计量。在多元线性回归分析中，各个自变量对因变量影响程度的大小不同，要分别考察各个自变量对因变量的影响，然后进行比较，保留其中影响较大的自变量，删除其中影响较小的自变量，从而建立起最优的回归方程。

11.2.2 多元线性回归分析案例

【案例 11.2】已知 2000—2019 年我国 GDP 与投资、消费、进出口数据，试用多元线性回归模型进行分析。

1. 案例的数据描述

已知我国 2000—2019 年的 GDP、投资、消费和进出口数据见表 11.4，我们可以通过多元线性回归模型进行分析，研究我国投资、消费和进出口对 GDP 增长的影响。

表 11.4 2000—2019 年的 GDP、投资、消费和进出口数据 （单位：亿元）

年份	GDP(Y)	投资(C)	消费(I)	进出口 (XE)
2000	100,280.1	24,242.8	39,105.7	4,742.97
2001	110,863.1	27,826.6	43,055.4	5,096.51
2002	121,717.4	32,941.7	48,135.9	6,207.66
2003	137,422.0	42,643.4	52,516.3	8,509.88
2004	161,840.2	58,620.2	59,501.0	11,545.54
2005	187,318.9	75,096.4	68,352.6	14,219.06

(续表)

年份	GDP(Y)	投资(C)	消费(I)	进出口,(XE)
2006	219,438.5	93,472.3	79,145.2	17,604.38
2007	270,092.3	117,413.9	93,571.6	21,761.75
2008	319,244.6	148,167.2	114,830.1	25,632.55
2009	348,517.7	194,138.6	133,048.2	22,075.35
2010	412,119.3	241,414.9	158,008.0	29,740.01
2011	487,940.2	301,932.8	187,205.8	36,418.64
2012	538,580.0	364,835.1	214,432.7	38,671.19
2013	592,963.2	436,527.7	242,842.8	41,589.93
2014	643,563.1	502,004.9	271,896.1	43,015.27
2015	688,858.2	551,590.0	300,930.8	39,530.32
2016	746,395.1	596,501.0	332,316.3	36,855.57
2017	832,035.9	631,683.9	366,261.6	41,071.38
2018	919,281.1	645,675.0	380,986.9	46,224.15
2019	990,865.0	560,874.0	411,649.0	45,072.14

2. 案例的操作步骤

(1) 新建一个 Excel 工作簿，命名为"多元线性回归图形分析"，并在表格中输入相应的文字和数据，如图 11.22 所示。

(2) 选中单元格区域 G2:J6，然后输入公式"=LINEST(B2:B21,C2:E21,TRUE,TRUE)"，并同时按下 Shift+Ctrl+Enter 组合键执行数组运算，得到数组运算结果，在 G7:J11 位置输入与 G2:J6 相对应的参数名称，最终利用数组计算的结果如图 11.23 所示。

(3) 在工具栏中选择"数据"→"分析"→"数据分析"命令，弹出"数据分析"对话框，在"分析工具"菜单中选择"回归"选项，如图 11.24 所示。

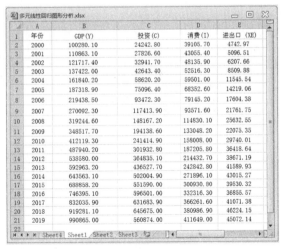

图 11.22　编辑数据表

(4) 在"数据分析"对话框中单击"确定"按钮，弹出"回归"对话框，单击"Y 值输入区域"后面的折叠按钮，选取单元格区域 B1:B21；同样单击"X 值输入区域"后面的折叠按钮，并选取单元格区域 C1:E21；选中"标志"复选框；选中"置信度"复选框，并默认为 95%；选中"新工作表组"将输出结果显示在一个新的工作表上；接着将"残差"、"正态分布"中的选项全部选中，以观察残差、标准残差、残差图、线性拟合图以及正态概率图等信息；最终设置的"回归"对话框如图 11.25 所示，最后单击"确定"按钮，得到回归结果，如图 11.26～图 11.34 所示。

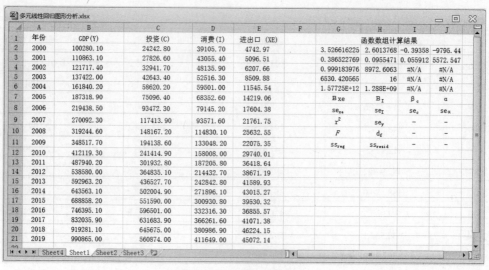

图 11.23　利用数组计算结果

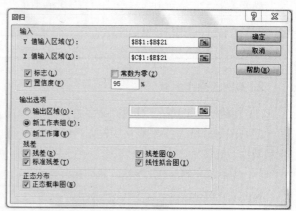

图 11.25　设置"回归"对话框

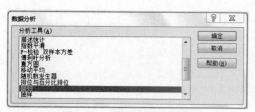

图 11.24　"数据分析"对话框

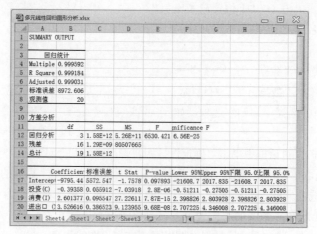

图 11.26　多元线性回归分析汇总输出结果

	A	B	C	D	E	F	G
26	观测值	预测 GDP(Y	残差	标准残差		百分比排位	GDP(Y)
27	1	99118.44	1161.657	0.141084		2.5	100280.1
28	2	109229.4	1633.702	0.198413		7.5	110863.1
29	3	124351.1	-2633.71	-0.31986		12.5	121717.4
30	4	140046.9	-2624.85	-0.31879		17.5	137422
31	5	162634.2	-793.992	-0.09643		22.5	161840.2
32	6	188604.4	-1285.46	-0.15612		27.5	187318.9
33	7	221386.4	-1947.87	-0.23657		32.5	219438.5
34	8	264153.4	5938.853	0.721275		37.5	270092.3
35	9	321001.8	-1757.24	-0.21342		42.5	319244.6
36	10	337755.8	10761.89	1.307034		47.5	348517.7
37	11	411109.1	1010.214	0.122691		52.5	412119.3
38	12	486798.1	1142.141	0.138713		57.5	487940.2
39	13	540812.4	-2232.45	-0.27113		62.5	538580
40	14	596794.5	-3831.32	-0.46531		67.5	592963.2
41	15	651629.4	-8066.29	-0.97965		72.5	643563.1
42	16	695353.9	-6495.73	-0.78891		77.5	688858.2
43	17	749890.7	-3495.58	-0.42454		82.5	746395.1
44	18	839215.5	-7179.64	-0.87197		87.5	832035.9
45	19	890186.9	29094.24	3.533501		92.5	919281.1
46	20	999263.6	-8398.58	-1.02001		97.5	990865

图 11.27　残差和正态概率输出结果

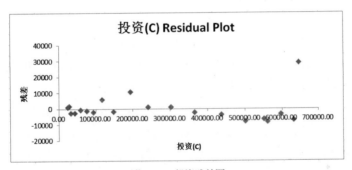

图 11.28　投资残差图

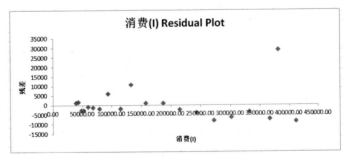

图 11.29　消费残差图

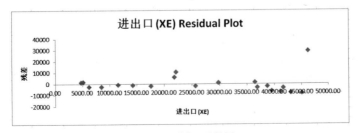

图 11.30　进出口残差图

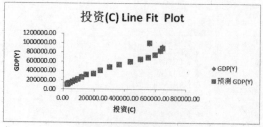

图 11.31　投资线性拟合图

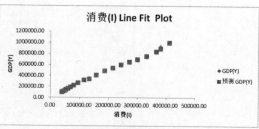

图 11.32　消费线性拟合图

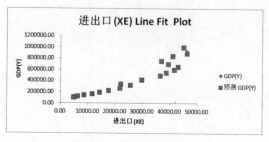

图 11.33　进出口线性拟合图

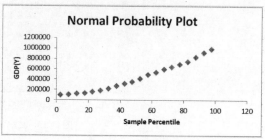

图 11.34　正态概率图

3. 案例的结果分析

在本案例中，研究了 2000—2019 年我国 GDP 与投资、消费、进出口数据的多元线性回归关系，从两种方法所输出的结果都可以得到回归方程为：

$$Y = -9795.436268 - 0.393577277C + 2.601376761I + 3.526616225XE$$

从输出结果可知，判定系数 R^2 为 0.999183976，调整后的判定系数也约为 0.999030971，说明方程的拟合效果很好，表明 2000—2019 年我国国内生产总值的增长中，99.90%是由于投资、消费和进出口拉动。

在本回归方程中，投资(C)的 t 统计量的 P 值为 2.79725E-06，小于显著性水平 0.05(置信度默认为 95%)，说明不接受原假设，该判定系数显著，投资(C)对 GDP 有显著性影响；消费(I)的 t 统计量的 P 值为 7.87427E-15，明显小于显著性水平 0.05，说明拒绝原假设，该判定系数显著，消费对 GDP 有显著性影响；进出口(XE)的 t 统计量的 P 值为 9.68227E-08，明显小于显著性水平 0.05，说明拒绝原假设，该判定系数显著，进出口对 GDP 有显著性影响；F 统计量的 P 值为 6.56167E-25，显然小于显著性水平 0.05，所以该回归方程显著。

从回归方程及回归结果可以看出其经济含义：消费对经济的拉动作用最为显著，消费每增长 1 元，GDP 将增加 2.60 元，这表明通过增加内需从而拉动经济增长的措施是合理的；进出口对经济亦有较大的拉动作用，所以进出口贸易对 GDP 的作用不容忽视；投资对 GDP 的影响是负的且不明显，这可能与我国长期以来产业结构不合理以及存在低水平重复建设从而导致投资的经济效益不明显有关。

11.3　非线性回归图形分析

非线性回归分析是线性回归分析的扩展，是传统计量经济学的结构模型分析法，由于非线性回归的参数估计及非线性优化问题，计算非常困难，推断和预测的可靠性比较差，随着计算机技术的进步，非线性回归的参数估计计算困难得到了克服。

在现实生活中，非线性关系大量存在，如农作物产量与施肥量之间，随着施肥量的增加，粮食亩产量呈增加趋势，当施肥量达到一定的饱和点后，粮食亩产量不仅不会增加，反而会下降。再如，商品的销售量与广告费支出，在商品价格保持不变的情况下，随着广告费支出的增加，商品销售量会呈线性增加，但是当市场对该商品的需求趋于饱和时，再增加广告费支出，对商品销售量就不会产生显著影响，商品销售量会相对趋于稳定。这些的问题解决采用非线性回归函数比线性回归函数更能够准确地描述客观现象之间的回归关系。

在非线性回归分析中要解决两个主要问题：一是如何确定非线性回归函数的具体形式；二是如何估计函数中的参数。常用的非线性回归模型有多项式回归模型、对数回归模型、幂函数回归模型和指数回归模型等，在 Excel 中非线性回归的参数估计计算通过散点—趋势图法和回归分析工具解决，本节主要介绍多项式回归模型用法。

11.3.1　多项式回归模型

多项式回归是一个因变量与一个或多个自变量间多项式形式的回归分析方法，有一个自变量时，称为一元多项式回归；有多个自变量时，称为多元多项式回归。下面给出了最简单的一元 m 次多项式回归方程如下：

$$Y = \alpha + \beta_1 X + \beta_2 X^2 + \cdots + \beta_k X^m \tag{11-10}$$

多项式回归的最大优点是可以通过增加 x 的高次项对实测点进行逼近，直至满意为止。多项式回归方程图形描述如图 11.35 所示。

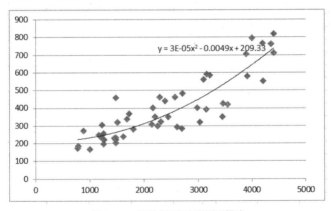

图 11.35　多项式回归方程图形描述

在实际问题中，无论因变量与自变量的关系如何，我们总可以用多项式回归来进行分析，而且多项式回归问题可以通过变量转化为多元线性回归问题来解决。

设 $X_1 = X$，$X_2 = X^2$，$X_m = X^m$，同时引进误差项 ε，得多元线性回归方程：

$$Y = \alpha + \beta_1 X_1 + \beta_2 X_2 + \cdots + \beta_k X_m + \varepsilon \tag{11-11}$$

上式是典型的多元线性回归模型的形式，当某种现象应该用多项式回归方程来描述时，只要对取得的样本数据进行上述线性变换，就可以用多元线性回归模型的方法处理。

11.3.2 多项式回归分析案例

【案例 11.3】已知 18 家商业企业流通费用率与销售额数据，试用多项式回归模型进行分析。

1.案例的数据描述

为了研究商业企业的流通费用率与销售额的关系，随机抽取了 18 家商业企业的数据，见表 11.5，通过多项式回归模型分析流通费用率与销售额之间的关系。

表 11.5　18 家商业企业流通费用率与销售额

企业序号	1	2	3	4	5	6	7	8	9
流通费用率	7.2	7.0	6.4	6.1	5.7	5.6	5.5	5.4	5.2
销售额	13.2	14.2	14.7	16.1	17.1	18.3	17.9	18.5	19.5
企业序号	10	11	12	13	14	15	16	17	18
流通费用率	5.0	4.8	4.6	4.5	4.3	4.2	4.1	3.9	3.7
销售额	21.3	22.2	24.3	25.8	26.9	31.5	35.1	38.8	41.2

2. 案例的操作步骤

(1) 新建一个 Excel 工作簿，命名为"多项式回归图形分析"，并在表格中输入相应的文字和数据，如图 11.36 所示。

(2) 在"插入"选项卡的"图表"组中，单击"散点图"旁边的下拉箭头，弹出"散点图"类型窗口，选择"仅带数据标记的散点图"生成图表。单击图表将其激活，显示"图表工具"功能菜单，在"设计"选项卡的"数据"组中，单击"选择数据"，随即弹出"选择数据源"对话框，如图 11.37 所示。单击"添加"，弹出"编辑数据系列"对话框，在"系列名称"下面的空白框中输入"商业企业流通费用率与销售额散点图"，单击"X 轴系列值"下的折叠按钮并选择单元格区域 C2:C19，单击"Y 轴系列值"下的折叠按钮并选择单元格区域 B2:B19，如图 11.38 所示。完成后单击"确定"按钮返回到"选择数据源"对话框，如图 11.39 所示，然后单击"确定"按钮，生成的商业企业流通费用率与销售额散点图如图 11.40 所示。

图 11.36　编辑数据表　　　　图 11.37　"选择数据源"对话框

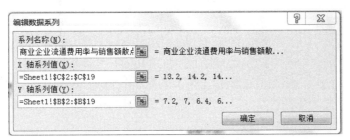

图 11.38　设置"编辑数据系列"对话框

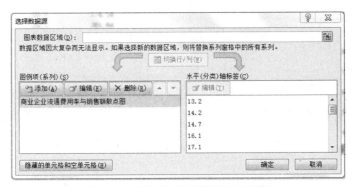

图 11.39　设置后的"选择数据源"对话框

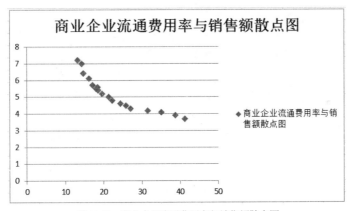

图 11.40　商业企业流通费用率与销售额散点图

　　(3) 在"图表工具"的"布局"选项卡的"标签"组中,单击"坐标轴标题"→"主要横坐标轴标题"→"坐标轴下方标题",输入"销售额";接着单击"坐标轴标题"→"主要纵坐标轴标题"→"竖排标题",输入"流通费用率";右击横坐标轴刻度,单击"设置坐标轴格式"命令,弹出"设置坐标轴格式"对话框,在"坐标轴选项"一栏中,将"最小值"由"自动"改为"固定",并在后面的文本框中输入"10",如图 11.41 所示。完成后单击"关闭"按钮,得到编辑后的商业企业流通费用率与销售额散点图如图 11.42 所示。

　　(4) 在"布局"选项卡的"分析"组中,单击"趋势线"→"其他趋势线选项",弹出"设置趋势线格式"对话框,在"趋势线选项"一列中选择"多项式",并选中"显示公式"和"显示 R 平方值"复选框,如图 11.43 所示,单击"关闭"按钮,得到添加趋势线后的散点图,如图 11.44 所示。

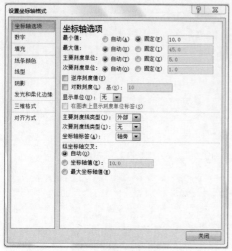

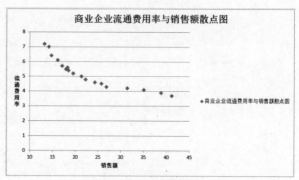

图 11.41　设置"设置坐标轴格式"对话框　　　　　　图 11.42　编辑后的散点图

图 11.43　设置"设置趋势线格式"对话框

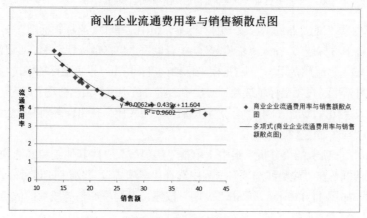

图 11.44　编辑后的散点图

(5) 在单元格 D1 中输入"销售额的平方"，在单元格 D2 中输入公式"=C2*C2"，按 Enter 键得到 C2 单元格平方后的值。然后将公式复制至单元格 D19，结果如图 11.45 所示。

(6) 在工具栏中选择"数据"→"分析"→"数据分析"命令，弹出"数据分析"对话框，在"分析工具"中选择"回归"选项，如图 11.46 所示。

图 11.45　编辑后的散点图　　　　　　　　　图 11.46　"数据分析"对话框

(7) 在"数据分析"对话框中单击"确定"按钮，弹出"回归"对话框，单击"Y 值输入区域"后面的折叠按钮，选取单元格区域 B2:B19；同样单击"X 值输入区域"后面的折叠按钮，并选取单元格区域 C2:D19；选中"标志"复选框；选中"置信度"复选框，并默认为 95%；选中"新工作表组"将输出结果显示在一个新的工作表上；接着将"残差"、"正态分布"中的选项全部选中，以观察残差、标准残差、残差图、线性拟合图以及正态概率图等信息；最终设置的"回归"对话框如图 11.47 所示，最后单击"确定"按钮，得到回归结果，如图 11.48～图 11.54 所示。

图 11.47　设置"回归"对话框

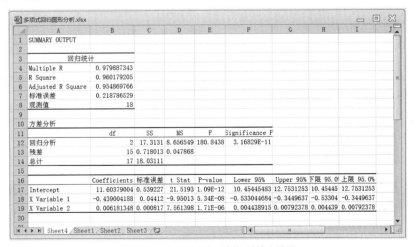

图 11.48　多项式回归分析汇总输出结果

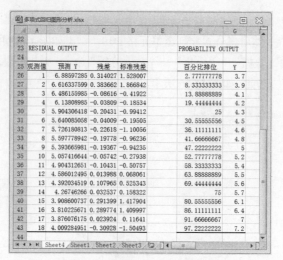

图 11.49　残差和正态概率输出结果

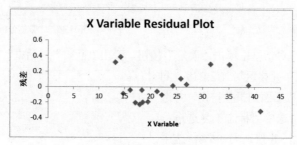

图 11.50　X² 残差图

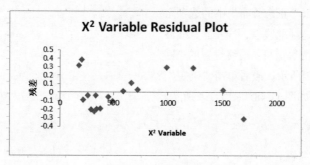

图 11.51　X2 残差图

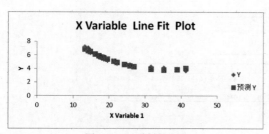

图 11.52　X 线性拟合图

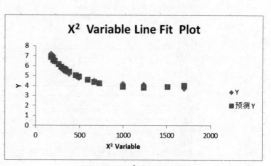

图 11.53　X² 线性拟合图

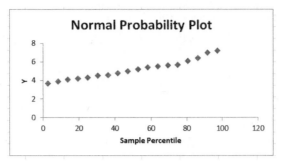

图 11.54　正态概率图

3. 案例的结果分析

本案例中依次采用了散点图—趋势线法和回归分析工具法对 18 家商业企业的流通费用率与销售额进行了多项式回归分析，得到的回归方程为：

$$Y = 0.0062X^2 - 0.439X + 11.604$$

从输出结果可知，判定系数 R^2 为 0.960179，说明该回归方程的拟合优度很高，拟合效果很好，表明该 18 家商业企业的流通费用率的变化与销售额的变化紧密相关。

销售额的 t 统计量的 P 值为 5.33641E-08，同样明显小于显著性水平 0.05(置信度默认为 95%)，说明拒绝原假设，该回归系数显著；销售额平方的 t 统计量的 P 值为 1.71221E-06，同样小于显著性水平 0.05(置信度默认为 95%)，说明拒绝原假设，该回归系数显著；F 统计量的 P 值为 3.16829E-11，明显小于显著性水平 0.05(置信度默认为 95%)，说明拒绝原假设，该回归方程显著，销售额及其平方对流通费用率有显著性影响。

显然，对该 18 家商业企业的流通费用率与销售额进行多项式回归比简单的一元线性回归更能准确地反映出流通费用率随销售额增加而变化的趋势情况，回归结果也为企业寻求一个最佳流通费用率与销售额组合提供了依据。

本章小结

本章对存在相关关系和依存关系的数据进行了定量分析，通过统计分析中的回归方法实现，由浅入深地讲解了一元线性回归分析、多元线性回归分析和非线性回归分析等回归模型和图形化表示，给出了一些实例数据，通过 Excel 提供的散点图—加趋势线、回归分析函数和回归分析工具进行数据分析，在分析中确定了变量间的相互依存关系，即确定回归方程模型，同时进行了检验估计的参数以及对方程拟合效果进行评价，并对回归方程的拟合优度、显著性以及回归系数的显著性进行了检验分析。

习题 11

一、填空题

1. 在线性回归分析中，自变量和因变量都只有一个，影响因变量最重要的因素只有一个自变量，其他因素都可视为是噪声因素，这个回归称作(　　)。

2. Excel 提供了三种一元线性回归分析的方法，分别是散点图—趋势线法、回归分析函数法和(　　)。

3. 在 Excel 提供的一元线性回归分析函数中，以数组形式计算回归值的是(　　)函数，并且可以计算多元线性回归的值。

4. 在回归分析中，(　　)是一个因变量与一个或多个自变量间多项式形式的回归分析方法。

5. 在多元线性回归分析中，回归分析方法有回归分析工具法和(　　)。

二、选择题

1. 下列不是 Excel 提供的一元线性回归分析方法是(　　)。
　　A. 回归分析函数　　　　　　　　　B. 散点图—加趋势线
　　C. 直方图法　　　　　　　　　　　D. 回归分析工具

2. Excel 2010 提供的下列(　　)函数返回一元线性回归分析数据点拟合的线性回归直线截距。
　　A. INTERCEPT(　　)　　　　　　　B. SLOPE(　　)
　　C. RSQ(　　)　　　　　　　　　　D. LINEST(　　)

3. 下列 Excel 2010 提供的函数，能够对多元线性回归进行分析的函数是(　　)。
　　A. INTERCEPT(　　)　　　　　　　B. SLOPE(　　)
　　C. RSQ(　　)　　　　　　　　　　D. LINEST(　　)

4. 下列 Excel 2010 提供的回归函数，能够以数组形式返回结果的函数是(　　)。
　　A. SLOPE(　　)　　　　　　　　　B. INTERCEPT(　　)
　　C. LINEST(　　)　　　　　　　　　D. RSQ(　　)

5. 在概率论和统计学中，下列不是非线性回归模型的是(　　)模型。
　　A. 多项式回归　　　　　　　　　　B. 多元线性回归
　　C. 对数回归　　　　　　　　　　　D. 幂函数回归

6. 使用 Excel 提供的散点图—趋势线法对一元线性回归进行分析，能直接获得(　　)。
　　A. 拟合优度　　　　　　　　　　　B. 判定系数
　　C. 回归模型显著性检验　　　　　　D. 一元线性方程结果值

三、综合题

1. 某啤酒公司为研究夏季销售量随气温的变化情况，记录了 10 个时间点的气温与啤酒销售量数据，见表 11.6。要求采用散点图—趋势线法、回归分析函数法、回归分析工具法进行回归分析，并比较三种回归分析方法和分析回归结果。

表 11.6　气温与啤酒销售量数据

时 间 点	气温/℃	啤酒销售量/箱
1	8	195
2	15	210
3	18	270
4	20	335
5	22	430

(续表)

时 间 点	气温/℃	啤酒销售量/箱
6	25	480
7	28	500
8	30	520
9	33	540
10	35	570

2. 已知 2019 年黑龙江省 10 个地市区的货运总量、工业增加值、农业增加值的资料，见表 11.7，要求采用回归分析函数法、回归分析工具法进行回归分析，并比较这两种回归分析方法和分析回归结果。

表 11.7 10 个地市区的货运总量、工业增加值、农业增加值

地区	货运总量/万吨	工业增加值/亿元	农业增加值/亿元
1	250	65	42
2	275	70	44
3	160	66	36
4	275	78	42
5	220	668	45
6	230	72	38
7	265	74	42
8	210	65	40
9	260	75	40
10	160	70	35

3. 某农业大学对 10 亩试验田进行水稻亩产量与氮肥施用量的关系进行研究，数据见表 11.8，要求采用散点图—趋势线法、回归分析工具法进行回归分析，并比较这两种回归分析方法和分析回归结果。

表 11.8　10 亩试验田水稻亩产量与氮肥施用量数据

试 验 田	玉米亩产量/千克	氮肥施用量/千克
1	90	18
2	150	20
3	225	25
4	350	30
5	450	35
6	563	40
7	650	45
8	600	50
9	438	60
10	250	70

第 12 章

Excel在数据挖掘中的应用

数据挖掘(data mining)就是从大量的、不完全的、有噪声的、模糊的、随机的数据中，提取隐含在其中的、人们事先不知道的但又是潜在有用的信息和知识的过程。数据挖掘在大数据处理分析中具有广泛的应用，在应用中往往根据模式的实际作用分为分类、估值、预测、相关性分析、时间序列、描述和可视化等。数据挖掘方法主要有机器学习方法、统计方法、神经网络方法等。

在 Excel 中主要使用统计方法来实现数据挖掘，常用的统计方法有回归分析、判别分析、聚类分析、探索性分析(主元分析法、相关分析法)等。在前面章节中对回归分析、相关分析等做了一些介绍，本章主要介绍聚类分析、判别分析的实现方法。

12.1 聚类分析

聚类分析(cluster analysis)是对数据进行分类的一种多元统计分析方法，根据"物以类聚"的原理进行分类，数据对象是以大量的样本为基础，能合理地按各自的特性来进行的分类，没有任何模式可供参考或依据，是在没有先验知识的情况下进行的。

聚类分析在很多方面都有应用，包括计算机科学、统计学、经济学和生物学等，比如在商业上，可以用于发现不同的客户群，并且通过购买模式刻画不同的客户群的特征；在生物上，可以用于动植物分类以及对基因进行分类，获取对种群固有结构的认识；在保险行业上，通过消费水平来鉴定汽车商业保险单持有者的分组等。

12.1.1 聚类分析的特征

聚类分析是将相似的事物归类，以数据本身的特性研究个体的一种方法，分类原理是同一类别中的个体有较大的相似性，不同类别的个体差异性很大。聚类分析方法主要有三个基本特征：

(1) 可以处理单变量数据的分类，也可以处理多个变量数据的分类。比如，要根据消费者购买量的大小进行分类比较容易，但如果在进行数据挖掘时，要求根据消费者的购买量、家庭收入、家庭支出、年龄等多个指标进行分类通常比较复杂，而聚类分析法可以解决这类问题。

(2) 适用于没有先验知识的分类。如果没有关于这些数据事先的经验或一些标准，分类便会显得随意和主观，聚类分析方法只要设定比较完善的分类变量，可以获得到较为科学合理的类别。

(3) 聚类分析法是一种探索性分析方法，能够分析事物的内在特点和规律，并根据相似性原则对事物进行分组，是数据挖掘中常用的一种技术。

12.1.2　聚类分析算法模型

利用聚类分析研究一组数据的分类，在分类前对类的个数、类的属性并不清楚，只是通过样本的相似性、相近或相互关系的密切程度来加以区分，样本的相似性、相近或相互关系的密切程度的量通常用距离来描述，距离计算是聚类分析中的关键环节，常用计算距离的方法有绝对距离、欧氏距离、马氏距离、契比雪夫距离等，欧氏距离是最常用的计算距离的方法，欧氏距离公式如下：

$$d(X,Y) = \left[\sum_{i=1}^{p} (x_i - y_i)^2 \right]^{\frac{1}{2}} \tag{12-1}$$

在对一个实际问题分类时选定一种最能描述数据样本相似、相近程度的距离后，接下来制定分类规则，进行分类，聚类分析图形化描述如图 12.1 所示。

在 Excel 2010 中提供了一个计算欧氏距离的函数，本节还用到两个前面没有用过的函数，下面分别介绍这三个函数所对应的功能和语法格式。

图 12.1　聚类分析图形化描述

1. SUMXMY2 函数

返回两个数组中对应数值之差的平方和，用来计算欧氏距离。其语法格式如下：

`SUMXMY2(array_x, array_y)`

参数说明：

array_x：必需，第一个数组或数值区域。

array_y：必需，第二个数组或数值区域。

参数可以是数字，或者是包含数字的名称、数组或引用，如果数组或引用参数包含文本、逻辑值或空白单元格，则这些值将被忽略，但包含零值的单元格将计算在内；如果 array_x 和 array_y 的元素数目不同，函数 SUMXMY2 将返回错误值 #N/A。

2. INDEX 函数

返回数组中指定单元格的数值。其语法格式如下：

`INDEX(array,row_num,column_num)`

参数说明：

array：必需，单元格区域或数组。

row_num：必需，数组中某行的行序号。

column_num：必需，数组中某行的列序号。

参数 row_num、column_num 必须指向 array 中的单元格，否则，函数 INDEX 返回错误值#REF!。

3. MATCH 函数

返回查找的值在数组中所处的位置。其语法格式如下：

`MATCH(lookup_value,lookup_array,match_type)`

lookup_value：必需，需要在数组中查找的数值。

lookup_array：必需，可能包含所要查找的数值的连续单元格区域。

match_type：为数字-1、0 或 1。指明如何在 lookup_array 中查找 lookup_value，如果为 1，函数 MATCH 查找小于或等于 lookup_value 的最大数值，并且 lookup_array 必须按升序排列；如果为 0，函数 MATCH 查找等于 lookup_value 的第一个数值，lookup_array 可以按任何顺序排列；如果为-1，函数 MATCH 查找大于或等于 lookup_value 的最小数值，lookup_array 必须按降序排列；如果省略，则默认为-1。

12.1.3 聚类分析处理过程

数据挖掘是在大数据基础上进行的操作，在实施之前要先做好规划，制定好所要达到的目标、将要采取的步骤，保证数据挖掘有条不紊地进行并取得理想的结果。在 Excel 中进行聚类分析是一个复杂的过程，是各种知识的一个综合应用，其处理过程可按下列步骤进行和实施。

(1) 数据收集与预处理，主要包括收集数据、整合、清理、集成、规范等，特别是对异常数据的处理，获得满足要求的数据，这是聚类分析的基础。

(2) 根据数据情况作整体规划，对最终想要的结果进行初步计划，确定选择的变量和分类个数。

(3) 数据处理，使用 Excel 提供的函数、排序、筛选、数据透视表、数据分析工具等功能进行操作，得到想要的数据变量。

(4) 聚类分析模型的建立，使用 SUMXMY2 函数计算欧氏距离。

(5) 通过规划求解进行演化，最终获得各个分类数据的中心点。

(6) 根据距离将数据归类到不同的类中。

(7) 对最终结果进行分析，看是否与想要的结果一致。

12.1.4 聚类分析案例

【案例 12.1】已知某高校全校计算机基础考试成绩，试用聚类算法模型进行分类并分析。

1. 案例的数据描述

某高校全校计算机基础考试成绩存放在 Excel 表中，包括考号、学号、姓名、成绩、考试状态、违纪、班级、修读方式、科目、教师等信息，共计 5627 条真实成绩记录，如图 12.2 所示，为了研究学生各班级学习状况，用数据挖掘中的聚类算法进行数据分析。

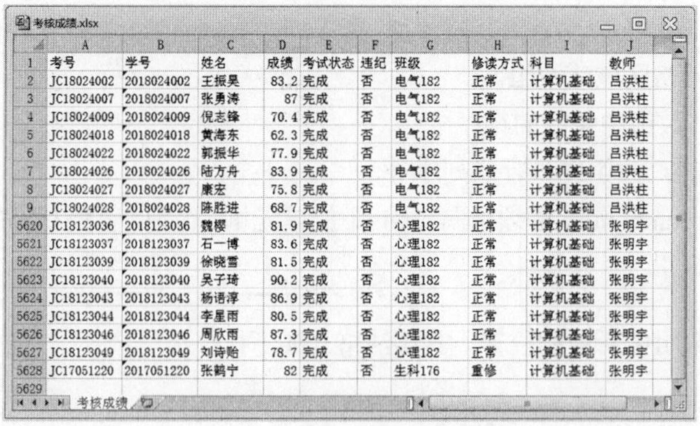

考核成绩.xlsx

	A	B	C	D	E	F	G	H	I	J
1	考号	学号	姓名	成绩	考试状态	违纪	班级	修读方式	科目	教师
2	JC18024002	2018024002	王振昊	83.2	完成	否	电气182	正常	计算机基础	吕洪柱
3	JC18024007	2018024007	张勇涛	87	完成	否	电气182	正常	计算机基础	吕洪柱
4	JC18024009	2018024009	倪志锋	70.4	完成	否	电气182	正常	计算机基础	吕洪柱
5	JC18024018	2018024018	黄海东	62.3	完成	否	电气182	正常	计算机基础	吕洪柱
6	JC18024022	2018024022	郭振华	77.9	完成	否	电气182	正常	计算机基础	吕洪柱
7	JC18024026	2018024026	陆方舟	83.9	完成	否	电气182	正常	计算机基础	吕洪柱
8	JC18024027	2018024027	康宏	75.8	完成	否	电气182	正常	计算机基础	吕洪柱
9	JC18024028	2018024028	陈胜进	68.7	完成	否	电气182	正常	计算机基础	吕洪柱
5620	JC18123036	2018123036	魏樱	81.9	完成	否	心理182	正常	计算机基础	张明宇
5621	JC18123037	2018123037	石一博	83.6	完成	否	心理182	正常	计算机基础	张明宇
5622	JC18123039	2018123039	徐晓雪	81.5	完成	否	心理182	正常	计算机基础	张明宇
5623	JC18123040	2018123040	吴子琦	90.2	完成	否	心理182	正常	计算机基础	张明宇
5624	JC18123043	2018123043	杨语淳	86.9	完成	否	心理182	正常	计算机基础	张明宇
5625	JC18123044	2018123044	李星雨	80.5	完成	否	心理182	正常	计算机基础	张明宇
5626	JC18123046	2018123046	周欣雨	87.3	完成	否	心理182	正常	计算机基础	张明宇
5627	JC18123049	2018123049	刘诗贻	78.7	完成	否	心理182	正常	计算机基础	张明宇
5628	JC17051220	2017051220	张鹤宁	82	完成	否	生科176	重修	计算机基础	张明宇
5629										

考核成绩

图 12.2　计算机基础考试成绩表

2. 案例的操作步骤

(1) 复制计算机基础考试成绩表并改名为"聚类分析",筛选"重修"记录并将重修学生记录全部删除,违纪为"是"的记录和考试状态为"缺考"的记录的成绩用同一班级考试状态为"完成"的记录的平均值填补,只保留班级和成绩两列数据,共获得满足要求的数据记录 5550 条,将 10~5543 行隐藏,如图 12.3 所示。

(2) 将光标定位在标题行,在工具栏中选择"插入"→"表格"→"数据透视表"命令,打开"创建数据透视表"对话框,在选择一个表或区域中选择"考核成绩!\$A\$1:\$B\$5551"为数据源,在现有工作表中选择"考核成绩!\$E\$14"单元格,如图 12.4 所示,单击"确定"按钮打开"数据透视表字段列表",将"班级"字段拖拽到"行标签","成绩"字段拖拽到"Σ数值"两次,如图 12.5 所示,生成数据透视表。

图 12.3　满足要求的数据记录

图 12.4　设置"创建数据透视表"对话框

(3) 在数据透视表区域选中并右击单元格 F14,选择"值汇总依据(M)"→"平均值"命令,右击单元格 G14,选择"值汇总依据(M)"→"其他选项"命令,打开"值字段设置"对话框。在"计算类型"中选择"标准偏差",如图 12.6 所示,在单元格 D14 中输入"序号",在单元格 D15:D207 中输入"1、2、3、…、193",也就是说有 193 个班级,最后生成的数据透视表如图 12.7 所示。

图 12.5　设置"数据透视表字段列表"

图 12.6　设置"值字段设置"

图 12.7 数据透视表

(4) 以班级的平均分和标准偏差为变量，构建聚类分析算法模型，选定两个常量是从两个维度考虑问题：一是班级平均分的高低水平，就是班级平均分整体较高或较低；二是班级平均分的稳定性，就是班级平均分稳定或波动较大。在单元格 E2:E3 和 F1:G1 中分别输入"平均分"、"标准偏差"，在单元格 F2 中输入公式"=AVERAGE(F15:F207)"，计算各班级平均分的值，在单元格 F3 中输入公式"=STDEV.P(F15:F207)"，计算各班级平均分的标准偏差的值，在单元格 G2 中输入公式"=AVERAGE(G15:G207)"，计算各班级标准偏差的平均分的值，在单元格 G3 中输入公式"=STDEV.P(G15: G207)"，计算各班级标准偏差的值，计算结果如图 12.8 所示。

图 12.8 平均分和标准偏差的计算结果

(5) 对每个班级平均分和标准偏差进行标准化，采用 z-score 规范化，在单元格 H14 和 I14 中分别输入"z-平均分规范化"和"z-标准偏差规范化"，在单元格 H15 和 I15 中分别输入公式"=(F15-\$F\$2)/\$F\$3" 和 "=(G15-\$G\$2)/\$G\$3"，再依次粘贴至第 207 行，完成对每个班级平均分和标准偏差的标准化，计算结果如图 12.9 所示。

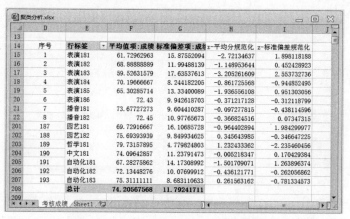

图 12.9 平均分和标准偏差标准化计算结果

(6) 假定分为 4 类(分类可从 2 到 192),在单元格 I1:N1 中分别输入"序号"、"班级"、"z-平均分规范化"、"z-标准偏差规范化"、"类别"和"类别个数",在单元格 I2:I5 中分别输入 1、2、3、4(序号可以取 1 到 193,是任意不重复的)作为初始选择 4 个分类的中心点,在单元格 J2:L2 中分别输入公式"=VLOOKUP($I2,$D$15:$I$207,2,FALSE)"、" =VLOOKUP($I2,$D$15:$I$207,5,FALSE)"和"=VLOOKUP($I2,$D$15:$I$207,6,FALSE)", 再依次粘贴至第 5 行,获得初始 4 个分类的中心点数据,如图 12.10 所示。

图 12.10 初始 4 个分类的中心点数据

(7) 在单元格 J14:M14 中分别输入"点 1 距离"、"点 2 距离"、"点 3 距离"和"点 4 距离", 在单元格 J15:M15 中分别输入公式"=SUMXMY2($H15:$I15,$K$2:L$2)"、"=SUMXMY2 ($H15:$I15, $K$3:L$3)"、"=SUMXMY2($H15:$I15,$K$4:L$4)"和"=SUMXMY2($H15:$I15, $K$5:L$5)", 再依次粘贴至第 207 行,完成每个班级与 4 个中心点距离的计算,计算结果如图 12.11 所示。

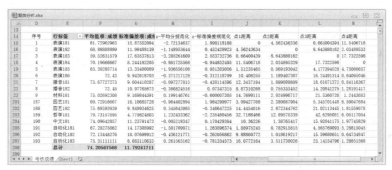

图 12.11 各班级与 4 个中心点距离计算结果

(8) 在单元格 N14、M12、M13 中分别输入"最小距离"、"原始最小距离和"、"最终最小距离和",在单元格 N15 中输入公式"=MIN(J15:M15)",再依次粘贴至第 207 行,完成每个班级与 4 个中心点最小距离计算,在单元格 N13 中输入公式"=SUM(N15:N207)",计算出 193 个班级的最小距离之和,将单元格 N13 中的数值复制到单元格 N12 中(注意:只复制数值不复制公式),计算结果如图 12.12 所示。

图 12.12 最小距离与最小距离之和计算结果

(9) 在工具栏中选择"数据"→"分析"→"规划求解"命令("规划求解"命令不是默认的，可通过"文件"→"选项"→"加载项"→"规划求解加载项"→"转到"→加载宏中的"规划求解加载项"添加)，打开"规划求解参数"对话框，在"设置目标:(T)"选择单元格"$N$13"，在"到:"后选择"最小值(N)"按钮，在"通过更改可变单元格:(B)"选择单元格"$I$2:$I$5"，单击"添加"按钮打开"添加约束"对话框，在"单元格引用:(E)"选择"$I$2:$I$5"，"关系运算符"选择"<="，"约束:(N)"输入"193"，如图12.13所示，单击"添加"按钮，添加一个条件，依次在添加"$I$2:$I$5>=1"和"$I$2:$I$5 = 整数"两个条件(约束条件，分类序号因为有193个班级，因此取值范围是[1,193]，并且要求是整数否则无法匹配)，"选择求解方法:(E)"选择"演化"，设置结果如图12.14所示。

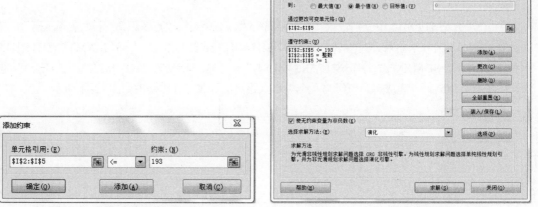

图 12.13　设置"添加约束"对话框　　　　　图 12.14　设置"规划求解参数"对话框

(10) 设置完规划求解参数后在"规划求解参数"对话框中点"求解"按钮开始运算，运算需要几分钟时间，运算完弹出"规划求解结果"对话框，选择"保留规划求解的解"单选按钮，如图12.15所示，单击"确定"按钮完成规划求解。

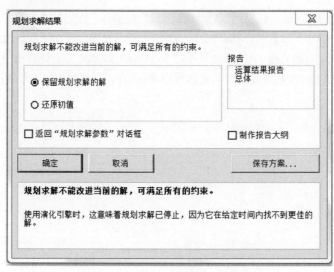

图 12.15　设置"规划求解结果"对话框

(11) 规划求解完成后观察数据变化情况，原来的 4 个中心点序号变为了 97、25、88、78，对应的其他数据也相应地有了变化，4 个中心点序号变化情况如图 12.16 所示，"点 1 距离"、"点 2 距离"、"点 3 距离"、"点 4 距离"、"最小距离"、"最终最小距离和"等数据都进行了重新运算，特别是最小距离由原来的"395.8796193"降为了"87.05372643"，各种距离计算的最终结果如图 12.17 所示。

图 12.16　4 个中心点序号变化情况

图 12.17　各种距离计算最终结果

(12) 在单元格 M2:M5 中分别输入"一"、"二"、"三"、"四"，将四个中心点分别给个分类号，将 193 班级划到不同类中，在单元格 O14 中输入"类别"，在单元格 O15 中输入公式"=INDEX($M$2:$M$5,MATCH(N15,J15:M15,0),1)"，再依次粘贴至第 207 行，完成每个班级的归类，归类结果如图 12.18 所示。

图 12.18　各班级的归类结果

(13) 在单元格 N15 中输入公式"=COUNTIF($O$15:$O$207,M2)"，再依次粘贴至第 5 行，完成每一类的个数的计算，计算结果如图 12.19 所示，至此整个聚类分析过程完成。

图 12.19　每类个数计算结果

(14) 本案例中以四类为例进行分类，也可以进行其他分类，可重复(6)~(13)步骤操作实现，聚类分析的最终结果如图 12.20 所示。

图 12.20　最终结果图

3. 案例的结果分析

本案例中对 5550 条记录 193 班级的成绩数据进行聚类分析演化计算，由原始四个中心点序号 1、2、3、4 变为 97、25、88、77，由原始最小距离 395.8796193 变为 87.05372643，使最小距离大幅度降低，分类更加趋于合理，在规划求解时可进行多次演化计算，会得到新的中心点和更小的最小距离，可对不同中心点数据进行对比分析，获得更合理的分类。

在四组分类中，第四类中心点序号 78 的平均分为 79.14516129 是最高的，标准偏差为 8.535800635 是最低的，说明该类班级学习情况很好，学生差别不是太大，整体状态良好；第二类中心点序号 25 的平均分为 67.78064516 是最低的，标准偏差为 14.30285331 是最高的，说明该类班级学习情况不是很好，学生差别很大，整体状态不好，分类个数是 37 个，占整个班级数的 19.17%，与第四类能够有明显的区别；第一类中心点序号 97 和第三类中心点序号 88 的平均分分别为 73.42666667 和 73.824 基本相似，标准偏差分别为 9.392988336 和 12.41629574，第一类班级学生学习情况稳定，成绩相差不大，而第三类班级学生学习情况相对不够稳定，成绩相差较大。本案例采用的数据是真实的数据，与实际情况对比分析基本符合实际情况，对学校的教学工作有着积极的指导作用。

本案例在聚类分析中，只进行了 4 类分类计算，为了进一步对比分类效果可以计算出 3、5、6、7 等分类以便比较，在此不在叙述，感兴趣的可以进一步推导。

12.2　判别分析

判别分析(discriminant analysis)又称"分辨法"，是根据表明事物特点的变量值和它们所属的类求出判别函数，根据判别函数和对未知所属类别的事物进行分类的一种多变量统计分析方法，是在分类确定的条件下，根据研究对象的特征值判别其类型归属问题。判别时要按照一定的判别准则，建立一个或多个判别函数，用研究对象的大量资料确定判别函数中的待定系数，并计算判别指标，据此确定某一研究对象属于哪一类。

判别分析和聚类分析都是进行数据分类，判别分析是研究对象已知有几种类型，通过样本设计出一套标准，使得从研究对象中任取数据，可以按这套标准判别它的类型。聚类分析是在研究对象分类未知的情况下，通过一定规则使研究对象实现分类达到预想目标。

12.2.1　判别方法

判别分析的分类方法很多，按确定待判样本归属类别所使用的方法不同，可分为参数法和非参数法；根据资料的性质不同，分为定性资料的判别分析和定量资料的判别分析；根据判别式处理变量的方法不同，可以分为逐步判别、序贯判别等；根据判别函数的形式不同，可以分为线性判别和非线性判别；根据采用的判别准则不同，可以分为最大似然法、距离判别法、Fisher 判别法、Bayes 判别法等。下面介绍根据不同的判别准则进行判别的方法。

1. 最大似然法

也称为最大概似估计，是一种具有理论性的点估计法，是离散的，用于自变量均为分类变量的情况，该方法建立在独立事件概率乘法定理的基础上，根据训练样本信息求得自变量各种组合情况下，样本被封为任何一类的概率，当从模型总体随机抽取 n 组样本观测值后，最合理的参数估计量应该使得从模型中抽取该 n 组样本观测值的概率最大。当新样本进入时，则计算它被分到每一类中的条件概率(似然值)，概率最大的那一类就是最终评定的归类。

2. 距离判别法

该方法是最简单、最直观的一种判别方法，适用于连续型随机变量的判别，对变量的概率分布没有限制。其基本思想是由训练样本得出每个分类的中心点坐标，然后对新样本求出它们离各个类别中心点的距离远近，从而归入离得最近的类。最常用的距离是马氏距离，偶尔也采用欧式距离。距离判别法的特点是直观、简单，特别是并不严格要求总体协方差阵相等。

3. Fisher 判别法

该方法根据线性 Fisher 函数值进行判别，使用此准则要求各组变量的均值有显著性差异，借助于方差分析的思想，利用已知各总体抽取的样本的 p 维观察值构造一个或多个线性判别函数，该方法的基本思想是投影，即将原来在 R 维空间的自变量组合投影到维度较低的 D 维空间去，然后在 D 维空间中再进行分类。投影的原则是使得每一类的差异尽可能小，而不同类间投影的离差尽可能大。Fisher 判别法的优势在于对分布、方差等都没有任何限制，应用范围比较广。此外，用该判别方法建立的判别函数可以直接用手工计算的方法进行新样本的判别，这在许多时候是非常方便的。

4. Bayes 判别法

对所研究对象在抽样前已有一定的认识，常用先验分布来描述这种认识，然后根据抽样的样本再对先验认识作修正，得到后验分布，而各种统计推断均基于后验分布进行。Bayes 判别法必须满足三个假设条件，即各种变量必须服从多元正态分布、各组协方差矩阵必须相等、各组变量均值均有显著性差异。Bayes 判别法的其最大优势是可以用于多组判别问题。

12.2.2　Fisher 判别模型

判别分析通常都要设法建立一个判别函数，然后利用此函数进行判别，判别函数主要有线性判别函数、典则判别函数(也就是 Fisher 判别)。线性判别函数是对于总体进行的，如果各组样本互相对立，且服从多元正态分布，就可建立线性判别函数；典则判别函数是原始自变量的线性组合，通过建立少量的典则变量可以比较方便地描述各类之间的关系。

1. Fisher 判别基本思想

Fisher 判别的基本思想是将 k 组 p 数据投影到某个合适的方向上，使得投影后组与组之间尽可能地分开，而衡量组与组之间是否分开的方法是借助于一元方差分析实现，从两个总体中抽取具有 p 个指标的样本观测数据，利用方差分析构造一个判别函数 $y = c_1x_1 + c_2x_2 + \cdots + c_px_p$，确定系数的原则是使两组间离差达到最大，而每个组内离差最小，对于一个新的样本，将它的 p 个指标代入判别函数求出 y 值，然后根据判别临界值依据判别准则就可以判别它属于哪一个组。

2. Fisher 判别函数的建立

设有 A、B 两个独立训练样本分别有 n_1、n_2 个 P 维样本，其判别函数为：

$$y = c_1x_1 + c_2x_2 + \cdots + c_mx_m \tag{12-2}$$

其中 c_1、c_2、$\cdots$、c_m 为判别系数，可解如下方程得到判别系数。

$$
\begin{aligned}
w_{11}c_1 + w_{12}c_2 + \cdots + w_{1m}c_m &= \overline{x}_1(A) - \overline{x}_1(B) \\
w_{21}c_1 + w_{22}c_2 + \cdots + w_{2m}c_m &= \overline{x}_2(A) - \overline{x}_2(B) \\
\vdots \qquad \vdots \qquad\quad \vdots \qquad\quad &\quad \vdots \\
w_{m1}c_1 + w_{m2}c_2 + \cdots + w_{mm}c_m &= \overline{x}_m(A) - \overline{x}_m(B)
\end{aligned}
$$

A、B 的协方差阵分别以 $L(A)$、$L(B)$ 表示：

$$
L(A) = \begin{pmatrix}
L_{11}(A) & L_{12}(A) & \cdots & L_{1m}(A) \\
L_{21}(A) & L_{22}(A) & \cdots & L_{2m}(A) \\
\vdots & \vdots & \vdots & \vdots \\
L_{m1}(A) & L_{m2}(A) & \cdots & L_{mm}(A)
\end{pmatrix} \tag{12-3}
$$

$$
L(B) = \begin{pmatrix}
L_{11}(B) & L_{12}(B) & \cdots & L_{1m}(B) \\
L_{21}(B) & L_{22}(B) & \cdots & L_{2m}(B) \\
\vdots & \vdots & \vdots & \vdots \\
L_{m1}(B) & L_{m2}(B) & \cdots & L_{mm}(B)
\end{pmatrix} \tag{12-4}
$$

W 为 $L(A)$、$L(B)$ 之和。

$$W = L(A) + L(B) \tag{12-5}$$

$$W = \begin{pmatrix} W_{11} & W_{12} & \cdots & W_{1m} \\ W_{21} & W_{22} & \cdots & W_{2m} \\ \vdots & \vdots & \vdots & \vdots \\ W_{m1} & W_{m2} & \cdots & W_{mm} \end{pmatrix} \tag{12-6}$$

判别临界值为：

$$Y_0 = \frac{n_1 \overline{Y}(A) + n_2 \overline{Y}(B)}{n_1 + n_2} \tag{12-7}$$

12.2.3　Fisher 判别分析处理过程

在 Excel 中进行 Fisher 判别分析要使用协方差和规划求解工具，其处理过程可按下列步骤进行。

(1) 训练集，由已明确类别的个体组成，并且都是完整准确地测量个体相关的判别变量。要求类别明确，测量指标完整准确。一般样本数量不宜过小，但不能为追求样本数量而牺牲类别的准确性，如果类别不可靠、测量值不准确，即使样本数量再大，任何统计方法也无法弥补这一缺陷。

(2) 计算各类变量的平均值和样本的个数。

(3) 计算各类变量协方差阵。

(4) 计算各类变量协方差阵之和。

(5) 计算各类变量的平均值之差。

(6) 根据各类变量协方差阵之和和各类变量的平均值之差，构建系数方程组，通过规划求解求出判别系数。

(7) 根据判别系数写出判别函数，由判别函数计算出各类样本的函数值。

(8) 求各类样本的函数值的平均值，计算出判别临界值。

(9) 根据判别临界值对未分类的数据进行分类。

12.2.4　判别分析案例

【案例 12.2】已知某地区医院分类的部分明确数据，根据这些数据对其他医院采用判别分析进行分类。

1. 案例的数据描述

某地区医院工作情况数据中，有明确分类的甲类医院 11 条(见表 12.1)，乙类医院 10 条(见表 12.2)，其他数据分类未知，分析甲、乙类医院数据情况，将未知分类数据分为甲、乙类。

表 12.1　甲类医院工作情况数据

序号	床位使用率	治愈率	诊断指数
1	98.82	85.49	93.18
2	85.37	79.1	99.65
3	86.64	80.64	96.94
4	73.08	86.82	98.7

(续表)

序号	床位使用率	治愈率	诊断指数
5	78.73	80.44	97.61
6	103.44	80.4	93.75
7	91.99	80.7	93.33
8	87.5	82.5	94.1
9	81.82	88.45	97.9
10	73.16	82.94	92.12
11	86.19	83.55	93.3

表 12.2 乙类医院工作情况数据

序号	床位使用率	治愈率	诊断指数
1	72.48	78.12	82.38
2	58.81	86.2	73.46
3	72.48	84.7	74.9
4	90.56	82.07	77.15
5	73.73	66.63	93.98
6	72.79	87.59	77.15
7	74.27	93.91	95.4
8	93.62	85.89	79.8
9	78.69	77.01	86.79
10	83.29	77.9	85.2

2. 案例的操作步骤

(1) 新建一个 Excel 工作簿，命名为"判别分析"，在表格中输入相应的文字和数据，如图 12.21 所示，假设 X1 变量为床位使用率，X2 变量为治愈率，X3 变量为诊断指数。

图 12.21 编辑数据表

(2) 在单元格 B15 中输入公式"= AVERAGE(B4:B14)"，选中 B15 单元格的填充句柄，拖拽填充至 D15 单元格；在单元格 H14 中输入公式"=AVERAGE(H4:H13)"，选中 H14 单元格的填充句柄，拖拽填充至 J14 单元格，计算出各变量的平均值。在单元格 B16 中输入公式"=COUNT(B4:B14)"，在单元格 B15 中输入公式"=COUNT(H4:H13)"，计算出各类记录的个数。计算结果如图 12.22 所示。

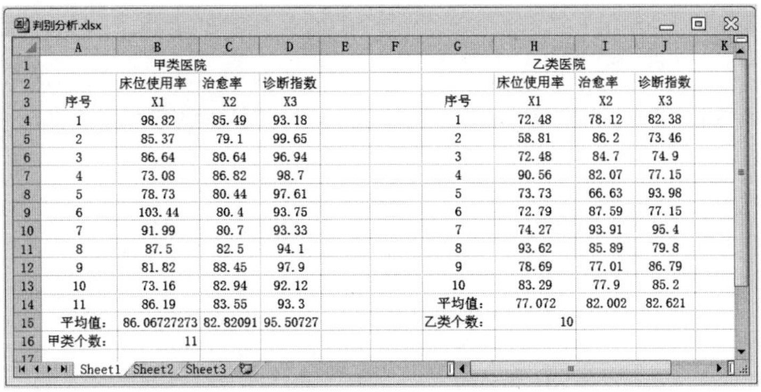

图 12.22 各变量的平均值和记录个数

(3) 在工具栏中选择"数据"→"分析"→"数据分析"命令,打开"数据分析"对话框。选择
"协方差",单击"确定"按钮,打开"协方差"对话框,单击"输入区域"后的折叠按钮,选中单
元格区域"$B$3:$D$14","分组方式"选择"逐列";因为"输入区域"包含标志项,所以选中"标
志位于第 1 行(L)"复选框;选中"输出区域"单选按钮,单击右侧文本框后的折叠按钮,选择单元
格"$A$19",如图 12.23 所示,单击"确定"按钮,求出甲类医院协方差,同理,在单元格"$G$19"
位置求出乙类医院协方差。

图 12.23 设置"协方差"对话框

(4) 在单元格"$D$26"位置计算甲、乙类医院协方差之和,在单元格 E27 中输入公式
"=B20+H20",复制单元格 E27 的公式到 E28、E29、F28、F29、G29 中,求出协方差之和,如图 12.24
所示。

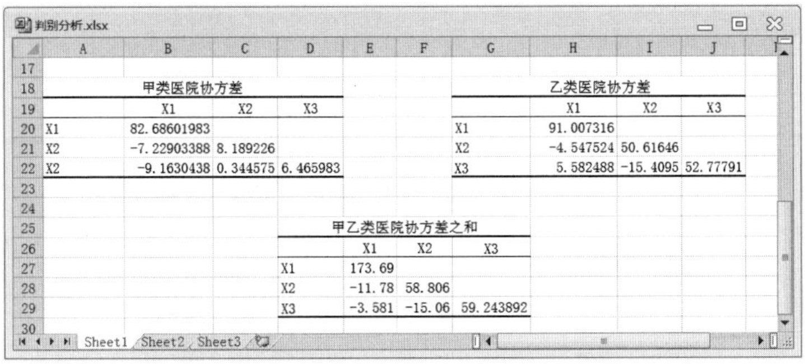

图 12.24 协方差计算结果

(5) 在单元格 A32、B32、C32 存放判别系数 λ_1、λ_2、λ_3,将单元格 E27:G29 协方差之和的数值
复制到单元格 D32:F34 区域,并将上三角空白数据位置按协方差数据的规则填充相应的数据,在单

元格 G32 中输入公式 "=B15-H14"，在单元格 G33 中输入公式 "=C15-I14"，在单元格 G34 中输入公式 "=D15-J14"，计算出判别系数方程的参数，在单元格 H32 中输入公式 "=D32*$A$32+E32*$B$32+F32*$C$32-G32"，再依次粘贴至第 34 行，写出判别系数方程并计算，计算结果如图 12.25 所示。

图 12.25　判别系数方程计算结果

(6) 在工具栏中选择 "数据" → "分析" → "规划求解" 命令，打开 "规划求解参数" 对话框，在 "设置目标:(T)" 选择单元格 "$H$32"，在 "到:" 后选择 "目标值(V)" 按钮，在文本框中输入 0，在 "通过更改可变单元格:(B)" 选择单元格 "$A$32:$C$32"，单击 "添加" 按钮，打开 "添加约束" 对话框，在 "单元格引用:(E)" 选择 "$H$33"，关系运算符选择 "="，"约束:(N)" 输入 "0"，如图 12.26 所示，单击 "添加" 按钮，添加了一个条件，依次再添加 "$H$34=0"，不选择 "使无约束变量为非负数(K)"，设置结果如图 12.27 所示。

图 12.26　设置 "添加约束" 对话框

图 12.27　设置 "规划求解参数" 对话框

(7) 设置完规划求解参数后,在"规划求解参数"对话框中单击"求解"按钮开始运算,运算完后弹出"规划求解结果"对话框,出现"规划求解找到一解,可满足所有的约束及最优状况"后说明计算完成并且方程有解,选择"保留规划求解的解"单选按钮,如图 12.28 所示,单击"确定"按钮完成规划求解。

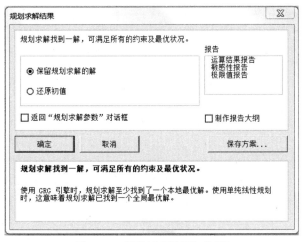

图 12.28　"规划求解结果"对话框

(8) 规划求解求出的判别系数 λ_1、λ_2、λ_3 值如图 12.29 所示,解的判别函数为:

$$y = 0.062851665x_1 + 0.089006242x_2 + 0.243944092x_a$$

图 12.29　判别系数的值

(9) 在单元格 E4 中输入公式"=$A$32*B4+$B$32*C4+$C$32*D4",再依次粘贴至第 14 行,在单元格 K4 中输入公式"=$A$32*H4+$B$32*I4+$C$32*J4",再依次粘贴至第 13 行,计算出各记录的判别函数值,在单元格 E15 中输入公式"=AVERAGE(E4:E14)",在单元格 K14 中输入公式"=AVERAGE(K4:K13)",计算出各类判别函数的平均值,如图 12.30 所示。

	A	B	C	D	E	F	G	H	I	J	K
1		甲类医院						乙类医院			
2		床位使用率	治愈率	诊断指数				床位使用率	治愈率	诊断指数	
3	序号	X1	X2	X2	y		序号	X1	X2	X2	y
4	1	98.82	85.49	93.18	36.5509		1	72.48	78.12	82.38	31.60477
5	2	85.37	79.1	99.65	36.7151		2	58.81	86.2	73.46	29.28878
6	3	86.64	80.64	96.94	36.2709		3	72.48	84.7	74.9	30.36573
7	4	73.08	86.82	98.7	36.398		4	90.56	82.07	77.15	31.81688
8	5	78.73	80.44	97.61	35.9194		5	73.73	66.63	93.98	33.4904
9	6	103.44	80.4	93.75	36.5272		6	72.79	87.59	77.15	31.19132
10	7	91.99	80.7	93.33	35.7318		7	74.27	93.91	95.4	36.29884
11	8	87.5	82.5	94.1	35.7977		8	93.62	85.89	79.8	32.99566
12	9	81.82	88.45	97.9	36.8973		9	78.69	77.01	86.79	32.97208
13	10	73.16	82.94	92.12	34.4525		10	83.29	77.9	85.2	32.95254
14	11	86.19	83.55	93.3	35.6136		平均值:	77.072	82.002	82.621	32.2977
15	平均值:	86.06727273	82.82091	95.50727	36.0795		乙类个数:		10		
16	甲类个数:		11								

图 12.30　计算判别函数值和平均值

(10) 在单元格 A34 中输入公式"=(B16*E15+H15*K14)/(B16+H15)",计算出判别临界值为 34.27863376,如图 12.31 所示,根据判别临界值可以对未分类数据进行分类,当记录的判别函数值大于 34.27863376 时认为是甲类医院;当记录的判别函数值小于 34.27863376 时认为是乙类医院,实现通过判别分析对数据的分类,判别分析的最终效果如图 12.32 所示。

图 12.31　判别临界值计算结果

图 12.32　判别分析的最终效果图

3. 案例的结果分析

在本案例中研究了医院的工作情况数据,已知部分数据的分类情况下采用了数据挖掘中的 Fisher 判别分析算法,通过构建判别分析函数,计算判别临界值,实现对未知分类数据的分类,在判别分析中关键是构建判别分析函数的质量,判别分析函数的质量与训练数据的多少有一定的关系,训练数据过少会使判别分析函数严重失真,反过来也不是训练数据越多越好;判别分析函数构造方法有很多,主要的原则是组内距离越小越好,组间距离越大越好;在规划求解时判别系数可多次计算可能有不同的解,获得不同的判别分析函数方程,其质量也会有不同,可对比选择最优的解;判别临界值一般情况取的是判别函数值的平均值,但可根据实际情况加权重以便更好地分类,将训练数据回代到判别分析函数与判别临界值对比,可以发现甲类医院 11 条记录分类全部正确,而乙类医院 10 条记录分类有 1 条不正确,正确率的高低取决于所选判别指标的特异性以及训练数据中每个体分类的可靠性。

本章小结

本章对使用 Excel 实现挖掘算法进行了分析,介绍了聚类分析和判别分析模型的设计,使用 Excel 实现聚类分析和判别分析的处理过程。在聚类分析中引用了 Excel 函数实现距离的计算,通过实例说明聚类分析算法的实现过程及注意事项,在判别分析中主要介绍了常用的判别方法,构造 Fisher 判别模型和实现过程。

习题 12

一、填空题

1. 在数据挖掘算法中,(　　　)是根据"物以类聚"的原理进行分类,是在没有先验知识的情况下进行的。

2. 在数据挖掘算法中,常用的统计方法有回归分析、(　　　)、聚类分析、探索性分析等。

3. 在 Excel 中提供了一个计算距离的函数是(　　　),它返回两个数组中对应数值之差的平方和。

4. 在数据挖掘算法中,(　　　)是在分类确定的条件下,根据研究对象的特征值建立一个或多个判别函数,对未分类的数据进行分类。

5. 判别分析根据采用的判别准则不同,可以分为最大似然法、距离判别、(　　　)、Bayes 判别法等。

二、选择题

1. 下列数据挖掘方法中与其他分类不同的是(　　　)。
   A. 机器学习方法　　　B. 统计方法　　　C. 判别分析方法　　　D. 神经网络方法

2. 下列数据挖掘方法中,不是统计方法的是(　　　)。
   A. 回归分析　　　　B. 聚类分析　　　C. 探索性分析　　　D. 机器学习

3. 下列数据挖掘方法中,(　　　)可以在分类前对类的个数、类的属性并不清楚,只是通过样本的相似性、相近或相互关系的密切程度来加以区分实现分类。
   A. 聚类分析　　　　B. 判别分析　　　C. 机器学习　　　　D. 回归分析

4. 下列数据挖掘方法中,(　　　)是在部分数据分类明确,能通过已知的分类数据建立函数后再进行对未分类的数据进行分类的方法。
   A. 聚类分析　　　　B. 判别分析　　　C. 机器学习　　　　D. 神经网络

5. 距离计算是聚类分析中的关键一步,不是常用的聚类分析计算距离的方法的是(　　　)。
   A. 欧氏距离　　　　B. 最小距离　　　C. 马氏距离　　　　D. 契比雪夫距离

6. 在 Excel 中提供了一个计算距离的函数是(　　　)。
   A. VLOOKUP( )　　B. MATCH( )　　C. SUMXMY2( )　　D. INDEX( )

7. 判别分析的分类方法很多,不是根据判别准则分类的是(　　　)。
   A. 逐步判别　　　　B. Fisher 判别　　　C. 距离判别　　　　D. Bayes 判别

三、综合题

1. 已知有 50 个专家对 200 个项目进行打分，打分记录表共有 1000 条记录(数据量太大在此不列出，可查询本书所用"12-1_原始数据_聚类分析.xlsx"文件)，为了了解这些专家打分情况，请用聚类分析方法进行分析。

2. 在地质研究中常常通过矿物是否异常来进行探矿，现有一组矿物数据，有部分数据已明确分类(见表 12.3)，请用数据挖掘方法对这组数据进行分类以便进行研究。

表 12.3　已分类的矿物数据

矿异常 (ppm)			非矿异常 (ppm)		
Cu	Ag	Bi	Cu	Ag	Bi
380	0.08	8.9	117	0.95	11.5
800	0.17	10.1	143	0.64	11.5
3550	0.14	10	215	0.55	12.5
224	0.14	6	92	0.3	10.9
3500	0.7	6	87	0.25	10
500	1.7	20	1000	0.2	10
500	0.5	3	600	0.5	30
1126	0.24	7.1	975	0.20	16.6
2143	0.70	5.2	840	0.48	11.2
1553	1.24	9.5	243	0.58	24.5

参 考 文 献

[1] 陈斌等. Excel 在统计分析中的应用[M]. 北京：清华大学出版社，2013.

[2] 于洪彦等. Excel 统计分析与决策(第 2 版)[M]. 北京：高等教育出版社，2019.

[3] 李绍稳，杨宝华等. Excel 统计与农业数据分析[M]. 北京：中国农业出版社，2014.

[4] 桂良军等. Excel 会计与财务管理(第二版)[M]. 北京：高等教育出版社，2020.

[5] 贾俊平等. 统计学——基于 EXCEL(第 2 版)[M]. 北京：中国人民大学出版社，2019.

[6] 王建军，宋香荣等. 现代应用统计学：大数据分析基础[M]. 北京：机械工业出版社，2017.

[7] 李延钢. Excel 在财务中的应用[M]. 沈阳：东北大学出版社，2018.

[8] 蒂莫西·R. 梅斯，托德·M. 肖申克. 财务分析：以 Excel 为分析工具(原书第 8 版)[M]. 北京：机械工业出版社，2019.

[9] 陶皖等. 云计算与大数据[M]. 西安：西安电子科技大学出版社，2017.

[10] 顾君忠，杨静等. 英汉多媒体技术辞典[M]. 上海：上海交通大学出版社，2016.

[11] 李娟莉，赵静等. 设计调查[M]. 北京：国防工业出版社，2015.

[12] 王珊，萨师煊等. 数据库系统概论(第 5 版)[M]. 北京：高等教育出版社，2014.

[13] 曹正凤.《从零进阶！数据分析的统计基础》[M]. 北京：电子工业出版社，2015.

[14] 童应学，吴燕等. 计算机应用基础教程[M]. 武汉：华中师范大学出版社，2010.

[15] 马惠芳. 非结构化数据采集和检索技术的研究和应用[D]. 上海：东华大学，2013.

[16] 刘宇等. 中国网络文化发展二十年(1994—2014)网络技术编[M]. 长沙：湖南大学出版社，2014.

[17] 杨良斌等. 信息分析方法与实践[M]. 长春：东北师范大学出版社，2017.

[18] 张曾莲等. 基于非营利性、数据挖掘和科学管理的高校财务分析、评价与管理研究[M]. 北京：首都经济贸易大学出版社，2014.

[19] 刘军，阎芳等. 物联网与物流管控一体化[M]. 北京：中国财富出版社，2017.

[20] Excel 函数与公式速查手册. https://www.jb51.net/books/637369.html.

[21] 聚类分析的方法及应用. http://www.mahaixiang.cn/sjfx/746.html.

[22] 数据时代要有大数据思维. http://www.cbdio.com/BigData/2015-06/25/content_3340827. htm.

[23] 大数据有什么重要的作用. https://wenku.baidu.com/view/8606bda5b52acfc788ebc963.html

[24] A1、R1C1 引用. https://wenku.baidu.com/view/915ff7fdf705cc1755270995.html.

[25] Fisher 判别. https://wenku.baidu.com/view/db13bd2358fb770bf78a5561.html.

[26] 多元线性回归的基础理解. https://blog.csdn.net/kepengs/article/details/84146623.

[27] 数据预处理. https://wenku.baidu.com/view/0a0a1d12f32d2af90242a8956bec0975f565a440.html.

[28] 图形数据. http://www.baidu.com/s?tn=site5566&ch=1&word=%CD%BC%D0%CE%CA%FD%BE%DD.